Böden der Welt

Wolfgang Zech / Gerd Hintermaier-Erhard

Böden der Welt

Ein Bildatlas

Spektrum Akademischer Verlag Heidelberg · Berlin

Die Deutsche Bibliothek – CIP-Einheitsaufnahme

Zech, Wolfgang:
Böden der Welt : ein Bildatlas / Wolfgang Zech ; Gerd Hintermaier-Erhard. -
Heidelberg ; Berlin : Spektrum, Akad. Verl., 2002
ISBN 3-8274-1348-6

Lektorat: Dr. Christoph Iven
Satz und Layout: Text & Daten, Landsberg am Lech
Grafik: G. Hintermaier-Erhard (falls nicht anders vermerkt)
Fotos: W. Zech (falls nicht anders vermerkt)
Umschlaggestaltung: Spieszdesign, Neu-Ulm
Druck: Appl GmbH, Wemding

Inhalt

Vorwort

Die in Böden ablaufenden physikalischen, chemischen und biologischen Prozesse werden maßgeblich gesteuert von den Faktoren Klima, Gestein, Relief, Bodenflora und Bodenfauna. Sie beeinflussen Prozesse wie Verwitterung, Tonmineralneubildung, Streuzersetzung, Humifizierung, Verlagerung und Gefügebildung. Im Laufe der Zeit können sich Intensität und Richtung der Prozesse verändern u.a. unter dem Einfluß anthropogener Bodennutzung. Diese Vielfalt der prozesssteuernden Faktoren erklärt, warum es weltweit gesehen viele unterschiedliche Böden gibt.
In dem Bestreben, sie zu klassifizieren, wurden zunächst Merkmale, wie die Bodenfarbe oder die Bodenart (z.B. Sand-, Lehm-, Tonböden) bevorzugt. Mit fortschreitendem Kenntnisstand wurden in einzelnen Ländern ganz unterschiedliche Merkmale zur Klassifikation herangezogen, so dass es heute eine Vielzahl unterschiedlicher Bodenklassifikationssysteme weltweit gibt. Dies erschwert die Verbreitung und Umsetzung bodenkundlicher Befunde an Schulen, Universitäten, Behörden, aber auch in der Praxis.
Um diesem Problem entgegenzuwirken wurde das vorliegende Buch konzipiert. Es basiert in erster Linie auf der World Reference Base for Soil Resources, WRB (1998), berücksichtigt aber zum Teil auch die FAO-Bodenklassifikation (1994), sowie die Soil Taxonomy (1998) und die Systematik der Deutschen Bodenkundlichen Gesellschaft (AG Boden, 1996).
Das Buch soll beitragen zu einem besseren Verständnis der beachtlich ansteigenden bodenkundlichen Befunde aus den verschiedenen Teilen der Welt. Es baut zum Teil auf dem ‚Wörterbuch der Bodenkunde' auf, das wir 1997 im Enke-Verlag veröffentlichten und in dem wesentliche Begriffe, Definitionen und Prozesse der Bodenkunde erläutert sind. Wie dieses Buch wendet sich auch das vorliegende Werk nicht nur an Bodenkundler, sondern auch Geographen, Biologen, Ökologen und Geologen in Forschung und Lehre, sowie an Fachkräfte in Behörden, Beratungsgremien und im Entwicklungsdienst. Es ist nach Ökozonen gegliedert, deren Besonderheiten bezüglich Lage, Klima und Vegetation zunächst zusammengefasst dargestellt werden. Anschließend werden die für die jeweilige Ökozone repräsentativen Böden vorgestellt und definiert, einschließlich ihrer physikalischen, chemischen und biologischen Eigenschaften. Für jeden ‚Referenzboden' finden sich Hinweise auf Verbreitung, Nutzung und Gefährdung.

Herbst 2002 W. Zech, G. Hintermaier-Erhard

Wolfgang Zech

Gerd Hintermaier-Erhard

Abkürzungen, Akronyme

†	=	veralteter Begriff
≡]	=	Ionenaustauscher (Bodenmaterial mit ⊕ oder ⊖ Ladungen)
a	=	Jahr(e)
AAK	=	Anionenaustauschkapazität
DBG	=	Deutsche Bodenkundliche Gesellschaft
DOM	=	dissolved organic matter (gelöste organische Substanz)
EC	=	electric conductivity (elektr. Leitfähigkeit)
EC_e	=	elektr. Leitfähigkeit im Sättigungsextrakt
ESP	=	exchangable sodium percentage (austauschbares Na in %)
ET	=	Evapotranspiration
FE	=	Feinerde
GOF	=	Geländeoberfläche
H	=	Horizont
HAC	=	high activity clays
KAK	=	Kationenaustauschkapazität
LAC	=	low activity clays (
N	=	a) Niederschlag, b) Zeichen für Stickstoff – je nach Kontext
N_m	=	mittlerer Jahresniederschlag
NPP	=	Nettoprimärproduktion
NWK	=	nutzbare Wasserkapazität (Speicherfähigkeit für pflanzenverfügbares Haftwasser)
OBH	=	Oberbodenhorizont (s.a. UBH)
OS	=	organische Substanz
PV	=	Porenvolumen
rH	=	negativer dekadischer Logarithmus des Wasserstoff-Partialdrucks
SAR	=	sodium adsorption ratio; $Na^+/{}^1/_2 \cdot [Ca^{2+}+Mg^{2+}]^{0,5}$, mit Na^+, Ca^{2+}, Mg^{2+} in cmol(+)/Liter Bodenlösung
SM	=	Schwermetalle
T_m	=	mittlere Jahrestemperatur
TRB	=	total reserve in bases (= Summe an austauschbaren + mineralisch gebundenen Anteilen an Ca, Mg, K, Na)
UBH	=	Unterbodenhorizont (s.a. OBH)
u. GOF	=	unter Geländeoberfläche
WRB	=	World Reference Base for Soil Resources
WSL	=	Wasserspeicherleistung (standortkundliche Größe); nutzbare WSL = nutzbare Feldkapazität, d.h. Wasser in den Poren von 0,2...50 µm Äquivalentdurchmesser

Horizontfolge, Kurzcharakteristik und ökozonale Verbreitung der 30 Referenz-Bodengruppen

(Reference Soil Groups der World Reference Base of Soil Resources, WRB 1998)

RSG*)	Horizontfolge	Kurzcharakteristik	Verbreitung in Ökozone**)	Seite
Acrisole	AEBtC	Böden mit LAC-Anreicherung, niedriger KAK (< 24 cmol[+] kg^{-1} Ton) und niedriger BS (< 50 %) im Unterboden	(E), G, **H**, I	84
Albeluvisole	(O)AE(g)Bt(g)C	Saure Böden mit fahlem E-Horizont, der zungenförmig in den tonreichen B-Horizont hineingreift	**B**, C	24
Alisole	AEBtC	Böden mit HAC-Anreicherung und austauschbarem Al im Unterboden (KAK ≥ 24 cmol[+] kg^{-1} Ton; BS < 50 %)	(C, E), G, **H**, (I)	86
Andosole	AC, ABC	Junge Böden aus pyroklastischem Ausgangsmaterial	(B, C, D, E, F, G, H, I), **J**, K	104
Anthrosole	Ap(B)C, ApgBgC	Böden, maßgeblich durch menschliche Tätigkeit geprägt	**K**	112
Arenosole	AC, AEC	Sandige Böden mit nur schwacher oder gar keiner Bodenentwicklung	D, **F**, G, (H)	58
Calcisole	AC(c)kC, AB(e)wkC, AB(e)tkC	Böden mit sekundären Anreicherungen an Calciumcarbonat	D, (E), **F**, (G, J)	60
Cambisole	ABwC	Junge, schwach bis mäßig entwickelte und verbraunte Böden	(A, B), **C**, (D), **E**, F, (G, H, I), J, K	30
Chernozeme	AhC(c)kC	Böden mit schwarzem, humusreichem, mächtigem Ah-Horizont, mit Kalkausscheidungen	C, **D**, (J)	42
Cryosole	ABCf, ABfCf, ACf	Böden mit Permafrostmerkmalen innerhalb 100 cm u. GOF	**A**, B, J	12
Durisole	AC(m)q, AB(m)qC	Böden mit sekundären SiO_2-Anreicherungen	(D), **F**	66
Ferralsole	ABwsC	Sesquioxidreiche, stark verwitterte Böden, Unterboden chemisch abgereichert (KAK ≤ 16 cmol[+] kg^{-1} Ton), jedoch stabiles Gefüge	(F), G, H, **I**	92
Fluvisole	ACg2Cg3Cg, AC2AlBw3Cg	Junge Böden aus geschichteten alluvialen Ablagerungen	B, C, D, E, F, G, H, I, **K**	110
Gleysole	ACr, ABgCr, HCr, HBgCr	Zeitweise oder auch ganzjährig vom Grundwasser beeinflusst	A, **B**, C, (D, E), G, H, I, K	20
Gypsisole	AC, ABwyC, ABtyC	Böden mit sekundären Anreicherungen an Gips	D, (E), **F**	62
Histosole	HCr	Böden mit mächtigen organischen (z.B. Torf) Horizonten	A, **B**, (C, G), I, (K)	18
Kastanozeme	AhC(c)kC(y), AhB(c)kC(y)	Kastanienbraune Böden mit Kalk-/Gipsanreicherungen im Unterboden	**D**, (E), F, (G), J	44
Leptosole	A(B)C, A(B)R	Flachgründige Böden aus Festgestein oder grobkörnigem Lockersediment (Schotter, Breccie)	A, B, (C, D), E, **F**, (G, I), **J**, K	100
Lixisole	AEBtC	Böden mit LAC-Anreicherung und hoher BS (> 50 %) im Unterboden; KAK < 24 cmol[+] kg^{-1} Ton	(F), **G**, (H, I)	72
Luvisole	AEBtC	Böden mit HAC-Anreicherung im Unterboden; KAK ≥ 24 cmol[+] kg^{-1} Ton, BS > 50 %	(B), **C**, D, **E**, F, (G), H, (J)	32
Nitisole	A(E)BtC	Rötlich-braune tonreiche Böden mit mächtigem Tonanreicherungs-horizont von hoher Gefügestabilität und mit glänzenden Aggregatoberflächen (Cutane)	(F), **G**, H, I	74
Phaeozeme	AhBwC, Ah(E)BtC	Böden mit mächtigem, humusreichem Ah-Horizont; Solum bereits entkalkt	(B), C, **D**, H, (I, J)	40
Planosole	AEBgC	Böden mit gebleichtem, zeitweilig von Stauwasser beeinflusstem, grob texturiertem Oberboden, der mit scharfer Grenze in den tonreichen, wasserstauenden Unterboden übergeht	C, D, (E, F), **G**, (H)	78
Plinthosole	AB(m)sqC, AEB(m)sqC	Böden mit weichem oder verhärtetem Plinthit, LAC und Quarz	G, H, **I**	94
Podzole	OAEBhsC	Saure Böden mit gebleichtem E-Horizont und schwarzem, braunem oder rotem UBH aus eingewaschenen Fe-/Al-/C-Verbindungen	**B**, C, (G, H), I, J	22
Regosole	AC	Junge, kaum entwickelte Böden aus silicatischem Lockergestein mit schwacher Profildifferenzierung	A, (B, D), **F**, (G, H), **J**, K	102
Solonchake	Az(Bzg)Czg, A(Bzg)Czg	Böden mit hohen Gehalten an leicht löslichen Salzen	(A), D, (E), **F**, (I)	64
Solonetze	ABtnC, AEBtnC	Böden mit Tonanreicherungen im Na-reichen Unterboden	(B, C), **D**, (E), F	46
Umbrisole	AC, AEC, ABC	Saure Böden mit mächtigem, schwarzem und humusreichem Oberboden	B, C, (E, F), G, (H), I, **J**	34
Vertisole	AC, ABC	Dunkle tonreiche Böden mit ausgepräger Quell-/Schrumpf-Dynamik	(C, D, E), F, **G**, (H)	76

Anmerkungen:

*) Reference Soil Groups (Referenz-Bodengruppen)

**) Verbreitung in Ökozone:
- A Polare und Subpolare Zone
- B Boreale Zone
- C Feuchte Mittelbreiten
- D Trockene Mittelbreiten
- E Winterfeuchte Subtropen
- F Trockene Tropen und Subtropen
- G Sommerfeuchte Tropen
- H Immerfeuchte Subtropen
- I Immerfeuchte Tropen
- J Gebirgsregionen
- K Weltweit vorkommende Böden

Ausmaß der Präsenz:
- **A** dominierendes Auftreten (Leitbodentyp)
- A häufiges Auftreten (Begleitbodentyp)
- ( ) untergeordnetes Auftreten, oft im Übergangsbereich zur benachbarten Ökozone

ÖKOZONEN DER ERDE UND IHRE BÖDEN

A Polare und subpolare Zone: Lage, Klima, Vegetation

Lage

Die Polar- und Subpolargebiete umfassen die im Sommer schnee- und eisfreien, durch Frostschutt gekennzeichneten polnahen Kältewüsten sowie die äquatorwärts anschließende, baumfreie Tundra. Ihre südliche Grenze deckt sich – außer in Gebirgsregionen – in etwa mit der 10 °C-Juli-Isotherme. Die Hauptverbreitungsgebiete sind:

Nordhalbkugel: Nördliche Gebiete Alaskas, Kanadas, Skandinaviens und Russlands; Küstengebiete Grönlands und Islands; höhere Lagen der Rocky Mountains, des Mittelsibirischen Berglands und Nordostsibiriens.

Südhalbkugel: Falklandinseln, Küstenstreifen der Antarktis.

Klima

Typisches Jahreszeitenklima, d.h. die tageszeitlichen Temperaturschwankungen spielen gegenüber den jahreszeitlichen keine Rolle; entscheidend ist der halbjährige Wechsel zwischen Polarnacht und Polartag.

Das Klima gehört zum (sub)polaren Klimatyp (E, ET, n. KÖPPEN & GEIGER). Im wärmsten Monat erreichen die Temperaturen Werte von +6...+10 °C, die drei wärmsten Monate liegen im Mittel > +5 °C, die vier wärmsten > 0 °C. Jahresmittel < 0 °C. Die Schneedeckendauer kann bis 300 d a^{-1} erreichen.

Vegetation

Die Vegetation dieser Zone beschränkt sich auf Pflanzen in der Tundra. Gewächse mit niedrigem Photosynthese-Optimum dominieren, vor allem die Chamaephyten (immergrüne Kleinsträucher) und Hemikryptophyten (Kräuter mit Erneuerungsknospen an der Bodenoberfläche). Auf der Nordhalbkugel unterscheidet man von N nach S:

Nördliche (arktische) Tundra: Verbreitet nackte, kaum bewachsene Böden oder Schuttdecken.

Mittlere (typische) Tundra: Wechsel zwischen nackter Bodendecke und Inseln aus Weiden, Seggen, Moos und Flechten (‚Fleckentundra').

Südliche (Busch-) Tundra: Geschlossene Pflanzendecke aus artenarmer Buschvegetation (Zwerggehölze, z.B. Weiden, Birken) und Seggen-Moos-Gesellschaften.

Waldtundra: Übergangszone (Zono-Ökoton) zwischen Südlicher Tundra und borealem Nadelwald (‚Taiga'). Die Pflanzendecke ist hier mehr oder weniger geschlossen und besteht aus lichtem Baumbestand mit Koniferen, Zwergsträuchern und Birken; letztere bilden z.T. reine Bestände, vor allem in Skandinavien und auf Kamtschatka.

Vegetationszeit: Sie ist mit 3 bis 4 Monaten (Juni...September) sehr kurz.

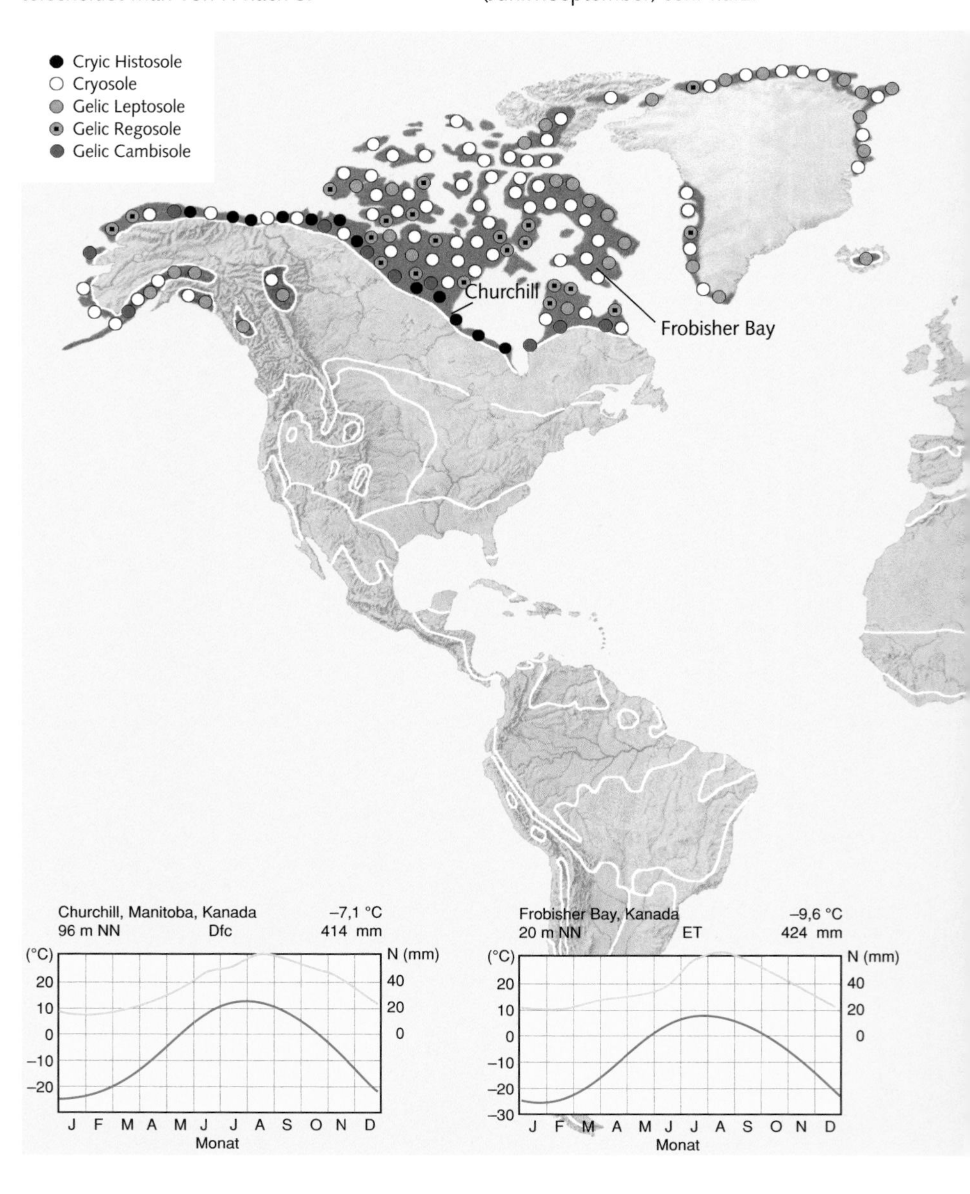

A Polare und subpolare Zone: Böden und ihre Verbreitung

Bodenbildung

Der halbjährliche Wechsel zwischen Gefrieren und Auftauen beeinflusst maßgeblich die Bodengenese, die charakterisiert ist durch Frostverwitterung, besonders in der Frostschuttzone.

Große Gebiete der Tundra sind seit der Eiszeit im Untergrund dauergefroren (Permafrost). Nur die kurze sommerliche Auftauphase lässt eine flachgründige, ca. 1 m tief reichende Auftaulage (‚active layer') entstehen, die im Winterhalbjahr wieder gefriert. Dieser Zyklus geht einher mit Frosthebung, Eiskeilbildung, Cryoturbation, Solifluktion und Materialsortierung (z.B. Steinringe, Steinstreifen etc.).

In der Tundrenzone kommt es trotz geringer Biomasseproduktion zur Anreicherung organischer Bodensubstanz, da der Streuabbau wegen niedriger Temperaturen gehemmt ist.

Böden

Dominierende Böden in der Polaren/Subpolaren Zone sind die **Cryosole**. Sie haben einen oder mehrere cryic** Horizonte innerhalb der obersten 100 cm u.GOK. Sie bestehen aus mineralischem oder organischem (Torf) Bodenmaterial und sind ganzjährig gefroren (= Permafrost) mit Bodentemperaturen von 0 °C oder darunter. Cryosole kommen vor allem in den Tundrengebieten mit kontinuierlichem Permafrost vor.

Die stein- und schuttreichen Gebiete der (sub)polaren Kältewüste und der Tundra werden von gelic* **Leptosolen** beherrscht.

Aus feinkörnigen Decksedimenten, wie z.B. Grundmoränen, periglaziäre Lagen, Solifluktionsdecken und Feinerde-Inseln entstehen im Initialstadium der Bodenbildung gelic* **Regosole**. Bei fortschreitender Verwitterung und Verbraunung des Solums können sie sich auf gut dränenden Standorten zu gelic* **Cambisolen** weiterentwickeln.

Auf schlecht dränenden Standorten (z.B. über Permafrost) und in Senken mit hochstehendem Grundwasser entwickeln sich gelic* **Gleysole**, die sich durch eine erhöhte Humusakkumulation im Oberboden auszeichnen. Kommt es zu Torfanreicherung, bilden sich cryic* **Histosole**. Sie haben wie die Cryosole einen cryic** Horizont, unterscheiden sich aber durch ihren histic** oder folic** Horizont.

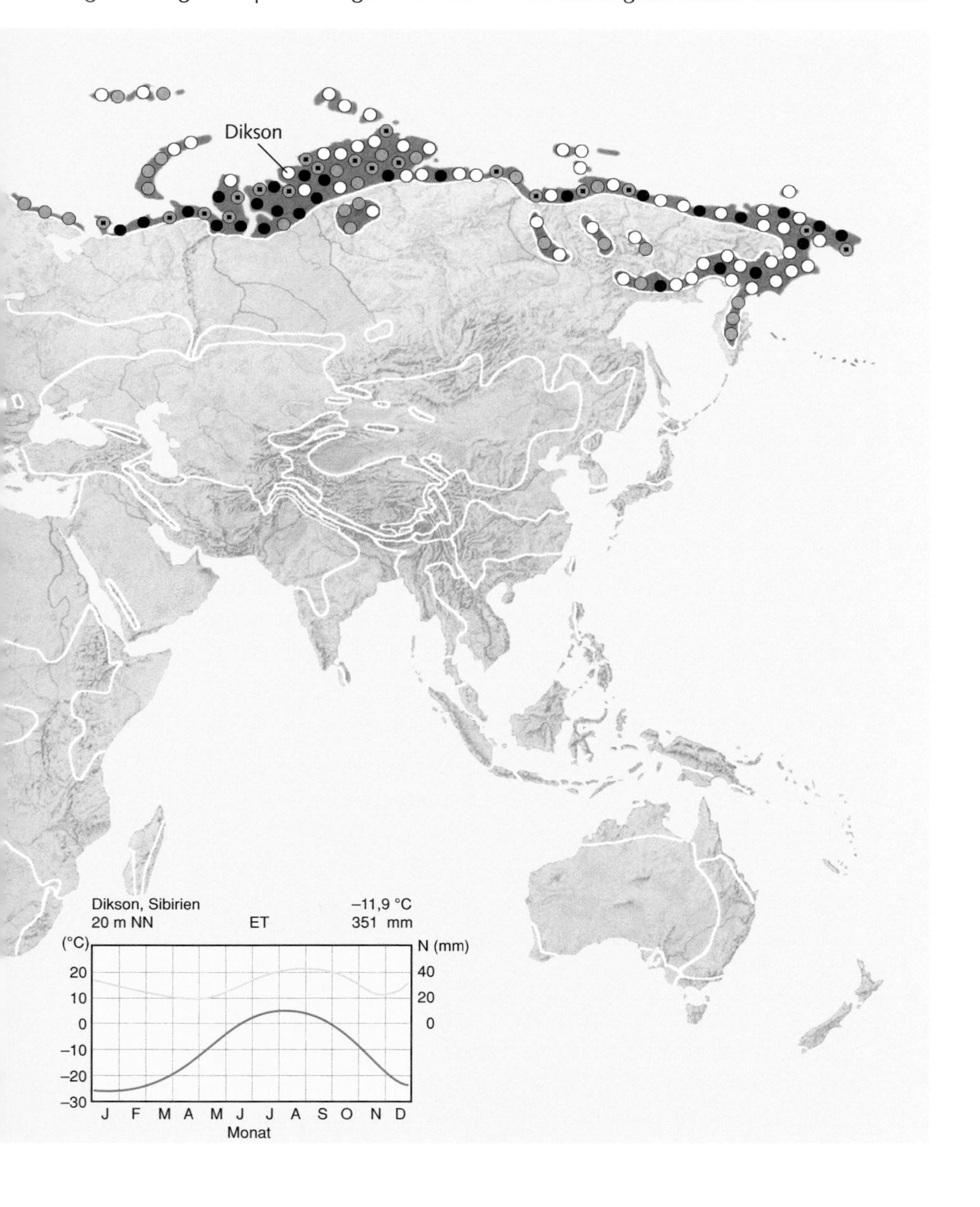

A.1 Cryosole (CR) [gr. krýos = kalt, Eis]

DBG: Permafrostböden†
FAO: Gelic ..., Cryic ...
ST: Gelisols

Definition

Organische oder mineralische Böden mit einer oder mehreren ganzjährig gefrorenen Bodenlagen (= Permafrost) innerhalb 100 cm u. GOF, den cryic** Horizonten. Horizontfolge z.B. ABCf oder ABfCf, ACf. Während des kurzen Sommers taut der Oberboden auf, was zu Wasserstau und Redoximorphose oberhalb des cryic** Horizonts führen kann. Während des Wiedergefrierens treten häufig Verwürgungen (Cryoturbationen) auf, welche die Ausbildung von Horizonten verhindern (= turbic* CR). Wegen der langsamen Zersetzung organischer Substanzen entwickeln sich oft Torflagen (innerhalb der oberen 40 cm: histic* CR). In semiariden Regionen können sich aszendent Salzkrusten an der Oberfläche ausscheiden (salic* CR, natric* CR).

Physikalische Eigenschaften

- Im gefrorenen Zustand Eisgehalte zwischen 30 und 70 Vol.-% in Form von Kristallen, Linsen oder Schlieren;
- häufig Wasserstau und Redoximorphose durch stauende Permafrostlage(n);
- organische CR: während der Tauperiode locker gelagert mit geringer Dichte, hohes Wasserhaltevermögen; niedrige Luftkapazität;
- mineralische CR: an der Bodenoberfläche oft Frostmusterstrukturen; Einzelkorn-, Platten- oder Polyedergefüge im Oberboden, im Unterboden Kohärentgefüge hoher Dichte; feinkörnige CR haben höhere Eisgehalte als grobkörnige CR;
- vielfältige Formen der Cryoturbation: Polygon-, Tropfen-, Taschen-, Würgestrukturen und Mischformen. Bei Austrocknung Verhärtung; Bildung von Stresscutanen möglich, da Gefrieren mit Volumen- und Druckzunahme verbunden ist.

Chemische Eigenschaften

- Organische CR: geringe Zersetzungsrate der OS (Bewuchs: lichter Wald, Zwergsträucher, Moose, Flechten); H-Horizont > 18 % C_{org} (tonreich) bzw. > 12 % C_{org} (sandig);
- mineralische CR: H-Horizont < 18 % C_{org} (tonreich) bzw. < 12 % C_{org} (sandig);
- Chemismus stark abhängig vom Ausgangsgestein:
  - pH-Werte (H_2O) ≈ 4 (z.B. auf Quarzit) bis 8 (z.B. auf Kalkgestein);
  - BS variabel, 20...100 % (histic* CR);
  - KAK z.B. für histic* CR hoch mit 40...60 cmol(+) kg^{-1} Boden;
  - oft N- und P-Mangel trotz z.T. hoher Vorräte, da niedrige Mineralisierungsrate.

Biologische Eigenschaften

- Organische CR: während der Auftauphase und, sofern kein Wasserstau, beachtliche biologische Aktivität, besonders in Böden mit hohem pH-Wert;
- mineralische CR: während der Auftauphase nennenswerte mikrobiologische Aktivität im Oberboden möglich.

Vorkommen und Verbreitung

Cryosole entwickeln sich oftmals aus Deckschichten (z.B. Solifluktionsdecken), bevorzugt mit feinkörniger Matrix.
Weltweit nehmen CR etwa eine Fläche von 1,8 · 10^9 ha ein. In Nordamerika dominieren sie in der Subpolaren und Alpinen/Nivalen Zone, kommen aber auch in der Borealen Zone (N-, NW-Alaska, NW-Kanada) vor. In Eurasien treten sie vor allem in Zentral- und Ostsibirien auf (‚Helle Taiga') und reichen dort weit in die Boreale Zone nach Süden hinein (Mittelsibirisches Bergland, Jakutisches Becken, Ostsibirische Gebirge). In Skandinavien und im europäischen Russland nur sporadische Vorkommen. Außerdem in den Küstengebieten Grönlands und der Antarktis sowie auf den Inseln des Nord- bzw. Südpolarmeeres.

Nutzung und Gefährdung

In der nördlichen Taiga sowie der Waldtundra Holzeinschlag, in den moos- und zwergstrauchbedeckten Tundrengebieten Rentierweiden.
Sehr sensible Ökosysteme: Gefahr der Überweidung und Bodenerosion (Skandinavien); Schädigungen der Bodendecke bleiben über Jahrzehnte bis Jahrhunderte irreversibel. Bodenabtrag induziert Thermokarst.
Als Folge der globalen Luftzirkulation gelangen Schadstoffe (z.B. Pb, Cd, PAK, PCB, Biozide u.a.), die in den industrialisierten Mittelbreiten emittiert oder in den tropischen Agrarlandschaften appliziert werden, bis in die (sub)polaren Gebiete, wo sie bei niedrigen Temperaturen durch Kondensation abgeschieden werden. Dieser als ‚global destillation' bezeichnete Effekt erklärt die z.T. hohe Schadstoffbelastung der (sub)polaren Ökosysteme.

Lower level units*

Histic · lithic · leptic · turbic · salic · natric
gleyic · andic · mollic · gypsic · calcic · umbric
yermic · aridic · glacic · thionic · oxyaquic
stagnic · haplic

Profilcharakteristik

Ausgewählte Bodenkennwerte eines gleyic-turbic* Cryosols

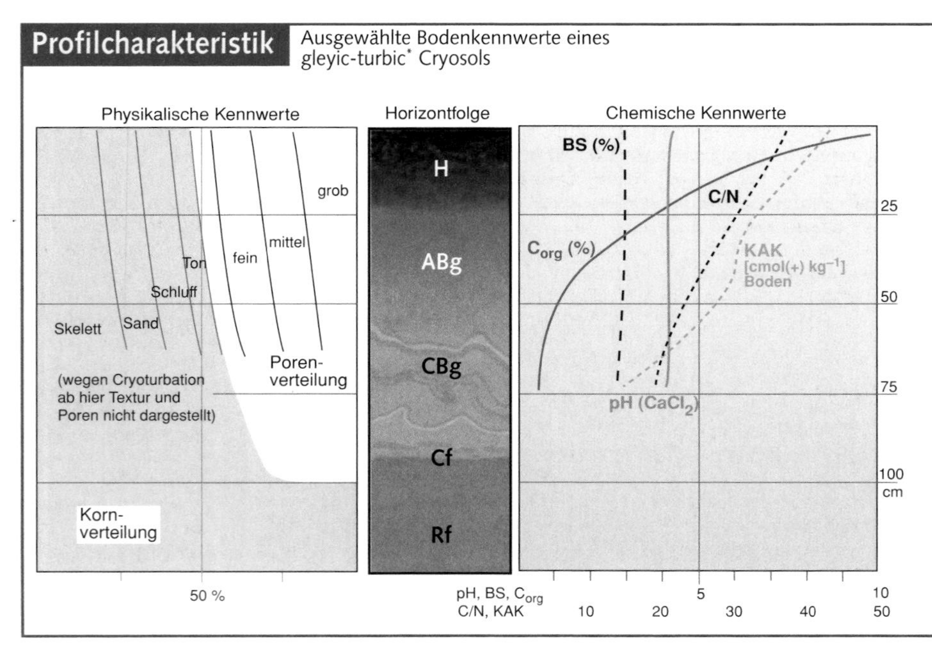

Diagnostisches Merkmal: **cryic** Horizont(e)**

- Bodentemperatur ≤ 0 °C während zwei oder mehrerer aufeinanderfolgender Jahre.
- Bei ausreichenden Porenwassergehalten: Cryoturbation, Frosthub, Eislinsenbildung, Kornsortierung; keine durchgehende Bodenhorizontierung.
- Bei geringen Porenwassergehalten: Kontraktionsstrukturen (z.B. polygonale Spaltennetze) des gefrorenen Solums.
- Plattige oder polyedrische Makrostrukturen aufgrund von Segregationseis, sowie
- sphärische, konglomeratische sowie gebänderte Mikrostrukturen aufgrund von Sortierungsprozessen im Grobmaterial.

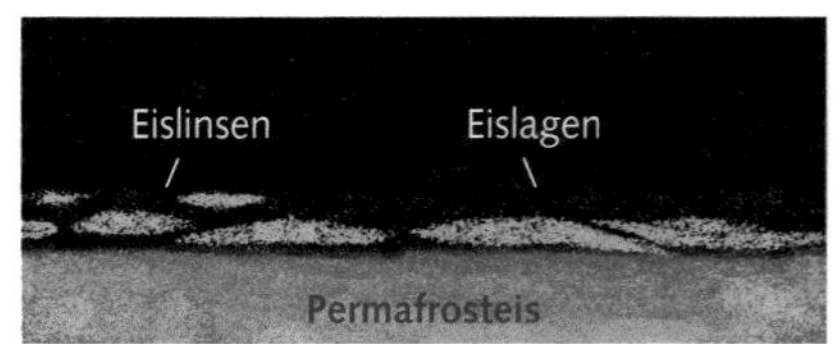

Übergang zum cryic** Horizont eines histic* Cryosols

Histic* Cryosol: Die helle Lage am Fuß des Profils besteht aus Permafrosteis; darüber liegt ein torfiger Horizont (Pamir, 4100 müNN).

Cryoturbationen (Würgeböden) sind typische Merkmale eines Cryosols (Inn-/Chiemsee-Gebiet).

Bodenbildene Prozesse

Bodeneis

Bei Frost gefriert das im Porenvolumen vorhandene Wasser. In feinkörnigen Substraten (Schluff, Lehm, Ton) bilden sich an der Gefrierfront **Eislinsen**, **Eislagen** (s. Abb. ‚cryic Horizont', S. 12) und unregelmäßig geformte Eiskörper (Segregationseis, Tabereis), in grobkörnigen Substraten (Sand, Kies) hingegen gefriert das Bodenwasser in den Grobporen zu kompaktem **Eiszement**.
Wenn der arktische Boden durch Temperatursturz schlagartig abkühlt, können sich durch Tieffrostkontraktion vertikale Risse von einigen mm Breite bilden. Nach Erwärmung dringt Wasser ein und gefriert zu einem initialem **Eisspalt** (a), der während sich wiederholender Temperaturstürze immer wieder zentral aufreißt, sich erneut mit Wasser füllt usw.... Nach langen Zeiträumen können dadurch lagig aufgebaute, bis zu mehrere Meter dicke und > 10 m tiefe Eiskeile entstehen (b).

Cryoturbation

Saisonaler Wechsel zwischen Gefrieren und Auftauen innerhalb der Auftauzone (‚active layer') erzeugt vor allem in fein- bis gemischtkörnigen Substraten intensive Materialbewegungen und Substratdurchmischungen (c).
Bildung von Polygonen. Wenn im Herbst die Auftaulage von oben wieder gefriert, kommt es entlang eines Druckgradienten zu einer Volumenzunahme (9 %) des Substrats. Da sich die nässeren schluff- und tonreicheren Partien beim Vereisen am stärksten ausdehnen und sich auch Eislinsen bilden, reagieren sie gegenüber den gröberen Partikelansammlungen mit erhöhtem **Frosthub** und beulen sich zu einem **Thufur** auf (1). Auf der Oberfläche der Aufbeulungen driftet Frostschutt seitlich ab und bildet einen lateralen Schuttrand (2) aus orientierten Fragmenten (‚pattern ground'). Beim Auftauen im Frühjahr beginnt die Feinerdeeislinse von der Seite her zu schrumpfen, so dass Teile des Grobschutts in dem entstehenden Spalt nach unten fallen (3), OS aus dem Oberboden gerät in den Unterboden.
Bei geschichteten Bodensubstraten durchdringen sich die beteiligten Bodenarten unter der Wirkung von Eisdruck und Schwerkraft zu vielfältig ineinandergeschlungenen Strukturen. Auf diese Weise bilden sich so genannte Taschen-, Schlingen-, Girlanden-, Würge- oder Tropfenböden.

Solifluktion (Gelifluktion)

Auf Hängen mit geringer Neigung (≈ 2°) geraten die in der warmen Jahreszeit auftauenden und zunehmend wassergesättigten Decklagen über dem undurchlässigen, noch gefrorenen Untergrund der Gravitation folgend in Bewegung und fließen langsam ab. Dadurch entstehen Fließerden mit mannigfaltigen internen Strukturen, die sich häufig mit jenen verzahnen, die durch kryoturbate Prozesse entstanden sind. Polygonnetze werden auf diese Weise am Hang mehr oder weniger stark in die Länge gezogen (d).

(a) 1 Jahr alt

(b) 500 Jahre alt

(c) Thufur ① ② ③ Permafrosteis

Polygone ‚Steinstreifen' Permafrosteis

Grafiken: a,b) n. Embelton & King (1975), c) n. Schreiner (1992), d) aus Wilhelmy (1974)

A Polare und subpolare Zone: Landschaften

Buckelwiesen bei Mittenwald als Zeugen einer spätglazialen Cryosol-Landschaft.

Cryosol-Landschaft: Hangparallele Steinstreifen eines Frostmusterbodens im Periglazialgebiet der südamerikanischen Anden (Bolivien, 4500 m üNN).

Cryosol-Landschaft: Aus Thufuren gebildetes Polygonnetz (,pattern ground') in der Tundra Alaskas (Prudehoe Bay). *Quelle:* http://soils.ag.nidaho.edu

A Polare und subpolare Zone: Catenen

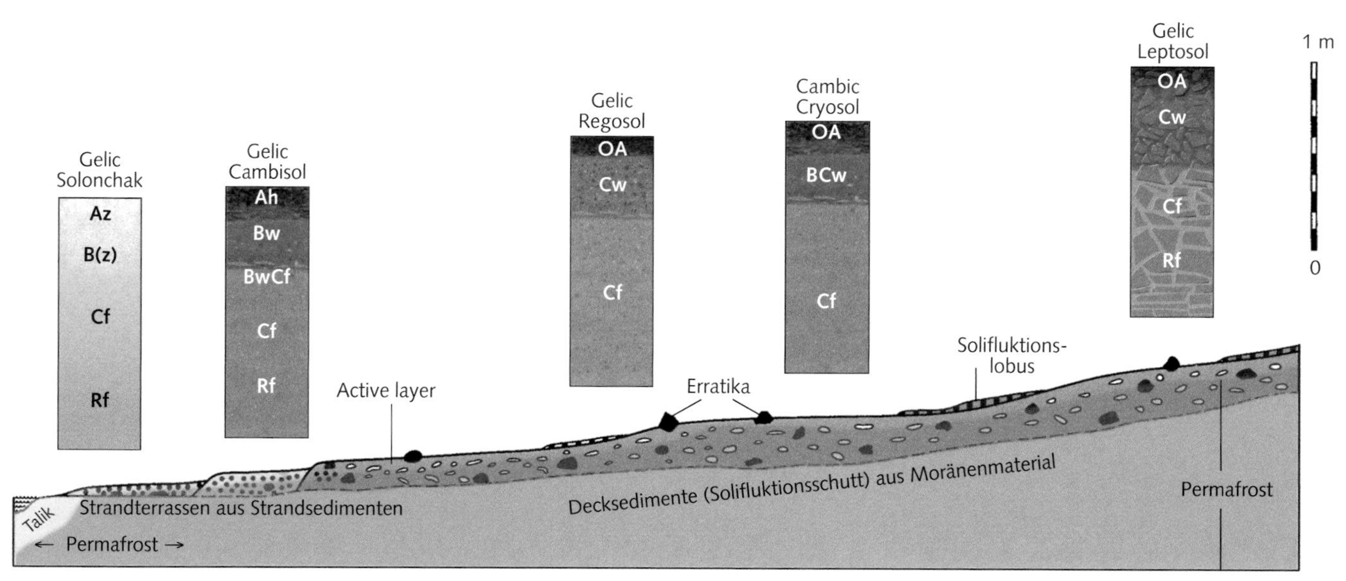

Grafik n. Eberle (1994)

Bodengesellschaft in der Waldfreien Nördlichen (Arktischen) Tundra

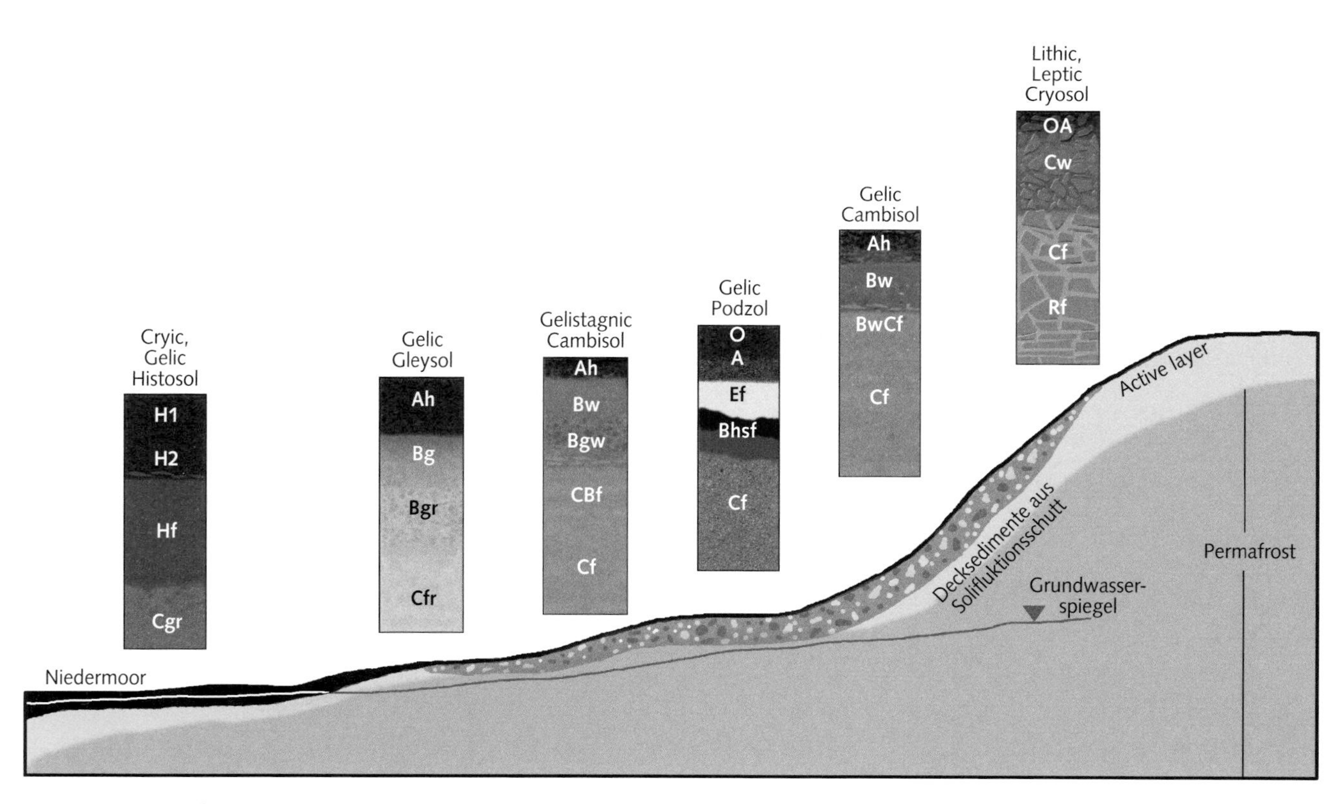

Bodengesellschaft im Übergang von der Südlichen Tundra zur Waldtundra

B Boreale Zone: Lage, Klima, Vegetation

Lage

Die Boreale Zone ist das größte Waldökosystem der Erde und umgibt diese in Form eines breiter Nadelwaldgürtels. Sie ist ausschließlich auf der Nordhalbkugel verbreitet und geht an ihrem Nordrand allmählich aus der Waldtundra hervor. An den kontinentalen Ostseiten reicht sie bis 50 °N, an den wärmeren ozeanischen Westseiten hingegen nur bis ca. 60 °N.

Dazu gehören große Teile des nördlichen Alaskas, Kanadas, Skandinaviens und Russlands. Kleinere, isolierte Vorkommen mit vergleichbarer Vegetation beschränken sich u.a. auf die Rocky Mountains, Island, Alpen, Karpaten, den Kaukasus, den Tienschan und den Himalaja.

Klima

Die Boreale Zone hat ein ausgeprägtes Jahreszeitenklima und ist klimatisch zweitgeteilt, in einen kalt-kontinentalen Klimatyp (zentrale Gebiete und kontinentale Ostseiten) und einen kalt-ozeanischen an den Westseiten. Zudem steigt die Jahrestemperatur von N nach S kontinuierlich an und die Zahl der Monate > 10 °C nimmt von 1 Monat am Nordrand auf 4 Monate am Südrand zu, ebenso steigt das Julimittel von 10 °C auf ca. 18 °C. Das Klima gehört zum kalt-gemäßigten Klimatyp (Df, n. Köppen & Geiger).

Der **kalt-kontinentale** Bereich weist große Unterschiede zwischen den Winter- und Sommertemperaturen auf, die im östlichen Sibirien von –70 °C bis +35 °C reichen können. Die Jahresmitteltemperaturen (T_m) liegen in den hochkontinentalen Gebieten < –5 °C, die Jahresniederschläge belaufen sich auf 150...300 mm und definieren ein insgesamt semiarides bis subhumides Regime. Die Winter sind schneearm (< 1 m Schneehöhe). Permafrost ist verbreitet und wird z.B. im Becken von Jakutsk mehr als 100 m mächtig.

Der **kalt-ozeanische** Bereich hat einen deutlich ausgeglicheneren Jahrestemperaturgang mit milderen Wintern und weniger heißen Sommern (–50...+30 °C). T_m liegt hier häufig um 0 °C. Die Jahresniederschläge erreichen mit > 300 mm deutlich höhere Werte (subhumides Regime). Die Schneehöhen liegen deutlich über 1 m. Permafrost ist im wesentlichen diskontinuierlich verbreitet.

Die Schneedeckendauer beläuft sich auf ca. 180...220 d a^{-1}.

Vegetation

Die Vegetation der borealen Zone besteht großteils aus Nadelwäldern geringer Artenvielfalt, die an ihrem Nordrand der Waldtundra ähneln. Sie gehen an ihrem Südrand aufgrund der längeren und wärmeren Sommer (> 4 Monate mit T_m > 10 °C) in Mischwälder über. – Pflanzengeographisch unterscheidet man zwei Formen: In der **Dunklen Taiga** (Nadelwaldtaiga) dominieren Fichten, Kiefern, Tannen sowie Weiden, Espen, Birken und Pappeln (bes. südliches Kanada). Die Bodenvegetation besteht aus Zwergsträuchern (*Erica*), Moosen (Feder-, Haar-) und Flechten. Sie sind typisch für Standorte mit diskontinuierlichen oder sporadischen Permafrostflächen. Die Lärche (*Larix sibirica*) ist der Leitbaumtyp der **Hellen Taiga** (Lärchentaiga). Ihr Vorkommen ist auf das kontinentale Sibirien östlich des Jenissej beschränkt und nach Süden zu vermischt sie sich mit Kiefern. Lärchen sind gut an kontinuierlichen Permafrost und an tiefe Wintertemperaturen angepasst. An der pazifischen Küste herrschen Zirbelkiefern mit Erlen vor.

Vegetationszeit: Sie schwankt zwischen 3 Monaten (Norden) und ca. 6 Monaten (Süden) und dauert in den ozeanisch geprägten Gebieten länger als in den kontinentalen.

Waldbrände

Ein Charakteristikum der borealen Wälder sind die episodisch auftretenden Waldbrände, die durch Blitzschlag oder anthropogene Einwirkung entzündet werden. Sie sind ein bedeutender ökologisch-pedologischer Faktor, da sie die Mineralisierung der schwer abbaubaren Rohhumusauflagen fördern und dadurch der nachwachsenden Vegetation Nährstoffe beschaffen.

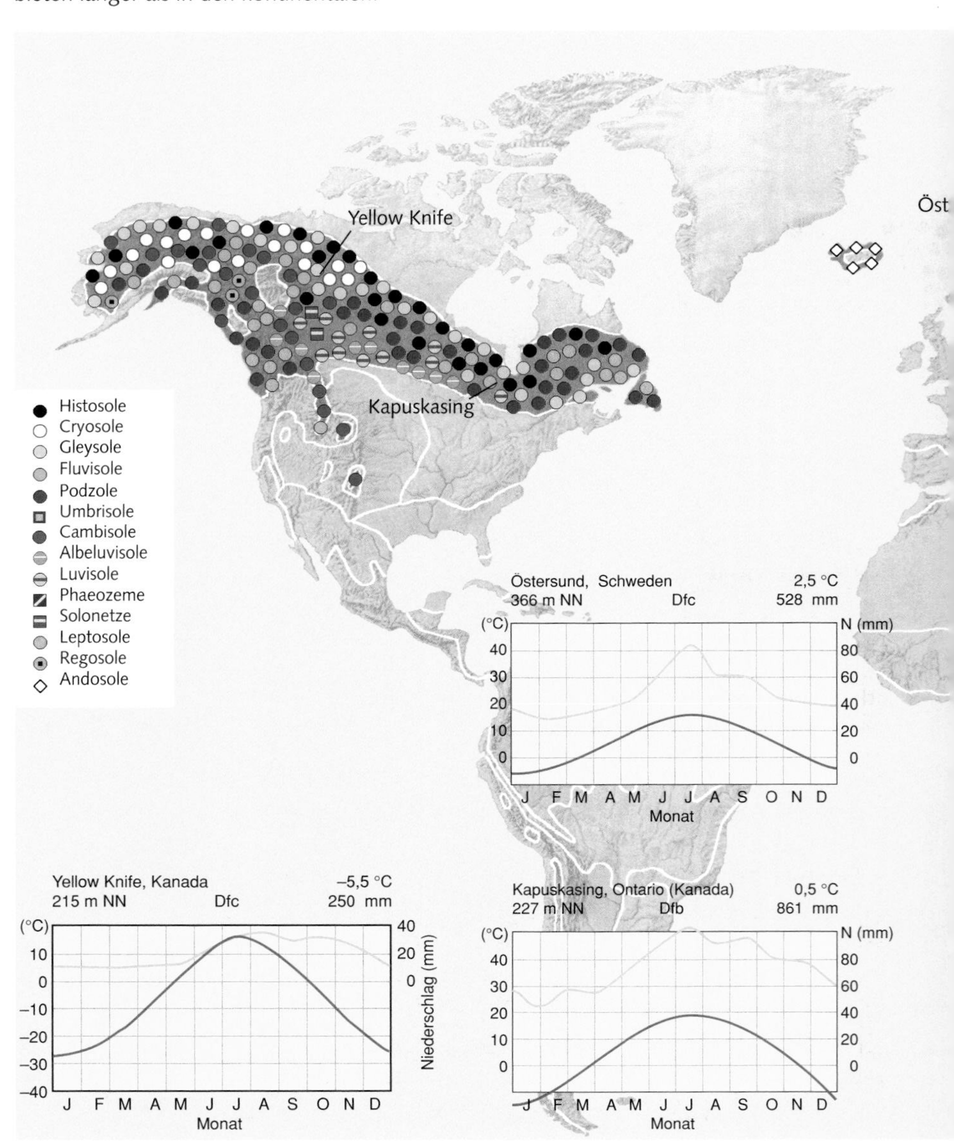

B Boreale Zone: Böden und ihre Verbreitung

Bodenbildung

Kennzeichnend sind das kalte bis kaltgemäßigte, semiaride bis subhumide Klima, das sanfte, durch Glazialerosion geformte Relief, anstehende oder durch Decksedimente (Moränen, Sander, Löss, fluvioglazigene Substrate) verdeckte Metamorphite und Magmatite (geologische Schilde) und der Einfluss des Permafrosts. Auf gut dränierten Standorten erfolgt Verwitterung in erster Linie durch aggressive Säuren und Komplexbildner, die eine starke Auswaschung des Oberbodens mit Verlagerung der gelösten Stoffe in den Unterboden zur Folge hat. Auf vernässten Standorten dominieren Vergleyung und Moorbildung.

Böden

Im kalt-ozeanisch geprägten Teil mit höherem Feuchtigkeitsüberschuss kommt es besonders im Bereich des diskontinuierlichen Permafrosts zu verbreiteter Staunässe, während in ausgedehnten Niederungen (Westsibirien, Hudsonbay) hochanstehendes Grundwasser vorherrscht. Da die Streu auf vernässten Standorten nur langsam abgebaut wird, bilden sich Torfe und/oder Rohhumus.
Auf schlecht dränierten Standorten (stauender Untergrund, z.B. durch Permafrost) dominieren daher hydromorphe Böden, vor allem **Gleysole** und **Histosole**. Auf gut dränierten herrschen **Podzole** (W-, O-Kanada, Skandinavien, W-Russland) und – im südlichen Mischwaldbereich – **Albeluvisole** vor. In Gunstlagen (SO-Karelien, Kasachstan, Alberta, Saskatchewan) treten vereinzelt schon albic* **Luvisole** auf, im Altai-Vorland sogar luvic* **Phaeozeme**. In den Rocky Mountains kommen als typische Erscheinung des hypsographischen Formenwandels ähnliche Böden wie in der benachbarten Zone vor, z.B. Crysole, Histosole, Gleysole, Podzole und Cambisole; weiter südlich erscheinen zunehmend auch albic* Luvisole.
Der semihumide, kalt-kontinentale Bereich der Borealen Zone (Zentral- und Ostsibirien, N-Alberta) wird großteils von einer kontinuierlichen Permafrosttafel unterlagert. Auf ihr sind (salic*) **Cryosole** häufig, in Senken auch cryic* Histosole und gelic* Gleysole. Auf basenreichen Gesteinen des Mittel- und Ostsibirischen Berglands sowie in den Gebirgen um den Baikalsee treten südexponiert verbreitet dystric* **Cambisole** auf, in Kuppenlagen (gelic*) **Leptosole** und an nordexponierten Hängen (gelic*) Podzole und (gelic*) **Umbrisole**. Die Senken werden von Histosolen und Gleysolen eingenommen.
Ein klimatischer Sonderfall sind die hochkontinentalen, z.T. semiariden Regionen um das Jakutische Becken in Ostsibirien bzw. das Peace River-Gebiet in Kanada. Unter dem Einfluss extremer Temperaturschwankungen und sehr geringer Niederschläge (< 300 mm a^{-1}) sind hier Böden mit geringer Verlagerungstendenz (gelic* Cambisole) bis hin zu solchen mit aszendentem Stofffluss und semiariden Merkmalen wie gelic* **Planosole** und gelic* **Solonetze** entstanden.
Im Fernen Osten, auf Kamtschatka, den Kurilen und auf Hokkaido bildeten sich aus Gesteinen des zirkumpazifischen Andesitvulkanismus **Andosole**.

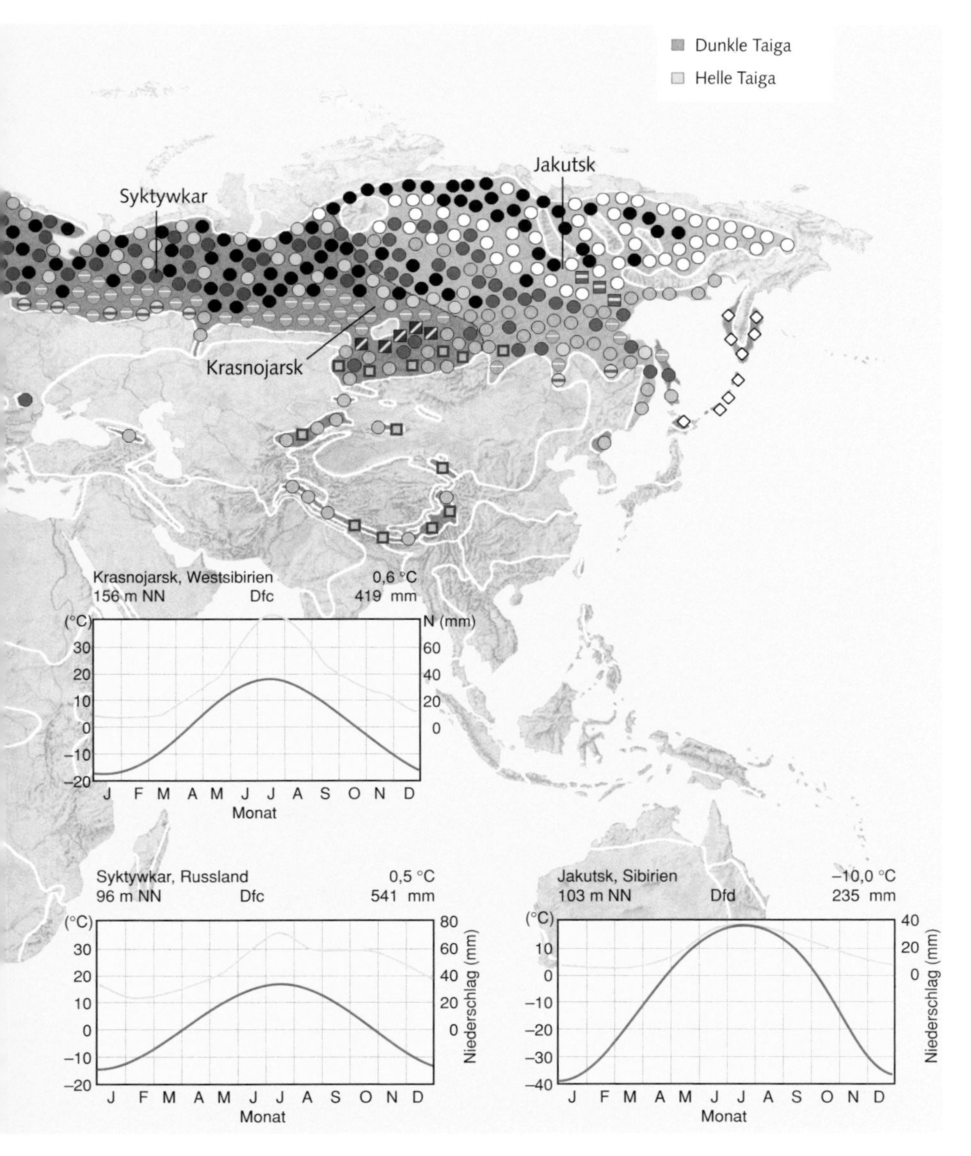

B.1 Histosole (HS) [gr. histós = Gewebe]

DBG:	Moore; Felshumus-/Humusskelettböden
FAO:	Histosols
ST:	Histosols; Peaty and Muck Soils

Definition

Böden mit einem histic** oder folic** Horizont, der a) von der GOF bis zum Festgestein oder zu Gesteinsfragmenten ≥ 10 cm misst, oder b) ≥ 40 cm mächtig ist, wobei seine Obergrenze innerhalb 30 cm u. GOF beginnt, und die c) keinen andic** oder vitric** Horizont innerhalb 30 cm u. GOF aufweisen.

Histosole umfassen alle organischen Böden und Moore (Nieder-, Hochmoore) mit der Horizontfolge H, HCr oder z.T. auch OC. Sie unterscheiden sich grundlegend von mineralischen Böden. Man unterscheidet zwischen grundwasserbeeinflussten (ombric*, dt.: topogenen) und regenwasserbeeinflussten (rheic*, dt.: ombrogenen) HS, jedoch sind Übergänge möglich.

Physikalische Eigenschaften

- Permanent feucht durch hohen GW-Spiegel; histic** Horizont: wassergesättigt in > 1 Monat des Jahres; folic** Horizont: wassergesättigt in < 1 Monat des Jahres;
- Lagerungsdichte (d) 0,05...0,1 (...0,4 Niedermoor) g cm^{-3};
- Porenvolumen bis zu 90 %;
- hohe Wasserkapazität (≈ 40 mm dm^{-1}), hohe gesättigte Wasserleitfähigkeit (bis 30 cm d^{-1}); dadurch Luftmangel.

Chemische Eigenschaften

- HS mit histic** Horizont: OS ≥ 20 Masse-% (≥ 12 % C_{org}) bei fehlendem Tonanteil in der Mineralfraktion; OS 20...30 % (C_{org} 12...18 %) bei Tonanteil von 0...60 %; OS ≥ 30 % (≥ 18 % C_{org}) bei einem Tonanteil ≥ 60 %);
  HS mit folic* Horizont: OS ≥ 35 % (≥ 20 % C_{org});
- stark reduzierter Streuabbau, da zu nass;
- schlechte Nährstoffversorgung, da Vorräte (P, K, S) niedrig und Nachlieferung (N, P, S) ungenügend; bes. ombric* HS sind Mangelstandorte;
- pH-Werte: rheic*, dystric* HS (Hochmoore) 2,5...4, eutric*, ombric* HS (Niedermoore) 4...6 (7); alcalic* HS: ≥ 8,5;
- keine Al-Toxizität;
- KAK hoch bis sehr hoch, pH-abhängig:

pH	KAK [cmol(+) kg^{-1} Boden]
3,5	70... 80
5,0	100...130
6,0	130...160
7,0	160...200
8,0	> 200

Biologische Eigenschaften

- Geringe biologische Aktivität (verlangsamter mikrobiotischer Streuabbau, bedingt durch Nässe, Kälte, Luftmangel, Acidität, hohe Elektrolytgehalte, Nährstoffarmut des Pflanzenmaterials etc.).

Vorkommen und Verbreitung

Histosole entwickeln sich auf Standorten, auf denen mehr Biomasse produziert als mineralisiert wird, in erster Linie Niederungen (Marschen, Lagunen, Mangroven, Seeverlandungen) bei hohem Grundwasserstand, aber auch im Bergland mit hohen Niederschlägen und geringer Evapotranspiration.

Weltweit nehmen Histosole ca. 275 · 10^6 ha Fläche ein, etwa die Hälfte davon liegt in der borealen Nadelwaldzone N-Eurasiens und Kanadas. Ferner kommen sie in Feuchtgebieten der gemäßigten Klimazonen (z.B. in den Zungenbecken ehemaliger Gletscher) vor sowie in Mangroven und Überschwemmungsgebieten der Tropen (z.B. Kalimantan).

Nutzung und Gefährdung

Extensiver Torfabbau besonders in Finnland und Russland. Geringe Tragfähigkeit, nicht befahrbar; häufig problematisch (Grundwasserabsenkung durch Torfstich, Gefahr der Vermulmung ehemaliger Niedermoortorfe unter Kultur). Nach Möglichkeit als Schutzgebiete (,Feuchtgebiete') ausweisen.

Lower level units*

Cryic · glacic · salic · gelic · thionic · folic
fibric · sapric · ombric · rheic · alcalic · toxic
dystric · eutric

Profilcharakteristik

Ausgewählte Bodenkennwerte eines rheic-gelic* Histosols

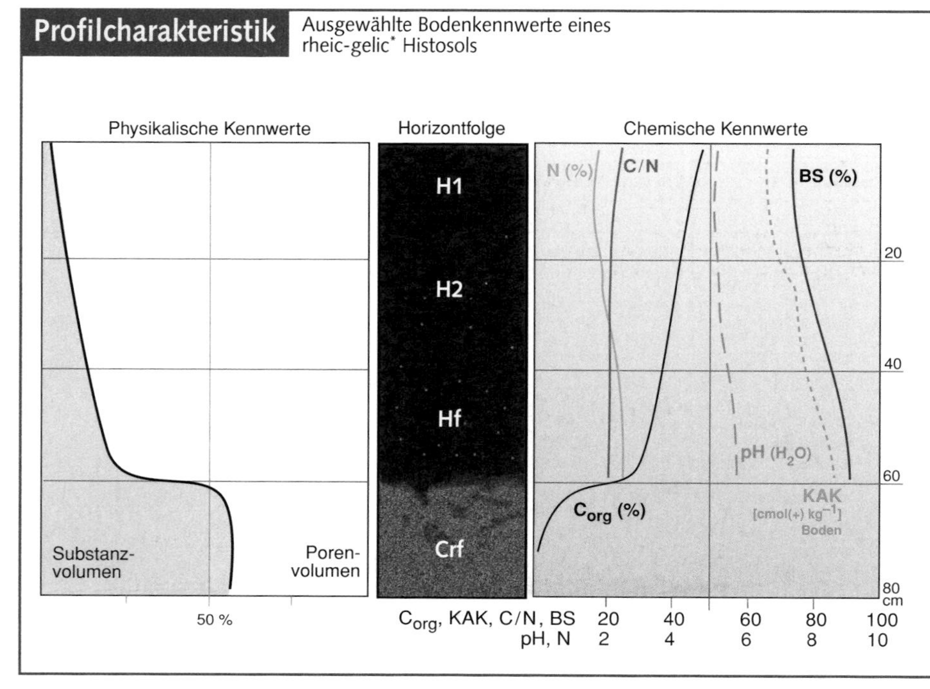

Diagnostische Merkmale:
histic Horizont** oder **folic** Horizont**

Histic Horizont:**
- Schlecht belüftetes organisches Bodenmaterial;
- OS-Gehalte 20...≥ 30 % (C_{org} 12...≥ 18 %), je nach Tonanteil (s. oben ,Chemische Eigenschaften');
- mindestens ein Monat im Durchschnitt der Jahre wassergesättigt.

Folic Horizont:**
- Gut belüftetes organisches Bodenmaterial;
- OS ≥ 35 % (≥ 20 % C_{org});
- weniger als ein Monat im Durchschnitt der Jahre wassergesättigt.

Sapric* Histosol (Schwarzwald).

Folic* Histosol (Wendelstein, Bayerische Alpen).

Bodenbildende Prozesse

Torf- und Moorbildung

Lang andauernde Wassersättigung hemmt den Streuabbau und führt zur Akkumulation unvollständig zersetzten Pflanzenmaterials. Weist es mehr als 30 Masse-% OS auf, spricht man von **Torf**; Böden mit Torflagen > 30 cm nennt man **Moore** (DBG; Def. n. WRB s. oben). Moore treten in den borealen Wäldern großflächig auf; die zahlreichen glazigenen Hohlformen (Zungenbecken, Toteislöcher u.a.), wasserstauender Permafrost und die geringe Verdunstung fördern die Moorbildung.

Beispielhaft für die Entstehung eines Moors ist die allmähliche Verlandung eines glazigen entstandenen Sees. Zunächst entwickeln sich Algen, die nach dem Absterben zur Bildung von Mudden beitragen. Allmählich siedeln sich Binsen, Seggen und Schilf am Seerand an (1). Aus den abgestorbenen Resten dieser Pioniere entsteht Binsen-, Schilf- und Seggentorf, auf dem z.B. Heidekraut und *Vaccinium spec.* zu wachsen beginnen und vom Land her Bruchwald (z.B. Erlen) seewärts vordringt (2). Der See ist jetzt zur Hälfte zugewachsen und ein grundwasserbeeinflusstes **Niedermoor** hat sich entwickelt.

Die Verlandung des Sees hält an und das Niedermoortorf wächst weiter auf. Wenn die Pflanzenwurzeln das Grundwasser nicht mehr erreichen, wird das anspruchslose *Sphagnum*-Moos konkurrenzfähig. Der Moorcharakter wechselt allmählich vom Nieder- zum Hochmoor. Dem Bruchwald folgen hygrophytische Bäume, vorwiegend Fichten, Kiefern, Birken und Latschen (3).

Schließlich ist der See vollständig verlandet. Das Moor hat sich zu einem **Hochmoor** entwickelt, das sich häufig uhrglasförmig aufwölbt und seinen Nährstoffbedarf aus dem Regenwassereintrag deckt (4). Deshalb heißen Hochmoore auch **ombrogene** Moore, im Gegensatz zu den **topogenen** Niedermooren, deren Pflanzen ihren Nährstoffbedarf hauptsächlich aus dem Grundwasser beziehen. Sofern das Grundwasser reich an Hydrogencarbonat [$Ca(HCO_3)_2$] ist, sind die pH-Werte des Niedermoors hoch, jene des Hochmoors jedoch niedrig.

Am Rand der Senke hat sich der ehemalige Moorboden wegen der geänderten hygrischen Verhältnisse (Trockenfallen des Bodens außerhalb des Grundwasserspiegels) in Richtung eines Waldbodens (z.B. Podzol) entwickelt (4, links).

Im Stadium des Hochmoors dominiert das Torfmoos *Sphagnum* das Torfartenspektrum. Es bildet dichte, filzige Moosteppiche, von denen nur die oberste Lage belebt ist (5). Die *Sphagnum*-Matte wirkt wie ein feinporiger Schwamm, der für die hohe Wasserhaltekapazität der Moore verantwortlich ist.

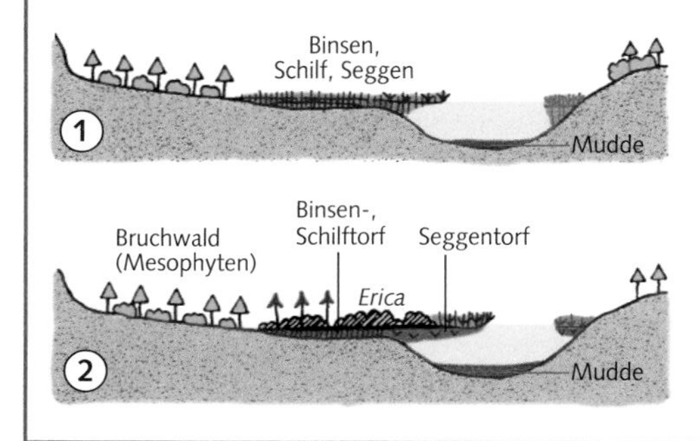

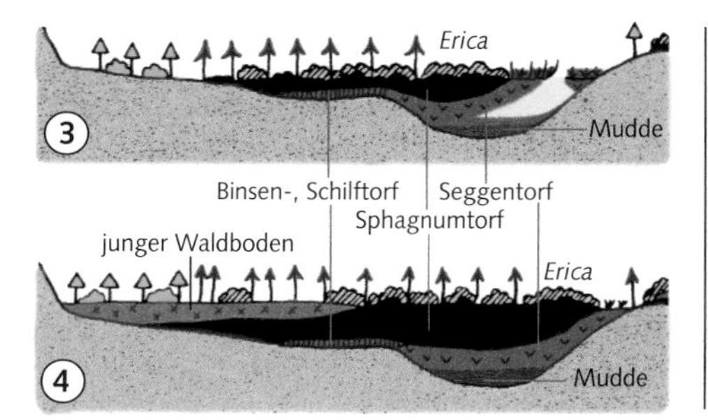

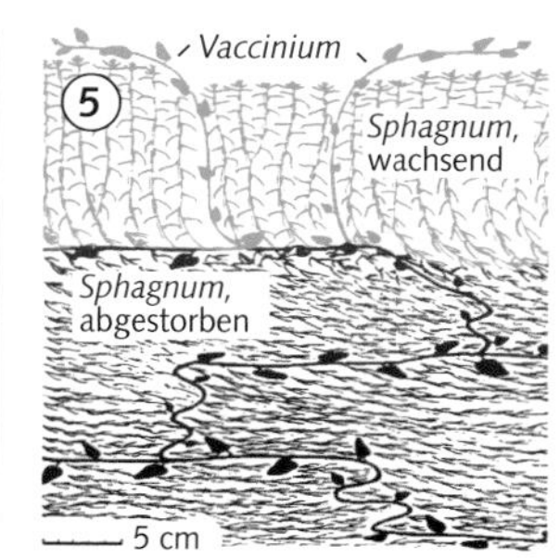

Grafik 1…4 n. Strahler (1969), 5 n. Schroeder (1998)

B.2 Gleysole (GL) [russ. gley = schlammige Bodenmasse]

DBG: Gleye
FAO: Gleysols
ST: z.B. Aquods, Aquents, Aquepts, Aquolls

Definition

Grundwasserbeeinflusste Mineralböden in Senken und Depressionen, die innerhalb der oberen 50 cm des Profils gleyic** Eigenschaften (hydromorphe Merkmale) aufweisen und im Unterboden ständig (> 300 d a^{-1}), im Oberboden zeitweise vernässt sind. Dadurch entwickeln sich redoximorphe Merkmale, die im zeitweise belüfteten Oberboden zu einem rostfarben gefleckten Oxidationshorizont (DBG: Go; WRB: Bg) und im dauervernässten Unterboden zu einem graublauen bis grauschwarzen Reduktionshorizont (DBG: Gr; WRB: Cr) führen. Typische Horizontfolgen sind ACr, ABgCr, HCr und HBgCr.

Physikalische Eigenschaften

- Im nassen Zustand haben tonreiche Gleysole ein Kohärentgefüge, nach Austrocknung dagegen ein polyedrisches bis prismatisches Gefüge; sandige Gleysole weisen Einzelkorngefüge auf;
- der Oxidationshorizont ist rostbraun (Ferrihyrit), gelbbraun (Goethit), orangerot (Lepidokrokit) oder gelb (Jarosit);
- der Reduktionshorizont kann weiß bis hellgrau (Sande), blau bis grün (Lehme und Tone) oder dunkelgrau bis schwarz (S-haltige Substrate) sein.

Chemische Eigenschaften

- Reduktionshorizont aufgrund von O_2-Mangel: rH ≤ 19;
- pH stark schwankend (z.B. thionic* GL = 2,5; sodic* GL bis 9,5);
- BS stark schwankend (z.B. dystric* GL = 10; calcaric* GL = 100 %).

Biologische Eigenschaften

- Hoher Grundwasserspiegel hemmt die Entwicklung der Bodenfauna;
- Wassersättigung erschwert den Streuabbau und die Durchwurzelung.

Vorkommen und Verbreitung

In lokalen Depressionen (Tälern, Senken, Dellen) und an Fluss-, See- und Meerufern vorkommend. Ausgangsgesteine sind i.d.R. mittel- bis feinkörnige Sedimente, oder glazigene Ablagerungen in ehemals vergletscherten Gebieten.
Weltweit nehmen Gleysole eine Fläche von ca. 720 · 10^6 ha ein. Größere zusammenhängende Gebiete finden sich in den Senken und Tiefländern der zirkumpolaren Tundren und borealen Waldländer sowie weltweit in den Überschwemmungsarealen und Deltas großer Flüsse und Ströme (Mississippi, Nil, Ganges, Brahamaputra, Mekong, Yangtse u.a.).

Nutzung und Gefährdung

Häufig werden Gleysol-Gebiete unter Schutz gestellt (Naturschutz, Grundwassergewinnung). Hoher Grundwasserstand sowie niedriges Redoxpotenzial im wasserführenden Horizont wirken als begrenzende Faktoren. Zu den darauf angepassten Baumarten gehören z.B. die Erlen.
Auf Gleysolen der Tropen und Subtropen wird oft Reisanbau betrieben. Die Böden haben häufig eine geringe Tragfähigkeit, weshalb sie nur schwer mit Maschinen zu bearbeiten sind. Thionic* Gleysole versauern nach Trockenlegung.

Lower level units*

Histic · thionic · anthraquic · endosalic
andic · vitric · plinthic · sodic · mollic
gypsic · calcic · umbric · arenic · takyric
gelic · humic · alcalic · alumic · toxic
abruptic · calcaric · tephric · dystric
eutric · haplic

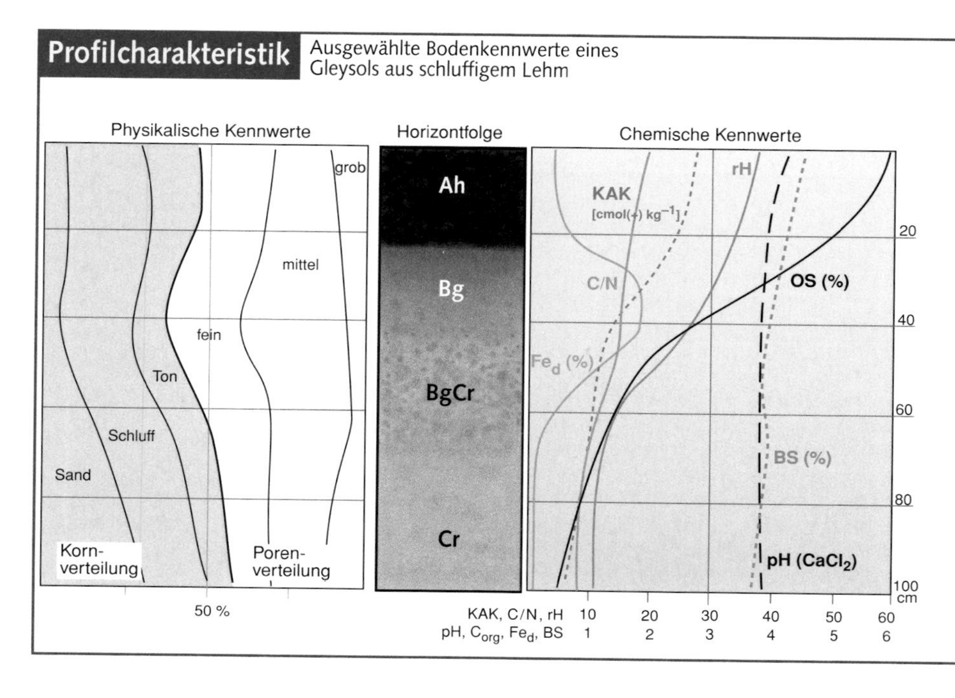

Diagnostisches Merkmal:
gleyic Eigenschaften**

Reduzierende Eigenschaften des Cr-Horizonts:
- rH der Bodenlösung ≤ 19 (rH = EL/29 + 2pH, mit EL = Redoxpotenzial in mV);
  oder
- freies Fe^{2+} bedingt
  entweder dunkelblaue Farben an frisch gebrochenen Aggregatoberflächen nach Behandlung mit $K_3Fe(CN)_6$, oder
  rote Bruchflächen nach Behandlung mit saurer a,a-Dipyridyl-Lösung, sowie
  ein typisches redoximorphes Farbverteilungsmuster entweder in > 50 % des Solums oder in 100 % des Solums unter einem Oberbodenhorizont, bedingt durch oximorphe und/oder reduktomorphe Vorgänge (s. oben ‚Physikalische Eigenschaften').

Gleysol aus holozänem Schwemmlöss (Rheintal).

Bodenbildende Prozesse

Vergleyung

Typisch für semiterrestrische Böden. Gleysole weisen innerhalb der oberen 50 cm im Profil Rostflecken auf, die durch im Profil hoch anstehendes Grundwasser oder oberflächennahes Hangzugwasser hervorgerufen werden. Der Unterboden (Cr-Horizont) ist ständig vernässt und reich an redoximorphen Merkmalen.
Der Grund hierfür ist anhaltender Sauerstoffmangel des Grundwassers, das reliefbedingt in Mulden und feinkörnigen Auen- bzw. Marschsedimenten sehr langsam fließt. Bei niedrigem Redoxpotenzial kommt es zur Mobilisierung der Fe- und Mn-Verbindungen, die je nach Art der vorherrschenden Wasserpotenziale lateral mit dem Grundwasserstrom oder aszendent mit dem Kapillarwasser verlagert werden. Im letzten Fall wandern sie in den Kapillaren des Porensystems bis in den Bereich der luftgefüllten Grobporen, wo Fe^{2+} und Mn^{2+} als Oxide auf Aggregatoberflächen (= extrovertiert) ausfallen und dort den über dem reduktomorphen Cr-Horizont befindlichen rostfarbenen oximorphen Bg-Horizont bilden.
Kalkreiches Grundwasser führt durch aszendente kapillare Verlagerung von Ca^{2+} und HCO_3^-, ggf. zur Ausfällung von Wiesenkalk (Alm) im Kapillarwassersaum (= calcic* Gleysol).

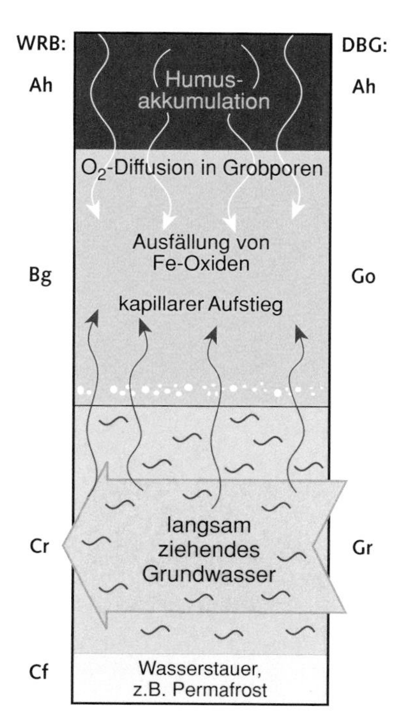

Oximorpher Bg (rH > 19): Oxidation der mit dem Kapillarwasser aufsteigenden Fe^{2+}- und Mn^{2+}-Ionen und anschließende Ausfällung als rostbraune bis orangefarbene Überzüge (Ferrihydrit, Goethit, Lepidokrokit) auf Aggregatoberflächen und/oder Wurzelröhren, die über Grobporen in Kontakt mit Luftsauerstoff stehen. Thionic* Gleysole weisen hingegen gelbe Jarositflecken auf. Bei tiefem pH tritt im oximorphen Horizont eine erhöhte Anionenaustauschkapazität auf.
Externe Anreicherung von Fe im oximorphen Horizont führt zur Bildung von Raseneisenerz und in den Tropen zu einem plinthic* Gleysol.

Reduktomorpher Cr (rH ≤ 19): Graue (in Sanden), blaue, blaugrüne (in Lehmen, Tonen) oder schwarze (in sulfidhaltigen Substraten) Reduktionsfarben, ständig wassergesättigt, O_2-Mangel; aszendente Verlagerung von Fe^{2+} und Mn^{2+} in den Kapillaren.
In der borealen Ökozone fördert Permafrost die Vergleyung, da sich über dem wasserstauenden Cf-Horizont zunächst der reduzierte Cr- und darüber der oxidierte Bg-Horizont ausbilden kann (= gelic* Gleysol).

Grafik n. Hintermaier-Erhard & Zech (1997)

B.3 Podzole (PZ) [russ. pod = unter und zola = Asche]

DBG: Podsole
FAO: Podzols
ST: Spodosols

Definition

Stark saure, i.d.R. sandige Böden mit einem spodic** Horizont (Bhs), der innerhalb 200 cm u. GOF beginnt; Horizontfolge OAhEBhsC. Starke Versauerung der Oberbodenhorizonte bedingt die intensive Verwitterung und Zerstörung der primären und sekundären Minerale. Die Bruchstücke werden vielfach durch organische Komplexbildner mit dem Sickerwasser aus dem Ober- in den Unterboden verlagert. Dadurch bildet sich der gebleichte, aschgraue E-Horizont, der freie Quarzkörner enthält und wie ‚gepudert' erscheint. Darunter folgt der Anreicherungshorizont (Illuviation = Anreicherung). Seine Farbe ist schwarz (Bh = Anreicherung von OS) oder rötlich (Bs = Anreicherung von Sesquioxiden). Werden sowohl OS als auch Sesquioxide verlagert, so folgt unter dem Bh- der Bs-Horizont. Je nach Verfestigung spricht man von Orterde oder Ortstein.

Physikalische Eigenschaften

- Typische Humusform: Rohhumus;
- häufig grobe Textur, Sand oder gröber;
- Ortstein mit typischem Kittgefüge;
- Hohe Wasserdurchlässigkeit, außer bei Vorliegen eines Ortsteins – dann Weiterentwicklung in Richtung Gleysol oder Histosol möglich;
- an Grobsand reiche PZ haben eine geringe Wasserspeicherkapazität (< 50 mm · m^{-1}), deshalb ist Wasserstress möglich;
- bei Ortstein schlechte Durchwurzelbarkeit.

Chemische Eigenschaften

- Tiefe pH-Werte im Oberboden (3...4,5), im Unterboden höher (bis 5,5);
- besonders im Oberboden arm an Makro- und Mikronährstoffen; für N gilt, dass der Vorrat oft hoch, jedoch schlecht verfügbar ist; N- und P-Mangelstandorte;
- Tongehalte häufig < 10 Masse-%;
- weites C/N-Verhältnis: Oberboden > 25, Unterboden > 20;
- KAK im E-Horizont niedrig, da arm an OS, Sesquioxiden und Tonmineralen;
- BS sehr niedrig;
- Al-Toxizität möglich.

Biologische Eigenschaften

- Sehr geringe biologische Aktivität;
- kaum Bodenwühler;
- gehemmte C-, N-, P- und S-Mineralisation.

Vorkommen und Verbreitung

Podzole entwickeln sich vorwiegend aus sauren, quarzreichen, kalk- und silicatarmen, häufig unverfestigten Gesteinen wie Quarzsanden, Flugsanden oder Granitgrus, aber auch aus Festgesteinen wie Granit, Gneis, Quarzit oder Kieselschiefern.
Weltweit nehmen Podzole eine Fläche von ca. 490 · 10^6 ha ein. Sie dominieren in der borealen Nadelwaldzone (Kanada, Skandinavien, N-Sibirien), doch gibt es auch in den humiden Tropen zahlreiche Vorkommen, die auf gut dränenden Gesteinen große Entwicklungstiefen erreichen (so genannte ‚giant podzols'). Sofern der spodic** Horizont jedoch unterhalb 200 cm u. GOF beginnt, klassifiziert man diese Böden nicht mehr als Podzole, sondern als Arenosole, falls das Substrat grobsandig ist.

Nutzung und Gefährdung

Wegen schlechter Nährstoffversorgung, tiefer pH-Werte und häufig niedriger Wasserspeicherleistung insgesamt schwierige Ackerböden. Nach Aufkalkung und Düngung günstiger (Kartoffelanbau). Ortstein ist ein ernstes Hindernis für den Ackerbau, mancherorts ist Tiefumbruch erforderlich.

Lower level units*

Gelic · gleyic · stagnic · densic · carbic
rustic · histic · umbric · entic · placic
skeletic · fragic · lamellic · anthric · haplic

Profilcharakteristik

Ausgewählte Bodenkennwerte eines umbric* Podzols aus quarzreichem Sand

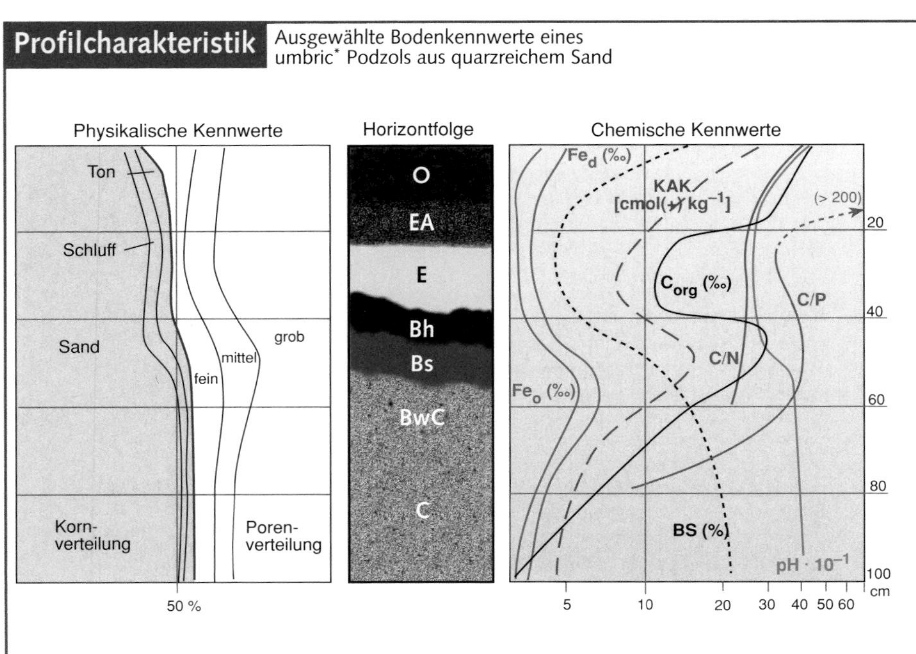

Diagnostisches Merkmal:
spodic Horizont** (= diagnostischer UBH)

- Liegt i.d.R. unter einem albic**, histic**, umbric**, ochric** oder anthropedogenetic** (< 50 cm mächtig) Horizont;
- hue 7,5YR oder kräftiger rot, value ≤ 5, chroma ≤ 4, oder hue 10YR, value ≤ 3 und chroma ≤ 2; oder mit einem durch OS, Al-, z.T. auch durch Fe-Oxide verfestigten Subhorizont (= iron pan, vgl. Bändchenpodsol n. DBG) von ≥ 2,5 cm Mächtigkeit; oder deutlich identifizierbaren organischen Pellets zwischen Sandkörnern;
- C_{org}-Gehalt ≥ 0,6 %;
- pH(H_2O 1:1) ≤ 5,9;
- enthält ≥ 0,5 % Oxalat-extrahierbares Al_{ox} + $^1/_2$ Fe_{ox} und hat mind. doppelt so viel Al_{ox} + $^1/_2$ Fe_{ox} wie ein darüber liegender albic**, umbric**, ochric** oder anthropedogenetic** Horizont;
  oder der Wert der optischen Dichte des Oxalatextrakts ist ≥ 2,5; er ist mind. doppelt so hoch wie in darüberliegenden Horizonten;
- Mindestdicke 2,5 cm, Mindestabstand 10 cm von der Mineralbodenoberfläche, außer bei Permafrost** in den oberen 200 cm des Profils.

Podzol aus jungpleistozänen Sanden (N-Deutschland).

Placic* Podzol mit Sesquioxid-Bändchen (thin iron pan) am Übergang E-/Bs-Horizont.

Umbric* Podzol mit mächtigem saurem OBH (Rwanda, 2500 müNN).

Bodenbildende Prozesse

Podsolierung (Cheluviation)

Bei tiefem pH werden primäre und sekundäre Minerale zerstört und die Bruchstücke zusammen mit Humusstoffen (DOM) vertikal verlagert. Basenarmes, quarzreiches und gut durchlässiges Ausgangsgestein, schwer abbaubare Streu (z.B. von *Calluna, Erica, Rhododendron, Pinus*) und fehlende Bodenwühler begünstigen die Akkumulation von **Rohhumus**, in dem saure, niedermolekulare organische Säuren entstehen, die als Komplexbildner wirken. Sie zerstören die Kristallstrukturen der Minerale und lösen Sesquioxide aus dem Gitter. Diese werden ionar und/oder als organische Komplexe (Chelate, Fulvate) nach unten verlagert. Dadurch verarmt der Oberboden an Al, Fe, Mn, Schwermetallen (SM) und OS und färbt sich nach und nach grau (= Sauerbleichung); es entsteht der Bleich- oder **Eluvialhorizont** (= E-Horizont n. WRB, bzw. Ae- oder Ahe-Horizont n. DBG), während im Unterboden, wo die Sesquioxide wegen steigender pH-Werte bzw. steigender Me/C-Quotienten wieder ausfallen, dunkle bis rötliche/rostfarbene Anreicherungshorizonte entstehen (= **Illuvialhorizont**, spodic** Horizont n. WRB, bzw. Bh- oder Bs-Horizont n. DBG).
Im obersten Subhorizont des B-Horizonts akkumulieren die organischen Stoffe (= Bh), während sich die Sesquioxide (= Bs) darunter anreichern.

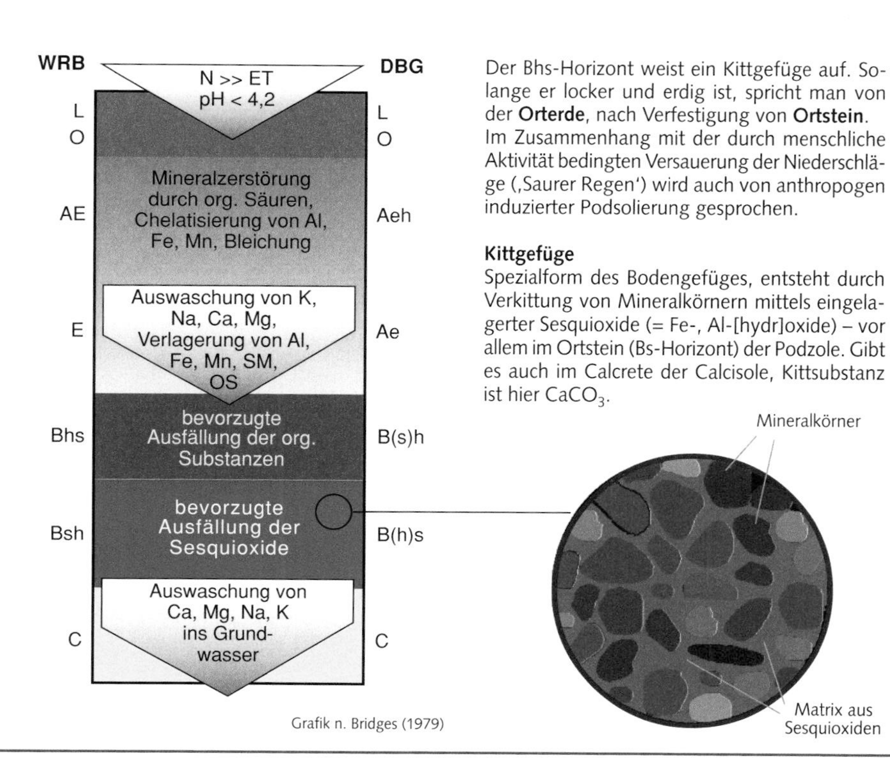

Grafik n. Bridges (1979)

Der Bhs-Horizont weist ein Kittgefüge auf. Solange er locker und erdig ist, spricht man von der **Orterde**, nach Verfestigung von **Ortstein**. Im Zusammenhang mit der durch menschliche Aktivität bedingten Versauerung der Niederschläge (‚Saurer Regen') wird auch von anthropogen induzierter Podsolierung gesprochen.

Kittgefüge

Spezialform des Bodengefüges, entsteht durch Verkittung von Mineralkörnern mittels eingelagerter Sesquioxide (= Fe-, Al-[hydr]oxide) – vor allem im Ortstein (Bs-Horizont) der Podzole. Gibt es auch im Calcrete der Calcisole, Kittsubstanz ist hier $CaCO_3$.

B.4 Albeluvisole (AB) [lat. albus = weiß und eluere = auswaschen]

DBG: Fahlerden
FAO: Podzoluvisols
ST: Frag.../Gloss.../Udalfs

Definition

Lessivierte Böden kalt-kontinentaler bis gemäßigt-humider Gebiete mit der Horizontfolge AEBtC. Während der Schneeschmelze tritt in den AB der borealen Zone oft Wasserstau über gefrorenem Unterboden auf.
Der A-Horizont ist i.d.R. als humusarmer ochric** Horizont unter Moder ausgebildet. Darunter folgt ein fahlbrauner bis stark gebleichter, eluvialer E-Horizont (= Ael n. DBG) von tonarmer, eher gröberer Textur. Er greift zungenförmig in den nach unten folgenden tonreichen argic** Horizont (Bt). Dieses Phänomen heißt **albeluvic tonguing**** (= Zungenbildung) und ist das diagnostische Merkmal der AB. Die in den Bt eindringenden ‚Zungen' sind an Ton und Eisen verarmt; in aggregierten Böden entwickeln sie sich auf den Aggregatoberflächen.

Physikalische Eigenschaften

- Eluvialer Bleichhorizont: instabiles Gefüge, z.T. verfestigt; Tonminerale verlagert und zerstört;
- argic** Horizont: periodischer Wasserstau, wenn der Bt verdichtet (Fragipan) oder gefroren (Permafrost**; dann gelic* AB) ist.

Chemische Eigenschaften

- Niedrige Nährstoffvorräte und schlechte Verfügbarkeit (N-, P-Mangel);
- niedrige pH-Werte ($CaCl_2$) von ca. 4...5,5;
- relativ weites C/N-Verhältnis (≈ 20...30);
- BS des E-Horizonts stets niedrig (< 10 %); jene des Bt-Horizonts schwankt zwischen 10 % für dystrophe AB und bis 90 % für eutrophe AB;
- KAK (≈ 10...20 cmol(+) kg^{-1} Boden) zeigt ein Maximum im A-Horizont (bedingt durch OS), kleinere Werte im Bt-Horizont (bedingt durch Ton) sowie ein Minimum im E-Horizont;
- Redoxpotenzial periodisch niedrig;
- alumic* AB haben hohe Gehalte an austauschbarem Al (> 50 %);
- Tonminerale zeigen Al-Einlagerungen (Chloritisierung).

Biologische Eigenschaften

- Langsamer Streuabbau vorwiegend durch Pilze und Actinomyceten; insgesamt geringe biologische Aktivität;
- Bodenwühler fehlen weitgehend, daher nur geringe Bioturbation; jedoch
- Arboturbation (= Durchmischung infolge Windwurf) bedeutsam.

Vorkommen und Verbreitung

Aus entkalkten, quarzreichen Feinsedimenten (Flug-, Dünensande, Sande, Terrassen-, Deltasedimente, Lösslehm). Je quarzreicher das Substrat und je häufiger Bodenvernässung und -austrocknung wechseln, desto ausgeprägter ist das albeluvic tonguing**.

Weltweit nehmen Albeluvisole eine Fläche von ca. 320 · 10^6 ha ein, vor allem am Südrand der borealen Wälder Eurasiens (Osteuropäische Plattform, Westsibirien) und Kanadas. Ferner in den Feuchten Mittelbreiten W-Europas (SW-, W-Frankreich, Benelux, W-Deutschland) und der USA (westlich der Großen Seen).
Sporadisch auch in den Niederungen subtropischer und tropischer wechselfeuchter Klimate (S-Vietnam, Südstaaten der USA).

Nutzung und Gefährdung

Nur mäßig fruchtbare Ackerböden, da zu sauer, zu häufig vernässt, zu nährstoffarm. Anbau von Sommerweizen, Gerste, Zuckerrüben, Futterpflanzen und Kartoffeln nach Kalkung und Düngung möglich. Besser geeignet für Weide- oder Forstwirtschaft. Auf den AB der borealen Zone stocken im Norden Koniferen (Taiga mit Kiefern und Lärchen), im Süden Mischwälder.
Der strukturschwache Oberboden der Albeluvisole neigt im hügeligen Gelände unter Ackernutzung zur Erosion.

Lower level units*

Histic · gelic · gleyic · alic · umbric · arenic fragic · stagnic · alumic · endoeutric abruptic · ferric · siltic · haplic

Profilcharakteristik Ausgewählte Bodenkennwerte eines Albeluvisols aus schluffigem Lehm

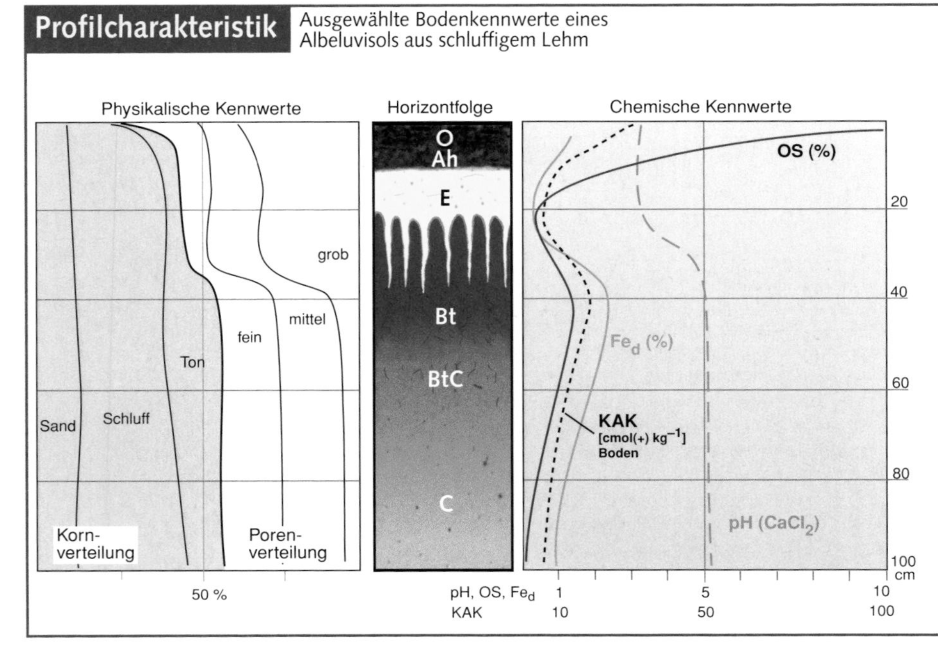

Diagnostische Merkmale:
argic Horizont, albeluvic tonguing****

- Argic* Horizont (Definition s. Luvisole, S. 32) innerhalb 100 u. GOF mit albeluvic tonguing** (DBG: Verzahnung);
- die in den argic** Horizont hineingreifenden Zungen haben die Farbe des albic** Horizonts;
- sie sind tiefer als breit und haben folgende waagerechte Ausdehnung:
  ≥ 5 mm in tonigen argic** Horizonten,
  ≥ 10 mm in tonig-lehmigen und schluffigen argic* Horizonten,
  ≥ 15 mm in schluffig-lehmigen, lehmigen oder sandig-lehmigen argic** Horizonten;
- sie nehmen > 10 Vol.-% in den oberen 10 cm des argic* Horizonts ein (vertikal oder horizontal);
- ihre Kornverteilung entspricht jener des gebleichten Eluvialhorizonts über dem argic** Horizont.

Stagnic* Albeluvisol aus Löss (Schwaben).

Gleyic* Albeluvisol aus Hangschutt (Rhön).

Bodenbildende Prozesse

Lessivierung
Pseudovergleyung
(Podsolierung)

Die Genese der Albeluvisole lässt Merkmale der Lessivierung, Pseudovergleyung und Podsolierung erkennen.
Im Einzelnen gilt:

1. Verlagerung basisch wirkender Kationen und von Ton (s. Lessivierung S. 33).
2. Oberhalb des verdichteten Bt-Horizonts oder über gefrorenem Unterboden staut sich, besonders im Frühjahr, das Wasser. Dies führt zur Mobilisierung von Fe und Mn und partieller lateraler Verlagerung. Dadurch bleicht der Oberboden (= Nassbleichung) und an Stellen mit höherem Redoxpotenzial können sich Fe-/Mn-Konkretionen bilden.
3. Häufiger Wechsel von Austrocknung (= Oxidation) und Vernässung (= Reduktion) begünstigt Versauerung und Tonmineralzerstörung im Oberboden.
4. Im Gegensatz zur typischen Podsolierung tritt in den Albeluvisolen keine Anreicherung von organischer Substanz (im Bh) und von Sesquioxiden (im Bs) im Unterboden auf.

Albeluvic tonguing** (albeluvic Zungen)
Kennzeichen der Albeluvisole ist das zungenförmige Eindringen des gebleichten Eluvialhorizonts in den darunter liegenden Bt-Horizont, wobei die Zungen die fahle Farbe eines albic* Horizonts und die grobkörnige Textur des Eluvialhorizonts aufweisen. Die Zungen sind tiefer als breit, wobei die Breite von sandig-lehmigen Substraten über schluffige zu tonigen hin abnimmt. Ist der argic* Horizont aggregiert, verlaufen die Zungen entlang der Aggregatoberflächen. Diese tragen oft schluffige, im trockenen Zustand weiß gepudert erscheinende Überzüge.
Bei der **Fahlerde** (n. DBG) ist das albeluvic tonguing** gleichbedeutend mit dem Verzahnungshorizont (Ael+Bt).

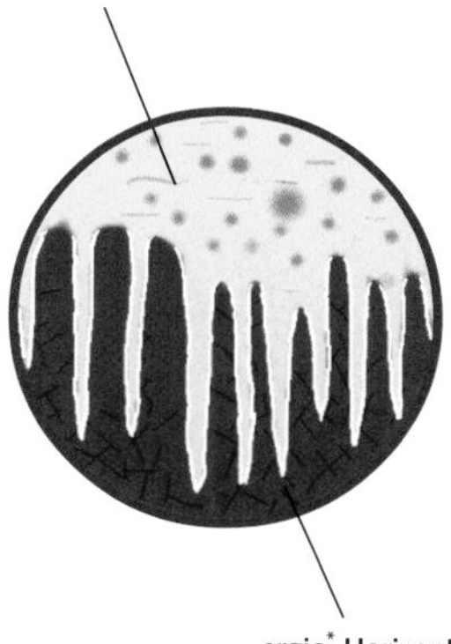

B Boreale Zone: Landschaften

Histosol-Landschaft: wassergefülltes Toteisloch mit Schwingrasen, den der Autor W. Zech mit sichtlichem Vergnügen auf seine Tragfähigkeit „testet" (Kamtschatka, O-Sibirien).

Gleysol-Landschaft am Ufer des Kivu-Sees (Rwanda).

Podzol-Landschaft mit Koniferen und Magnolien in Nepal (3700 müNN).

B Boreale Zone: Catenen

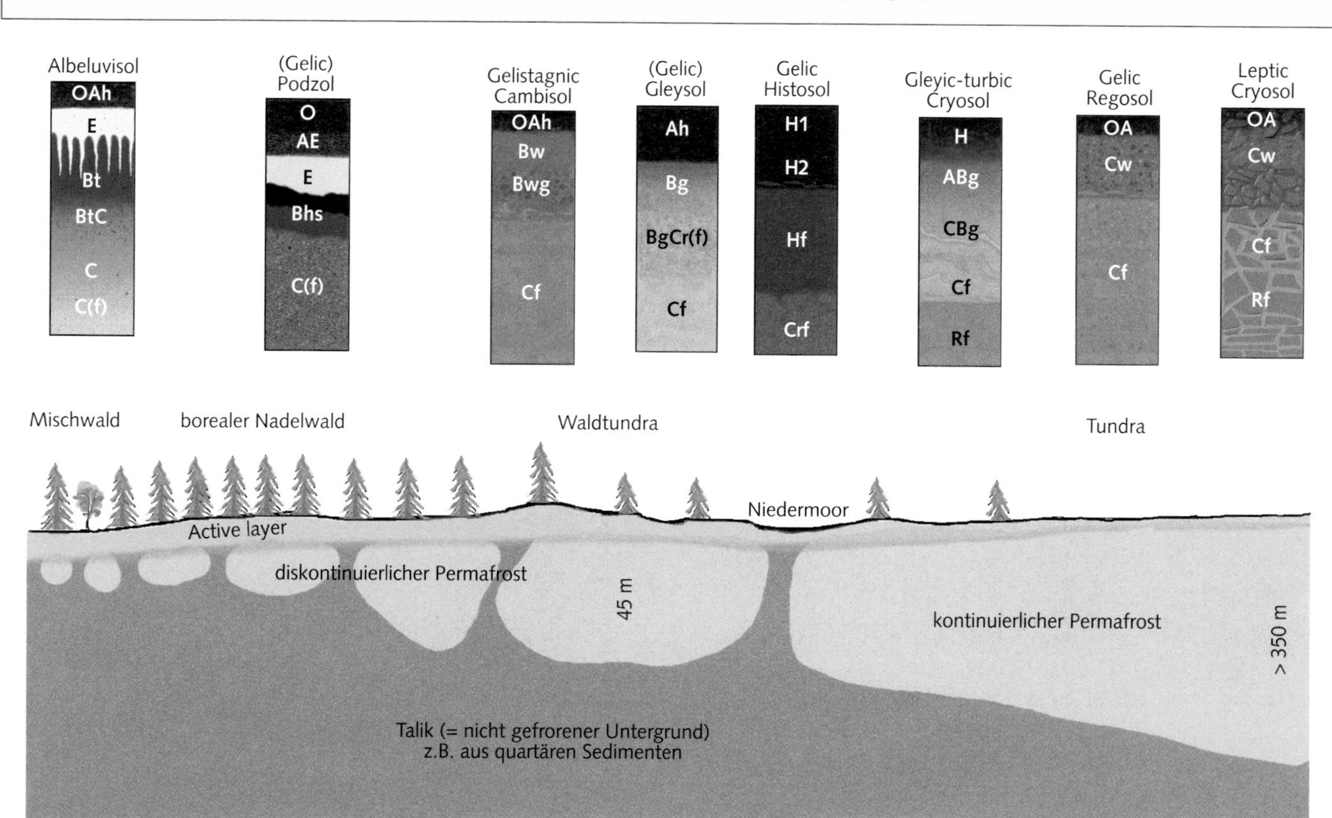

Bodenabfolge entlang eines Nord–Süd-Profils durch die westkanadische Taiga

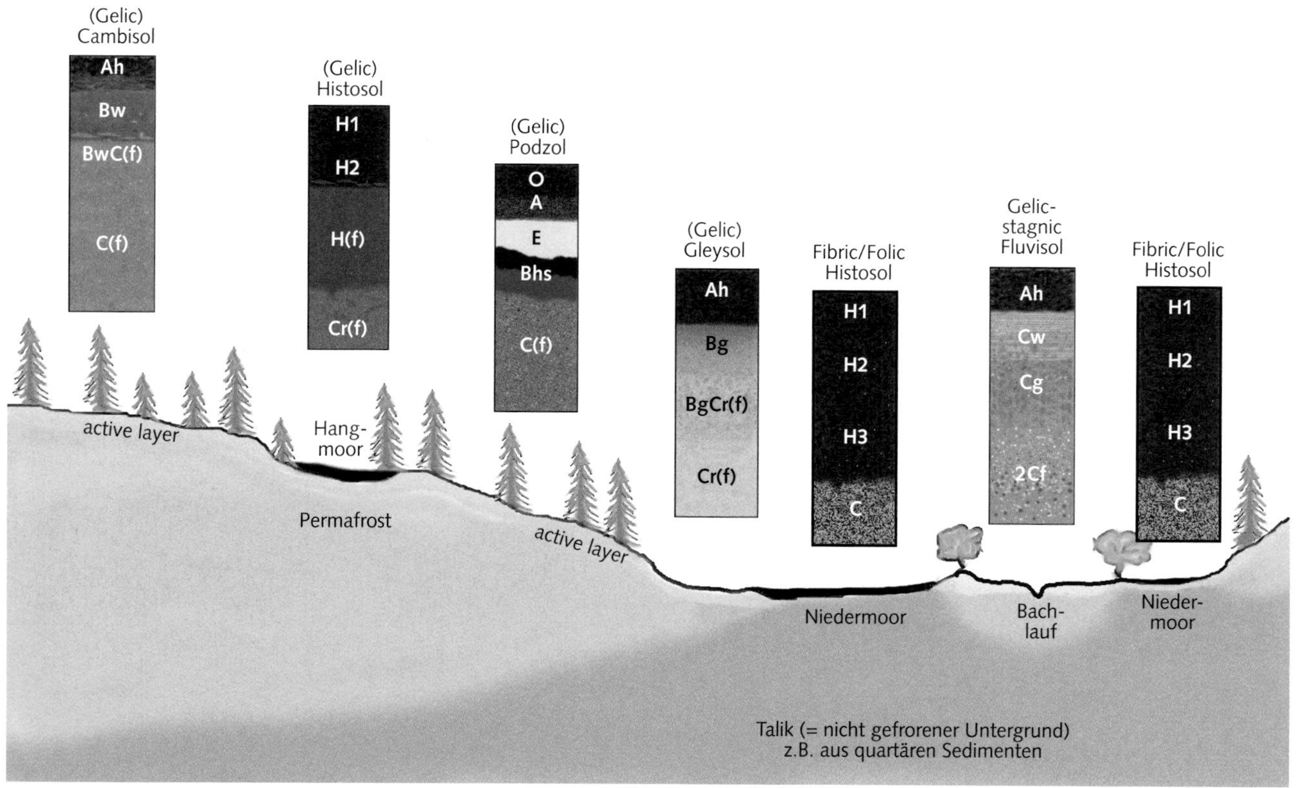

Bodencatena in der Westsibirischen Taiga

C Feuchte Mittelbreiten: Lage, Klima, Vegetation

Lage

Die Zone der Feuchten Mittelbreiten nimmt drei größere Regionen auf der Nord- und drei kleinere auf der Südhalbkugel ein. Alle Teilgebiete liegen überwiegend ozeannah und verengen sich zum Inneren der Kontinente hin. Die Feuchten Mittelbreiten grenzen polwärts an die Boreale Zone, kontinentwärts an die Trockenen Mittelbreiten bzw. Subtropen und äquatorwärts an die Winterfeuchten Subtropen, in China an die Immerfeuchten Subtropen. Die Hauptverbreitungsgebiete sind:
Nordhalbkugel: Östliche bis nordöstliche USA und angrenzende Gebietsstreifen in Kanada mit einem schmalen Verbindungsbogen über die Großen Seen nach W-Kanada (British Columbia) und dem NW der USA (Washington, Oregon). Teile W-, Mittel-, S- und Osteuropas. NW-China mit schmaler Verbindung zum Himalaja sowie große Teile Koreas und N-Japan.
Südhalbkugel: S-Chile, SO-Australien und Tasmanien, S-Neuseeland.

Klima

Ökologisch ausgesprochenes Gunstklima durch seine Mittelstellung zwischen polar-borealem Jahreszeiten- und subtropisch-tropischem Tageszeitenklima mit ausgeglichener Jahresbilanz von Sonneneinstrahlung (hoher Sonnenstand im Sommer, niedriger im Winter, jedoch keine Polarnacht) und Niederschlägen. Einziges Klima mit zwei ausgeprägten Übergangszeiten (Frühling, Herbst) zwischen Sommer und Winter. Typisch für das Wettergeschehen ist die ganzjährig wirksame außertropische Westwinddrift, die zwischen dem subpolaren Tiefdruck- und dem subtropischen Hochdruckgürtel für wechselhaftes Wetter sorgt.
Das Klima ist humid bis subhumid (Cf, Df n. Köppen & Geiger) mit regional großer thermischer und hygrischer Schwankungsbreite. Die Jahresmitteltemperaturen bewegen sich etwa zwischen 6 und 14 °C (tiefere Werte am Übergang zur Borealen Zone, höhere am Übergang zu den Subtropen und Trockenen Mittelbreiten). Die jährlichen Niederschlagsmengen liegen meist zwischen 500 und 1000 mm (z.T. bis > 2000 mm). Die jährliche Temperaturamplitude umfasst in den ozeanisch geprägten Gebieten etwa 10 °C, in den kontinentalen Gebieten jedoch bis zu 40 °C. Auch werden unter zunehmend kontinentalem Einfluss die Sommer heißer (wärmster Monat ozeanisch: < 16 °C, kontinental: > 18 °C) und die Winter kälter (kältester Monat ozeanisch: 0...+5 °C, kontinental: bis < –30 °C). Ökologisch bedeutsam ist das Auftreten regelmäßiger Frosttage während der Wintermonate. Teilweise fällt der Niederschlag als Schnee, der besonders in den küstenfernen Gebieten auch längere Zeit liegen bleiben kann.

Vegetation

Die natürliche Vegetation der Feuchten Mittelbreiten wird großteils vom sommergrünen Laubwald bestimmt, der im Übergangsbereich a) zur Borealen Zone in nemoralen Nadelwald, b) zu den Trockenen Mittelbreiten in nemorale Trockengehölze oder Wald- bzw. Langgrassteppe, c) zu den Trockenen Subtropen in Halbwüsten, d) zu den Winterfeuchten Subtropen in Hartlaubwald und e) zu den Immerfeuchten Subtropen in Lorbeerwald übergeht.
Sommergrüner Laubwald: Buche, Eiche, Esche, Ulme, Ahorn, auch gemischt mit Tanne, Kiefer, Fichte; krautreicher Unterwuchs (vor allem Hemikryptophyten, Geophyten, ± Chamaephyten). **Nemoraler Nadelwald:** Douglasie, Hemlocktanne, Thuja, Eibe, Fichte, Scheinzypresse mit Laubbäumen (Eiche, Ahorn). **Nemorale Trockengehölze:** niedriger Offenwald (Wacholder) mit Trockenbüschen. **Waldsteppe:** siehe Kap. D; **Hartlaubwald:** siehe Kap. E; **Halbwüste:** siehe Kap. E; **Lorbeerwald:** in S-Chile, W-China (siehe Kap. H).
Vegetationszeit: Kontinental: etwa 6 Monate; ozeanisch: deutlich länger, in besonders begünstigten Lagen nahezu ganzjährig.
Große Teile der ursprünglichen Waldflächen (‚Urwälder') sind heute Wirtschaftswäldern oder Ackerstandorten gewichen.

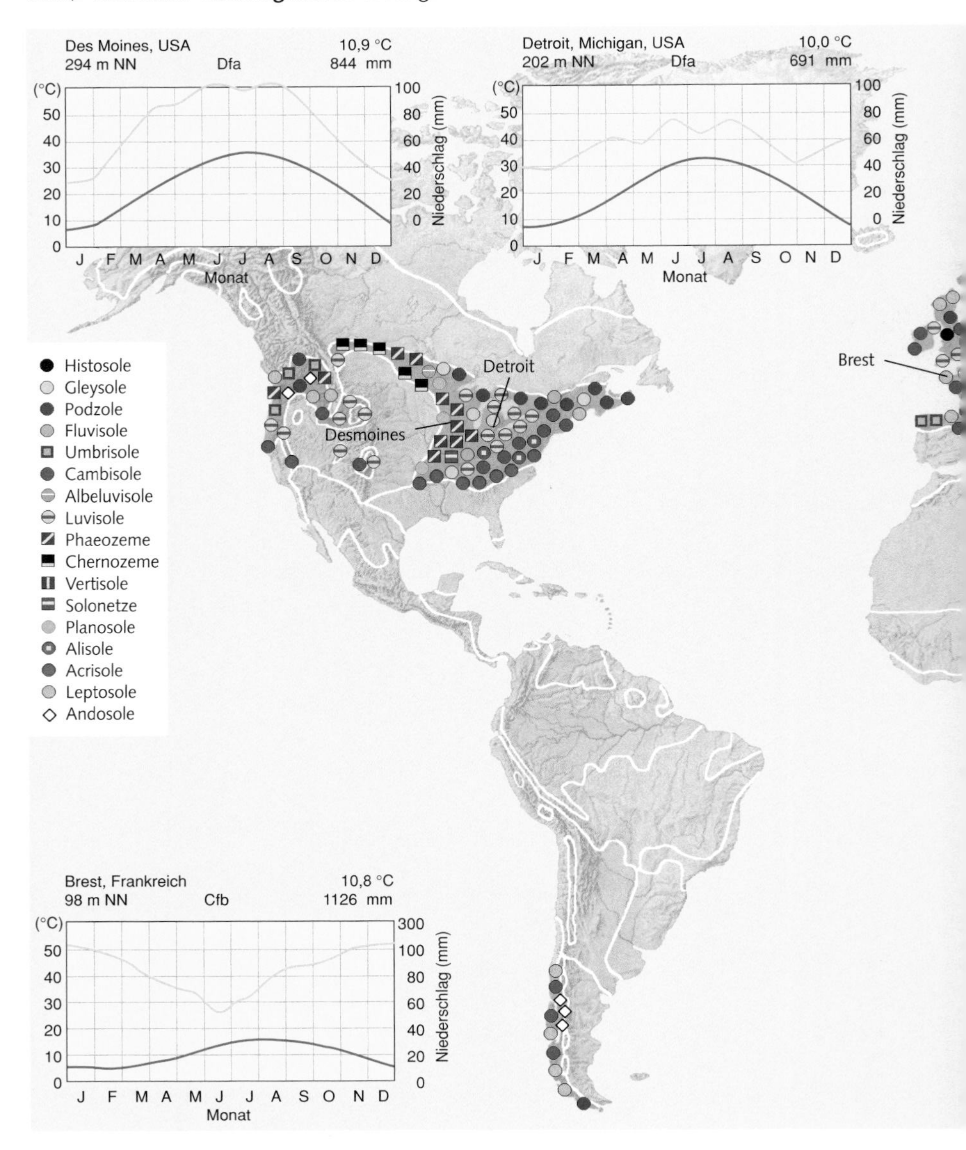

C Feuchte Mittelbreiten: Böden und ihre Verbreitung

Bodenbildung

Im Gegensatz zur Polaren/Subpolaren Zone (Dauerfrost und Solifluktion während der kurzen Auftauperioden im Polarsommer) sowie zur Borealen Zone (winterlicher Frost, Wassersättigung während der Schneeschmelze, sommerliche Trockenheit mit Waldbränden) weisen die Feuchten Mittelbreiten ein ausgeglichenes, begünstigendes Klima ohne langandauernde Frost-, Nässe- oder Trockenperioden auf.

Aus dem Zerfall der Primärminerale entstehen vorwiegend sorptionsstarke Sekundärminerale (Dreischichttonminerale wie die Illite). Sie wirken, trotz überwiegend deszendenter Sickerwasserbewegung im Jahresverlauf, einer raschen Verarmung der Pedosphäre an basisch wirkenden Kationen entgegen.

Typische terrestrische Humusformen sind Mull, Moder und Rohhumus.

Böden

Die für die Feuchten Mittelbreiten charakteristischen Böden sind **Cambisole** (eutric*, dystric*; DBG: Braunerden) sowie **Luvisole** (albic*, haplic*; DBG: Parabraunerden). Sie repräsentieren die Kernbereiche dieser Zone mit ausgeglichenem Temperatur- und Niederschlagsregime.

Während die Cambisole häufig aus periglaziären Decklagen der Mittelgebirge hervorgegangen sind, sind die Luvisole oft aus Lössdecken, Geschiebemergel und Kalk-Silicat-Sedimenten entstanden.

Beide Böden spielen auch im Übergangsbereich zu den Winterfeuchten Subtropen eine wichtige Rolle. Hier macht sich der Einfluss des mediterranen Klimas durch Rubefizierung der Böden bemerkbar, die dann als chromic* Cambisole und chromic* Luvisole klassifiziert werden.

Den ozeanisch geprägten Übergangsbereich zur Borealen Zone kennzeichnen verbreitet **Podzole**, **Albeluvisole** und z.T. albic* Luvisole und dystric* Cambisole. Albeluvisole (DBG: Fahlerden) sind auch in Westeuropa (Belgien, Niederlande, Norddeutschland) häufig anzutreffen.

Zum Innern der Kontinente hin, wo sich die Zone der Feuchten Mittelbreiten mehr und mehr verengt und mit der Waldsteppe verzahnt, leiten Luvisole und Albeluvisole (Kasachstan) zu **Phaeozemen** und – in ausgeprägt wechselfeuchten Randbereichen – teilweise auch schon zu **Chernozemen** oder **Planosolen** und **Solonetzen** (USA) über.

Im Übergangsbereich zu den Immerfeuchten Subtropen am Ostrand der Kontinente treten neben chromic* Cambisolen und chromic* Luvisolen erstmals (sub)tropische Böden in Erscheinung. Im Südosten der USA und in Kalifornien sind es **Alisole/Acrisole**, in China kennzeichnen Vergesellschaftungen von Cambisolen, Luvisolen und Acrisolen/Alisolen diesen Übergang. In SO-Australien tauchen bereits **Vertisole** und Planosole auf.

In den Gebirgs- und Mittelgebirgsregionen der Feuchten Mittelbreiten sind in Hanglagen **Leptosole** und **Umbrisole** verbreitet.

Gleysole und **Fluvisole** prägen in größerem Umfang die Überschwemmungsebenen großer Flüsse, z.B. im weiten Einzugsbereich des Mississippi sowie in Ostchina.

Im nördlichen Teil Japans, im Kaskadengebirge der westlichen USA und in den Anden Mittel- und Süd-Chiles sind aus Gesteinen des zirkumpazifischen Andesitvulkanismus **Andosole** entstanden.

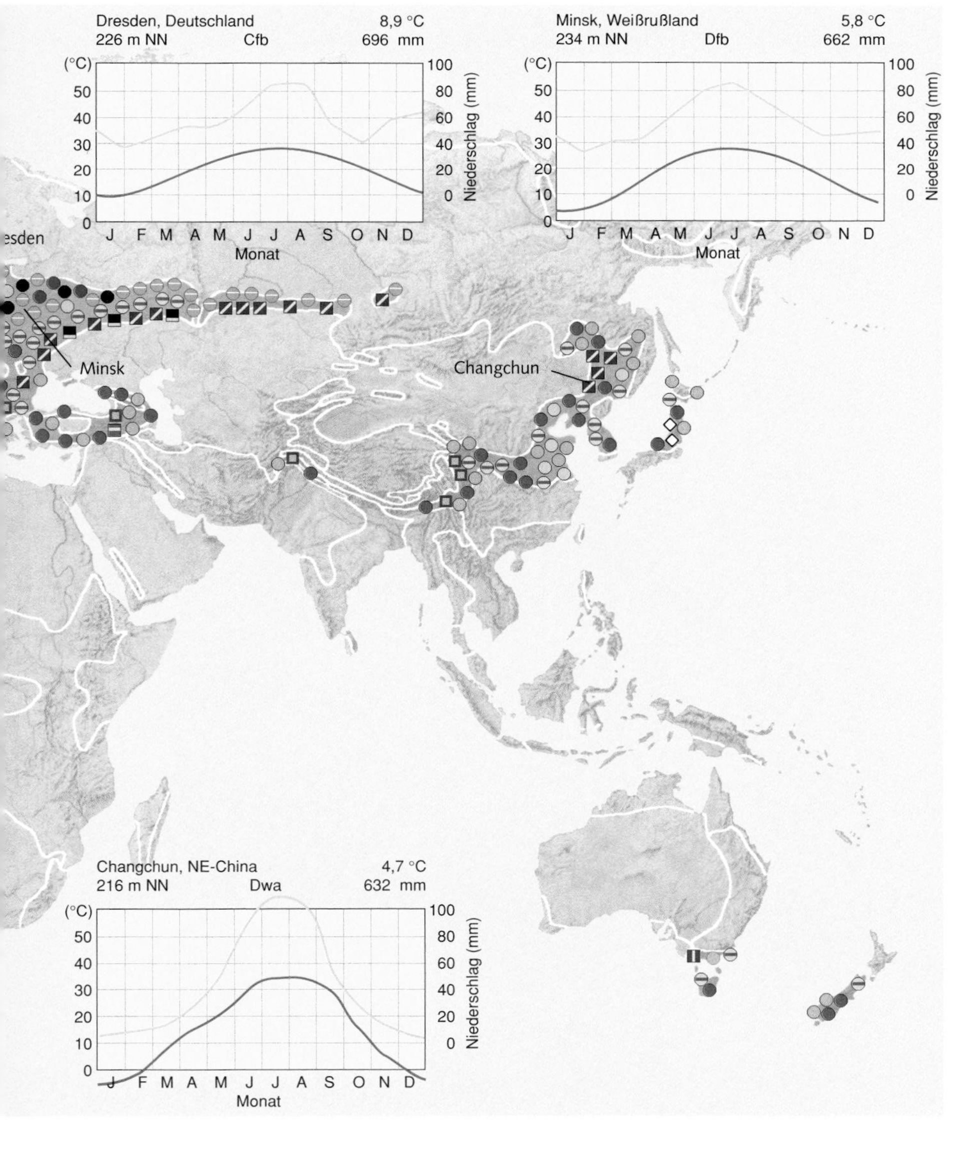

C.1 Cambisole (CM) [ital. cambiare = wechseln]

DBG: Braunerden
FAO: Cambisols
ST: Inceptisols: z.B. Ochrepts, Umbrepts

Definition

Relativ junge, mäßig entwickelte und relativ schwach verwitterte Böden mit der Horizontfolge ABwC, die häufig in borealen, gemäßigten, aber auch in (sub)tropischen Klimagebieten vorkommen, wenn Erosion der Alterung der Böden entgegenwirkt.
Diagnostisch ist der cambic** Horizont, ein i.d.R. brauner (auch gelblicher, rötlicher) Verwitterungshorizont, der sich zwischen dem humosen Oberboden und dem relativ unverwitterten Muttergestein einfügt. Er ist mindestens 15 cm mächtig, seine Untergrenze liegt mindestens 25 cm u. GOF. Die Horizontgrenzen sind bezüglich Farbe, Bodenart und Gefüge i.d.R. fließend (daher der Name Cambisol).

Physikalische Eigenschaften

Bw-Horizont:
- intensiver gefärbt als der C-Horizont;
- Bodenart: sandiger Lehm oder feinkörniger; Bw ist tonreicher als C-Horizont;
- keine deutlichen Anzeichen für Ton-, OS- oder Sesquioxid-Verlagerung, d.h. Bt-, Bh- und Bs-Horizonte fehlen;
- gute Aggregatstabilität;
- hohe Porosität;
- hohe Wasserkapazität bzw. -leitfähigkeit (freie Drainage).

Chemische Eigenschaften

- Nährstoffvorräte und -verfügbarkeit mäßig bis gut;
- pH-Werte (H_2O) um 5,0...7,0;
- mittleres C/N-Verhältnis (≈ 10...20);
- KAK_{pot} (1 M NH_4OAc) > 16 cmol(+) kg^{-1} Ton oder KAK_{eff} < 12 cmol(+) kg^{-1} oder > 10 Vol.-% verwitterbare Minerale in der Fraktion 50...200 µm (entspricht ≈ TRB > 25 cmol(+) kg^{-1} Boden [= Summe aus austauschbaren und mineralischen gebundenen Anteilen an Ca, Mg, K, N]).

Biologische Eigenschaften

- Mittlere bis hohe biologische Aktivität;
- reichlich Bodenwühler;
- gute Durchwurzelbarkeit.

Vorkommen und Verbreitung

Aus kalkarmen bis kalkfreien, silicatischen Ausgangsgesteinen (z.B. Glimmerschiefer, Granit, Basalt, Sandstein, pleistozäne Sedimente).
Weltweit nehmen Cambisole ca. $1,5 \cdot 10^9$ ha Fläche ein, vor allem in den gemäßigten und borealen Klimaten N-Eurasiens und Kanadas, den gemäßigten Gebieten W-, SW- und Mitteleuropas (Deutschland, Frankreich, Benelux, Polen), des Alpen- und Himalaja-Vorlandes und der USA (südwestl. der Großen Seen). In den Tropen und Subtropen nehmen sie nur selten größere Flächen ein (z.B. Alluvionen des Indus-, Ganges-, Brahmaputra-Deltas oder auf dem stark genutzten Dekkan-Plateau). In Abhängigkeit von der Reliefenergie sind Cambisole in Gebirgsländern mit Leptosolen vergesellschaftet; ferner häufig mit Calcisolen, Regosolen oder Durisolen in semiariden Gebieten.

Nutzung und Gefährdung

Unter Kultur gehören besonders die basenreichen Cambisole zu den fruchtbaren Ackerböden, während dystric* Cambisole als Weiden und Waldstandorte genutzt werden. Begrenzende Faktoren sind eventuell hohe Steingehalte und Flachgründigkeit. In Hanglage Forstnutzung.
Die Cambisole der (Sub)-Tropen sind, sofern sie nicht zu flachgründig sind, ackerbaulich gut nutzbar, da sie höhere Gehalte an verwitterbaren Mineralen bei besserer Nährstoffnachlieferbarkeit enthalten als benachbarte Ferralsole und Acrisole.

Lower level units*

Gelic · leptic · vertic · fluvic · endosalic
plinthic · gelistagnic · stagnic · gleyic
andic · vitric · mollic · takyric · yermic
aridic · sodic · ferralic · gypsic · calcaric
skeletic · rhodic · chromic · hyperochric
dystric · eutric · haplic

Profilcharakteristik

Ausgewählte Bodenkennwerte eines haplic* Cambisols aus schluffigem Sand

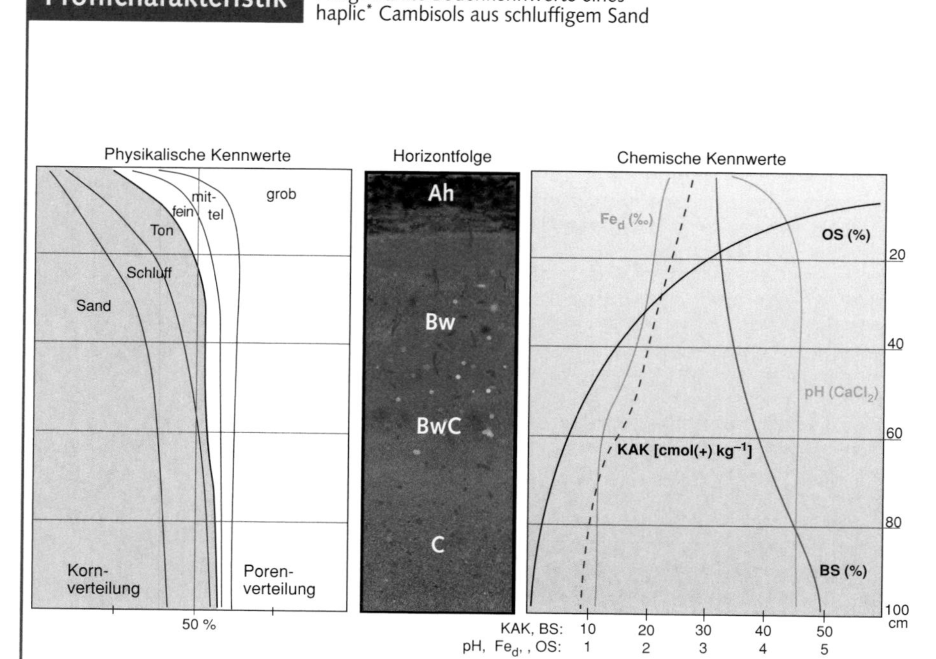

Diagnostische Merkmale:
cambic Horizont** (= diagnostischer UBH)

- Textur der Feinerde: sandiger Lehm oder feinkörniger;
- Strukturmerkmale nur mäßig entwickelt oder autochthone Gesteinsstrukturen nehmen ≤ 50 Vol.-% des Horizonts ein;
- Verwitterungsmerkmale in Form von stärkerem chroma, stärker rotem hue oder höherem Tongehalt als in tieferen Teilen des Profils; Hinweise auf Carbonatauswaschung in Cambisolen aus kalkhaltigem Gestein, z.B. weniger oder fehlende Kalküberzüge auf groben Partikeln;
- feucht keine bröckelige (‚brittle') Konsistenz;
- > 15 cm mächtig, Unterkante mind. 25 cm u. GOF;
- KAK_{pot} (1 M NH_4OAc) > 16 cmol(+) kg^{-1} Ton oder KAK_{eff} (= Summe austauschbarer basisch wirkenden Kationen + austauschbare Acidität in 1 M KCl) < 12 cmol(+) kg^{-1} Ton oder ≥ 10 % verwitterbare Minerale in der 50...200 µm-Fraktion.

Mollic Horizont über einem UBH mit einer BS < 50 % innerhalb 100 cm u. GOF; oder ein a) andic**, vertic** oder vitric** Horizont, der zwischen 25 und 100 cm beginnt, bzw. ein b) plinthic**, petroplinthic** oder salic** Horizont, der zwischen 50 und 100 cm beginnt, wobei oberhalb dieser Horizonte kein lehmiger Sand oder eine grobkörnigere Textur vorkommen dürfen.

Dystric* Cambisol aus Gneis-Fließerde (Bayerischer Wald).

Eutric* Cambisol aus Basalt-Verwitterung (Vogelsberg, Hessen).

Bodenbildende Prozesse

Verbraunung
Verlehmung

Typische bodenbildende Prozesse der Cambisole (DBG: Braunerden): Im Laufe der chemischen Verwitterung wird Fe^{2+} aus den Fe-haltigen primären Mineralen (z.B. Olivin, Pyroxen, Amphibol u.a.) freigesetzt; es oxidiert zu Fe^{3+} und bildet im gemäßigten Klima der Feuchten Mittelbreiten i.d.R. braun gefärbte Eisenoxide wie den Goethit (= Verbraunung). Aus den freigesetzten Kieselsäure- und Al-haltigen Fragmenten und Ionen können in situ Tonminerale (Illite, Smectite, Vermiculite) entstehen, was zur **Verlehmung** führt.

Tropische Böden zeigen die durch Goethitbildung bedingte Verbraunung weniger deutlich, da in warmen Klimagebieten während der Verwitterung neben Goethit auch Hämatit entsteht, dessen kräftig rote Farbe jene des Goethits überdeckt.

Die Verbraunung mancher Böden kalter Klimagebiete (z.B. arktische Braunerde, gelic* Cambisol) wird durch Frostsprengung gefördert. In Mitteleuropa beschränkt sich der Prozess der Verbraunung vielfach auf die oberen periglaziären Lagen.

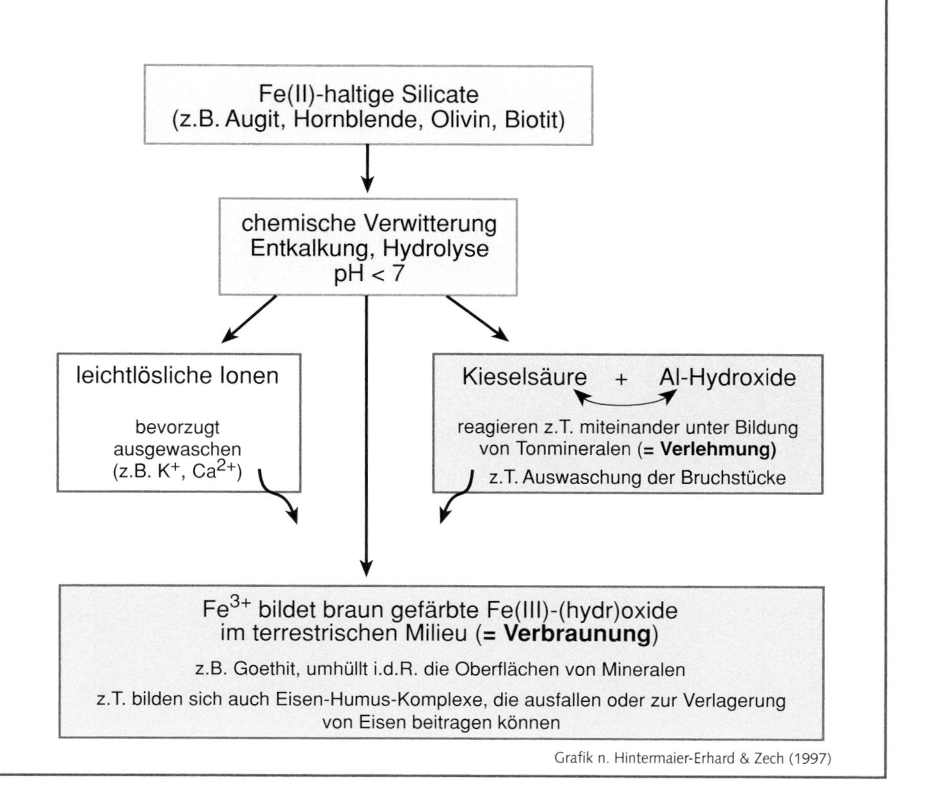

Grafik n. Hintermaier-Erhard & Zech (1997)

C.2 Luvisole (LV) [lat. luere = auswaschen, -laugen]

DBG: Parabraunerden
FAO: Luvisols
ST: Alfisols

Definition

Schwach saure, i.d.R. fruchtbare Böden vorwiegend der gemäßigten Breiten mit der Horizontfolge AEBtC. Entstehen durch mechanische Verlagerung von Feinton mit dem Sickerwasser (= Lessivierung) aus dem Oberboden nach Dispergierung der Tonkolloide. Dadurch entsteht ein an Ton verarmter OBH, der albic** Horizont (E nach WRB, Al nach DBG). Im darunter liegenden argic** Horizont (Bt) reichert sich der verlagerte Ton an. Er muss bei den Luvisolen eine KAK (1 M NH_4OAc) ≥ 24 cmol(+) kg^{-1} aufweisen.
Nach WRB gehören auch solche Böden zu den Luvisolen, die infolge biogener (z.B. Termiten) oder geogener (z.B. Solifluktion) Prozesse tonärmere Lagen über tonreicheren Unterböden aufweisen.

Physikalische Eigenschaften

- Der OBH ist meist gut wasserdurchlässig, jedoch kann der Bt nach entsprechender Verdichtung Wasserstau hervorrufen;
- Gefüge: A-Horizont krümelig bis subpolyedrisch, Bt polyedrisch bis prismatisch;
- Bt hat hohe Wasserspeicherkapazität;
- in Hanglagen erosionsgefährdet;
- Bt tonreicher und dichter als A und E; mindestens 8 % Ton;
- Bt mit Toncutanen;
- Farbe: E-Horizont aufgehellt (fahl- bis graubraun); Bt-Horizont mittel- bis schokoladebraun.

Chemische Eigenschaften

- Nährstoffvorräte und -verfügbarkeit meistens gut/hoch;
- pH-Werte im A-Horizont um 5...6, im Bt etwas höher; Al-Sättigung gering (< 60 %);
- KAK (NH_4OAc) ≥ 24 cmol(+) kg^{-1} Ton;
- BS ≥ 50 %;
- austauschbares Na < 15 % bis 40 cm u. GOF;
- \> 10 % verwitterbare Minerale in der 50...200 µm-Fraktion.

Biologische Eigenschaften

- Aktives Bodenleben;
- gut durchwurzelbar, sofern Bt nicht zu stark verdichtet ist.

Vorkommen und Verbreitung

In vielen ehemals vergletscherten Gebieten und angrenzenden Periglazialbereichen haben sich auf Lockersedimenten (z.B. Lössdecken, Geschiebemergel, Flugsande, sandig-schluffige Schotter) Luvisole entwickelt. In den Randbereichen zu wärmeren Klimaten hin (z.B. Po-Ebene) färben sich die Bt-Horizonte wegen der Bildung von Hämatitvorstufen rötlich: chromic* Luvisole.

Weltweit nehmen Luvisole eine Fläche von ca. 650 · 10^6 ha ein, vor allem in West- und Mitteleuropa, den USA, den Mittelmeerländern, S-Chile, SO-Australien, auf der Südinsel von Neeseeland. In den humiden Tropen und Subtropen gehören sie zu den jungen Bodenbildungen (z.B. ferric* Luvisole).

Nutzung und Gefährdung

Auf ungestörten Standorten stocken i.d.R. Laub-, Misch- und Nadelwälder, in waldlosen Gebieten herrscht Grasbewuchs vor. Luvisole sind fruchtbare Ackerböden mit hohen Nährstoffvorräten, günstigem Wasserhaushalt und guter O_2-Versorgung, vor allem wenn sie aus Löss entstanden sind. Anbau von Weizen, Zuckerrüben, Futterpflanzen u.a.
Aufgrund des hohen Feinkornanteils Neigung zu Verschlämmung und Verdichtung. Auf steileren Standorten sind deshalb Erosionsschutzmaßnahmen erforderlich, z.T. sind die Luvisole dann nur als Weideland oder für Obstkulturen nutzbar. In Gegenden mit langer Trockenzeit kann es zu Wasserstress kommen.

Lower level units*

Leptic · vertic · gleyic · andic · vitric · calcic
arenic · stagnic · albic · hyposodic · profondic · lamellic · ferric · rhodic · chromic
cutanic · hyperochric · dystric · haplic

Profilcharakteristik

Ausgewählte Bodenkennwerte eines haplic* Luvisols aus sandigem Löss

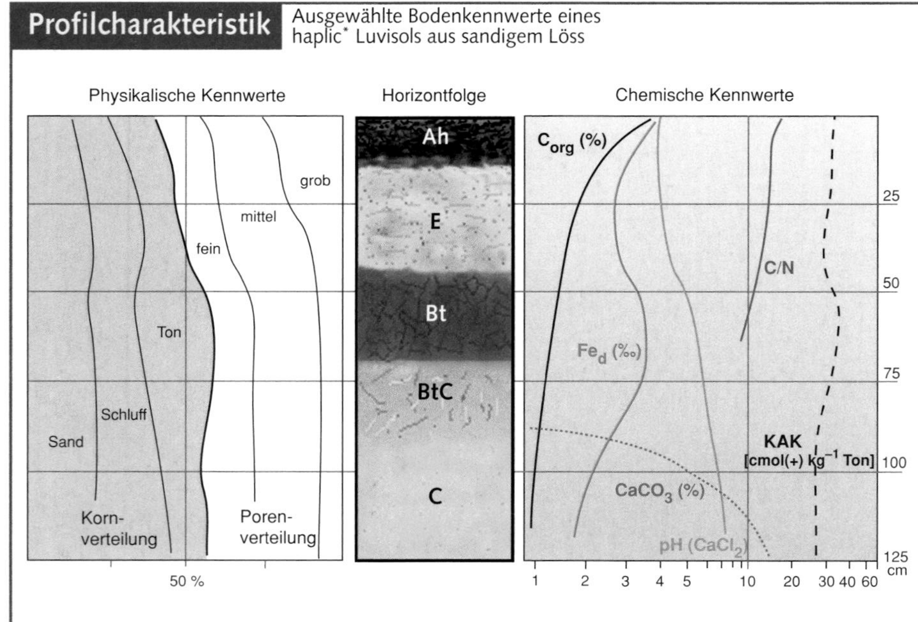

Diagnostisches Merkmal:
argic Horizont** (= diagnostischer UBH)

- Textur: sandiger Lehm oder feiner, mind. 8 % Ton in der Feinerde;
- Gesamtgehalt an Ton höher als im darüber liegenden E-Horizont:

E (Tongehalt)	Bt
< 15 %	mind. 3 % höher
15...40 %	≥ 5 % höher
≥ 40 %	> 8 % höher;

- Zunahme des Tongehalts vom E zum Bt innerhalb 30 cm;
- < 50 Vol.-% autochthone Gesteinsstrukturen;
- Horizontmächtigkeit > 7,5 cm bzw. 10 % der darüber liegenden Horizonte.

Für den Bt der Luvisole gilt:

- KAK (1 M NH_4OAc) ≥ 24 cmol(+) kg^{-1} Ton;
- BS > 50 %

Haplic* Luvisol aus Löss (NW-Bayern).

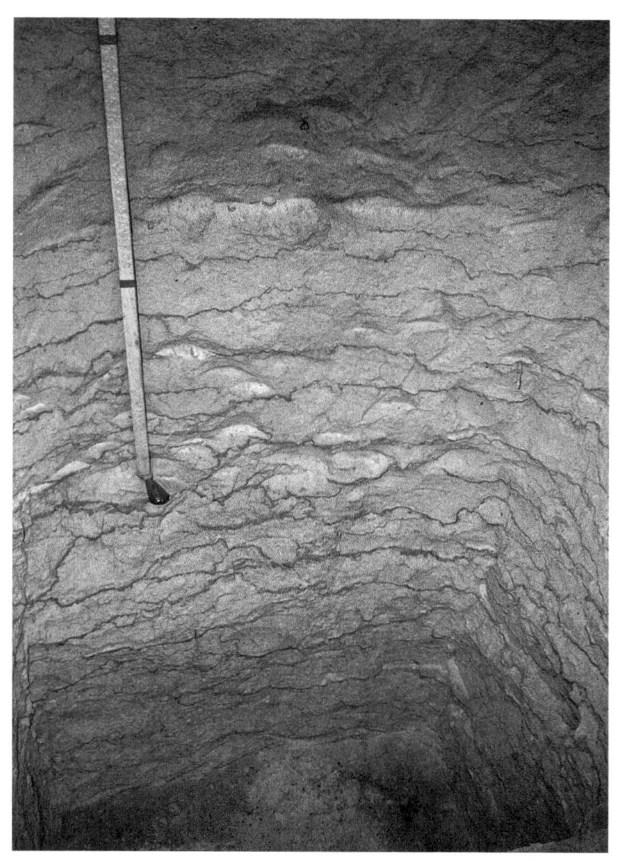
Lammelic* Luvisol mit bändchenförmigem Bt-Horizont; typisch bei sandigem Ausgangsmaterial (N-Deutschland).

Bodenbildende Prozesse

Lessivierung (Tonverlagerung)

Entscheidender Prozess, der den diagnostischen argic** Horizont (Bt) hervorruft. Man versteht darunter die mechanische Verlagerung besonders der Feintonfraktion (< 0,2 μm). Sie beinhaltet Phyllosilicate, Oxide und organomineralische Verbindungen, die bevorzugt in Form peptisierter Kolloide aus dem Oberboden in tiefere Bodenbereiche durch das Sickerwasser transportiert werden.

Lessivierung wird begünstigt durch

a) einen pH-Wert zwischen 5...6,5, weil dadurch die Tonminerale migrationsfähig werden (Dispergierung: Partikelaggregate werden in Einzelpartikel aufgelöst und umgeben sich mit einer Hydrathülle) und als Sol mit dem Sickerwasser bevorzugt in den dränfähigen Grobporen und alten Wurzelröhren nach unten wandern;

b) periodische Austrocknung der Böden, weil dadurch Grobporen und Trockenrisse entstehen, was die Tonverlagerung fördert.

Im Bt-Horizont werden die Kolloide gefällt, einmal mechanisch, weil der Porendurchmesser abnimmt (Filtereffekt), zum andern chemisch, wenn die Elektrolytgehalte (besonders Ca^{2+}) der Bodenlösung zunehmen und damit Ausflockung eingeleitet wird. Auf diese Weise entstehen die für Bt-Horizonte typischen porenwandparallelen Auskleidungen (‚Tapeten') in Form glänzender Tonhäutchen (Toncutane).

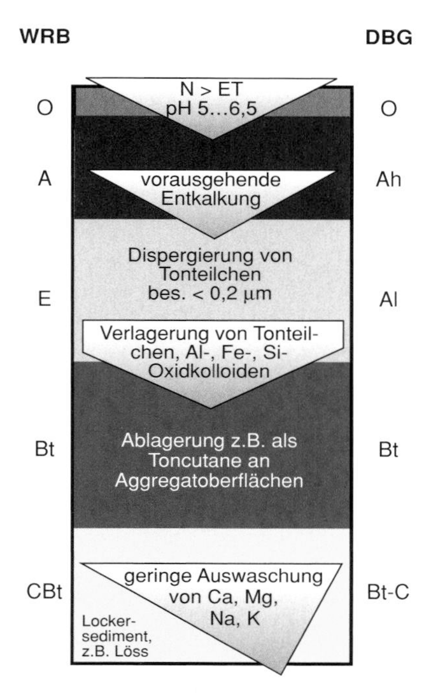

Toncutane (Tonbeläge, -häutchen, -tapeten)

Hauchdünne, wandparallele Auskleidungen der Leitbahnen des Makroporenflusses (Klüfte, Schrumpfrisse, Wurzelröhren = Sekundärporen) in dem durch Lessivierung mit Ton angereicherten Bt-Horizont; glänzen bei Austrocknung silbrig. Wegen ihrer Entstehung durch Einspülung nennt man sie auch **Illuvationscutane**; sie sind hohlraumorientiert.

Die Gefügeform ist wegen der doppelbrechenden optischen Eigenschaften (orientierte Anisotropie) ein sepisches Plasma.

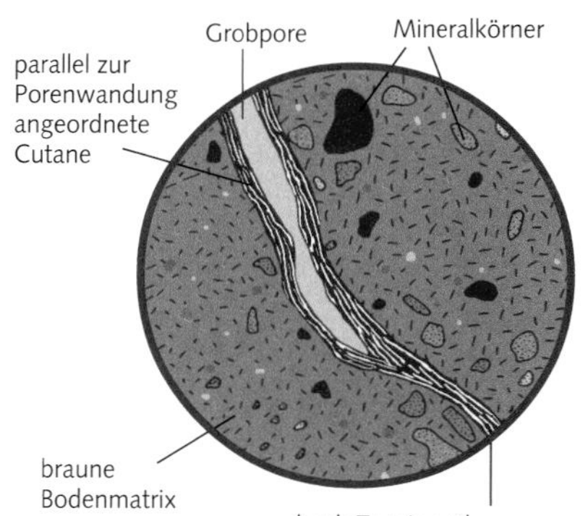

Grafiken n. Bridges (1979)

C.3 Umbrisole (UM) [lat.umbra = Schatten]

DBG: z.B. Humusbraunerde
FAO: z.B. Umbric Regosol, Humic Cambisol
ST: z.B. Umbrepts, Sombritropepts

Definition

Mäßig entwickelte, relativ tiefgründige, saure, gut dränende, stark humose Böden mit gut entwickelter Bodenstruktur und der Horizontfolge AC, AEC oder ABC. Diagnostisches Merkmal ist ein mächtiger umbric** (Oberboden-) Horizont (A). Gley- oder Pseudogley-Merkmale fehlen. Gebleichte (E) und verbraunte (Bw) Horizonte können zusätzlich zum mächtigen umbric** Horizont auftreten, ebenso wie vom Menschen beeinflusste Lagen < 50 cm (anthropedogenetic** Horizont, z.B. mit Keramikresten, hohen P-Gehalten). Der für Podzole typische Illuvialhorizont (Bhs = spodic** Horizont) kann vorkommen, jedoch tiefer als 100 cm u. GOF.

Physikalische Eigenschaften

- Häufig dauerfeuchter Oberboden aufgrund hoher Jahresniederschläge;
- hohe Wasserspeicherleistung bei gleichzeitig guter Wasserleitfähigkeit; kein Wasserstau;
- im trockenen Zustand keine nennenswerte Verhärtung des umbric** Horizonts;
- Hinweise auf ‚man made impacts' (Artefakte, Bearbeitungsspuren, Bodenauftrag) in Horizonten < 50 cm können vorkommen.

Chemische Eigenschaften

- Saure Bodenreaktion mit pH-Werten (H_2O) < 5,5;
- KAK (1 M NH_4OAc) 20...30 cmol(+) kg^{-1} Boden;
- BS niedrig (< 50 %);
- geringes Nährstoffpotenzial;
- C_{org} des umbric** Horizont normalerweise 0,6...5 %, Höchstwerte < 12...18 % (= Minimumwerte für histic** Horizont (Moore, s. Histosol) bzw. < 20 % (C_{org}-Minimumwert für folic** Horizont);
- N-Vorräte rel. hoch, jedoch schlecht pflanzenverfügbar;
- Al-Toxizität.

Biologische Eigenschaften

- Geringe biologische Aktivität;
- niedrige Turnover-Rate der OS; dazu zu sauer, zu kalt und/oder zu feucht (perhumid).

Vorkommen und Verbreitung

Im Hochgebirge, bevorzugt in Hanglage oder auf Bergkuppen; in den Tropen aus losen, quarzreichen Sanden der Flussauen (arenic* UM, z.B. Río Negro).
Weltweit nehmen Umbrisole eine Fläche von ca. 100 · 10^6 ha ein. Besondere Verbreitung haben sie in den Kordilleren Kolumbiens, Ecuadors, Venezuelas, Boliviens und Perus, aber auch im Küstengebirge der Serra do Mar (SO-Brasilien). In N-Amerika treten sie im NW der USA auf (Washington, Oregon), in Europa in den Gebirgsräumen Großbritanniens, NW-Spaniens und Portugals, in Asien im Himalaja und seinen SO-Ausläufern und rund um den Baikalsee, in SO-Asien auf Sumatra, und Neuguinea sowie in SO-Australien.

Nutzung und Gefährdung

Ackerbau nach Kalkung möglich, dadurch wird der umbric** Horizont einem mollic** Horizont ähnlich (dann Übergänge zu Phaeozemen oder Anthrosolen möglich). Im Gebirge nach Rodung meist als Weide und/oder forstlich (Koniferen) genutzt. Das Nutzungspotenzial kann erhöht werden durch Düngung (N, P, K, Mg) und Einbringung ertragreicher, angepasster Futterpflanzen. Geeignet sind Kartoffel, Getreide, Kaffee, Tee.

Lower level units*

Gelic · leptic · gleyic · arenic · stagnic
albic · humic · ferralic · skeletic
anthric · haplic

Profilcharakteristik

Ausgewählte Bodenkennwerte eines arenic** Umbrisols aus Sand

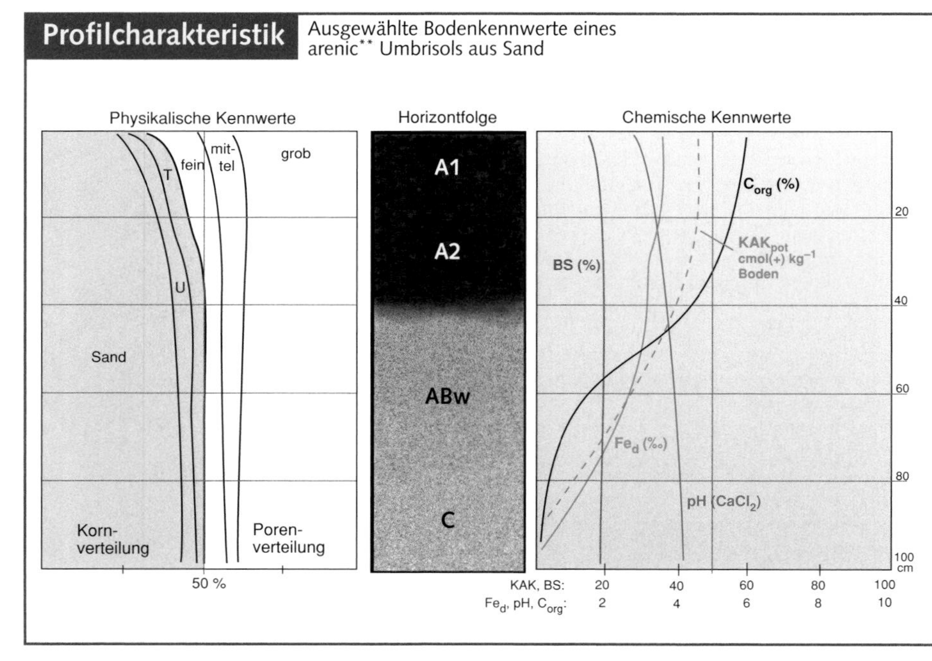

Diagnostisches Merkmal:
umbric Horizont** (= diagnostischer OBH)

- Struktur gut entwickelt, im trockenen Zustand nicht verhärtend;
- chroma < 3,5 (feucht), value dunkler als 3,5 (feucht) bzw. 5,5 (trocken);
- BS (NH_4OAc) < 50 %, über den Horizont gemittelt;
- $C_{org} \geq 0{,}6$ % (OS = 1 %) in einer Mischprobe (i.d.R. > 2...5 %); C_{org}-Gehalt um 0,6 % höher als im C-Horizont; die Minimumwerte für histic** und folic** Horizonte (= 12...18 % bzw. 20 % C_{org}) werden nicht überschritten;
- Mächtigkeiten:
  ≥ 10 cm, sofern direkt über Festgestein, einem petroplinthic**, petroduric** oder cryic** Horizont,
  > 20 cm sowie > 33 % der Solummächtigkeit, wenn das Solum < 75 cm mächtig ist,
  > 25 cm, wenn das Solum > 75 cm mächtig ist.

Humic* Umbrisol unter Rhododendronwald (Nepal, 2500 müNN).

Umbrisol (Rwanda).

Bodenbildende Prozesse

1. Humusabbau gehemmt, dadurch Anreicherung von OS, weil
   - zu sauer (bereits saure Ausgangsgesteine),
   - hohe Gehalte an austauschbarem Al (reduziert die C-Mineralisation),
   - zu kühl und zu feucht [(per)humides Klima].

O-Horizont
Genese saurer Humusformen (Rohhumus, Moder, F-Mull)

A-Horizont
Humus-akkumulation, da zu sauer zu kühl zu feucht

C-Horizont
saures Ausgangsgestein

2. Entwicklung saurer Humusformen (oligotropher Mull, Moder oder Rohhumus; kein mollic** Horizont).

N > ET

A-Horizont

Verlagerung saurer Humussole (DOM)

kann zu Bleichhorizont (**E-Horizont**) führen

kein spodic** Horizont innerhalb 100 cm u. GOF

C-Horizont

3. Nach Melioration z.B. durch Kalkung steigt die BS > 50 %; Entwicklung in Richtung eines Phaeozems.

C Feuchte Mittelbreiten: Landschaften

Umbrisol-Landschaft (Nepal, 2500 m NN). Unter dichtem Rhododendronwald bilden sich auf ‚saurem' nährstoffarmem Gestein Umbrisole. Das perhumide Klima fördert deren Genese.

Cambisol-Landschaft in Nordbayern (Frankenwald); Anbau von Gerste.

Grundmoränen-Landschaft in Oberbayern mit Luvisolen auf den Drumlins und Gleysolen (DBG: Pseudogleye und Gleye) sowie Histosolen in den Senken.

C Feuchte Mittelbreiten: Catenen

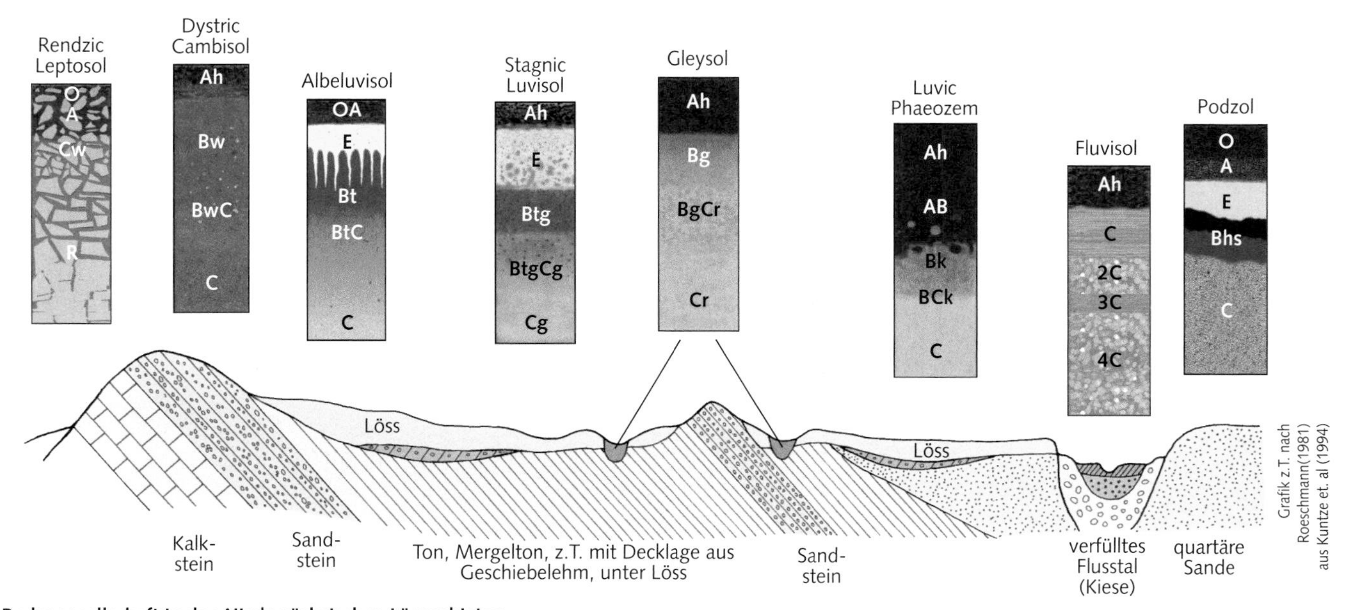

Bodengesellschaft in den Niedersächsischen Lössgebieten

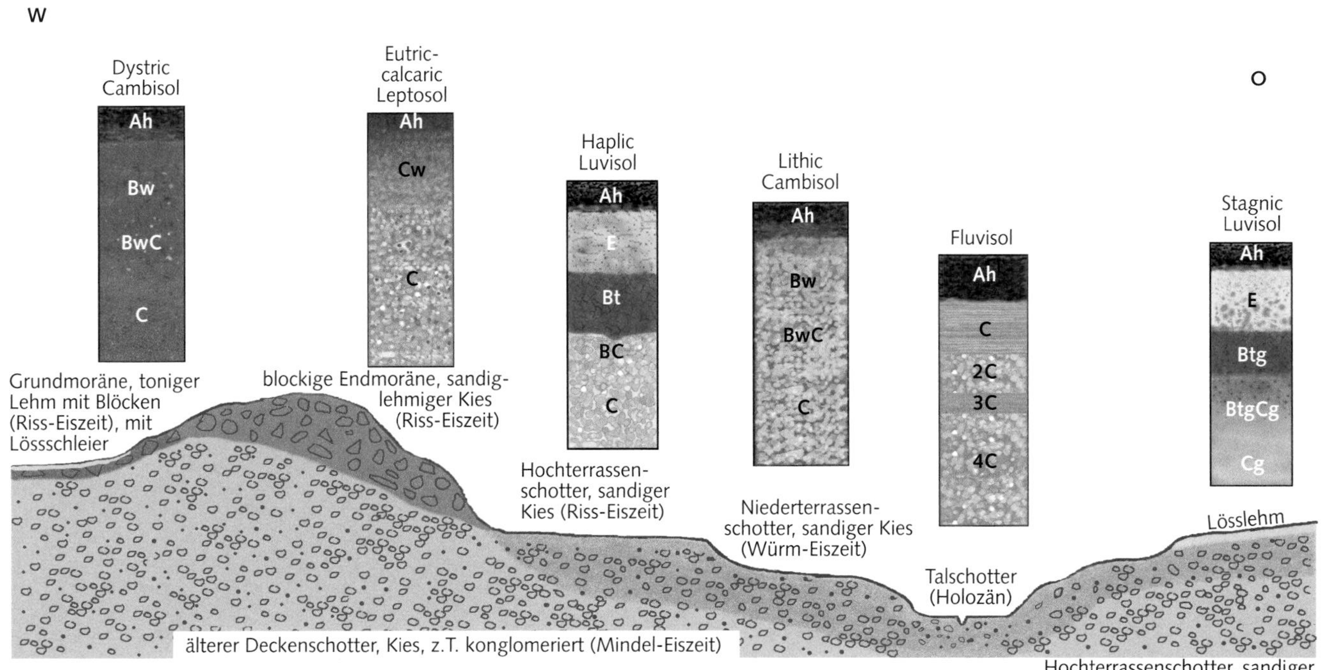

Bodengesellschaft in den Süddeutschen Quartärgebieten

D Trockene Mittelbreiten: Lage, Klima, Vegetation

Lage

Die Zone der Trockenen Mittelbreiten verteilt sich auf zwei große Regionen der Nordhalbkugel, während die Südhalbkugel nur einen kleinen Anteil aufweist. Die beiden ersten Teilräume liegen im Zentrum von Nordamerika bzw. Asien. Das dritte und kleinste Teilgebiet nimmt die Südspitze Südamerikas ein, es hat, anders als die beiden nördlichen Teilgebiete, Berührung mit dem Ozean (Atlantik). Die Zone der Tockenen Mittelbreiten grenzt polwärts an die Boreale Zone oder an die Feuchten Mittelbreiten, äquatorwärts an die Sommerfeuchten Tropen oder Trockenen (Sub-)Tropen. Die Hauptverbreitungsgebiete sind:

Nordhalbkugel: Mittlerer Westen Nordamerikas (südl. Kanada bis nördl. Texas), Zentralasien (Südrussland, Kasachstan, N- und NW-China, Mongolei).

Südhalbkugel: S-Argentinien (Patagonien).

Klima

Wie die Feuchten Mittelbreiten liegen auch die Trockenen Mittelbreiten im Einflussbereich der Westwinddrift. Diese Konstellation wird in Eurasien maßgeblich von der (hoch)kontinentalen Lage, in den beiden amerikanischen Regionen von der Leelage im Windschatten der Kordilleren (‚Föhnlage') überprägt. Während der heißen Sommermonate (Monatsmittel 20...30 °C) und kalten Wintermonate (kältester Monat < 0 °C) herrscht bei hoher Albedo verbreitet Wolkenarmut, nennenswerte Niederschläge fallen vorwiegend während der kurzen Übergangsmonate im Frühling und Herbst; sie liegen meist unter der jährlichen potenziellen Evapotranspiration. Man unterscheidet nach den hygrischen Bedingungen:

Waldsteppe (Übergangsbereich zum sommergrünen Wald): überwiegend subhumid, Niederschläge ca. 500...700 mm a^{-1},

Feuchtsteppe: subhumid, mit mehr als drei ariden Monaten; Niederschläge ca. 350...500 mm a^{-1},

Trockensteppe: subhumid bis semiarid, max. fünf Monate humid; Niederschläge ca. 250...400 mm a^{-1},

Strauchsteppe, nemorale (Halb)wüste: semiarid bis arid, nur ein Monat humid; Niederschläge 100...250 mm a^{-1} (Wüste: < 150 mm a^{-1}).

Patagonien: im O, Zentrum und S semiarid bis arid (100...450 mm a^{-1}), im W (Andenabdachung) subhumid bis humid (500...900 mm a^{-1}).

Die Schneedeckendauer variiert von wenigen Tagen bis zu einigen Monaten pro Jahr.

Vegetation

Die Zone der Trockenen Mittelbreiten kennzeichnet ein breites Vegetationsspektrum; in den feuchteren Regionen dominieren Langgräser und Kräuter (mit ± Bauminseln), in den trockeneren Federgräser und Kleinsträucher. Pflanzengeographisch unterscheidet man:

Waldsteppe: Mosaik aus Grasflächen und Laub-(Misch)wald-Inseln (Offenwälder mit *Quercus, Acer, Populus, Tilia*).

Feuchtsteppe: Graslandvariante xerophiler langhalmiger Gräser und Kräuter großer Artenzahl (Gramineen mit Horst- und Rasengräsern, Hemikryptophten, Geophyten, Therophyten); vereinzelt Kleinsträucher.

Mischgrassteppe: Übergangszone zwischen Feucht- und Trockensteppe.

Trockensteppe: Graslandvariante kurzhalmiger xerophiler Federgräser und ± Kräuter (Hemikryptophten, Geophyten, mehr Therophyten); vermehrt Kleinsträucher (*Artemisia*).

Strauchsteppe, nemorale Halbwüste und Wüste: vorwiegend xeromorphe, z.T. halophile Zwerg- und Halbsträucher (*Artemisia, Kochia*), nur wenige Gräserarten; kennzeichnend ist eine lückige Anordnung der Pflanzendecke.

Patagonien: im W und S Dorn- und Rutensträucher, Hartpolster; im E Gräser wie Horst- und Büschelgräser sowie Kräuter (Gramineen, Hemikryptophyten, Geophyten).

Vegetationszeit: Steigt mit dem Humiditätsgrad von 2...5,5 Monate.

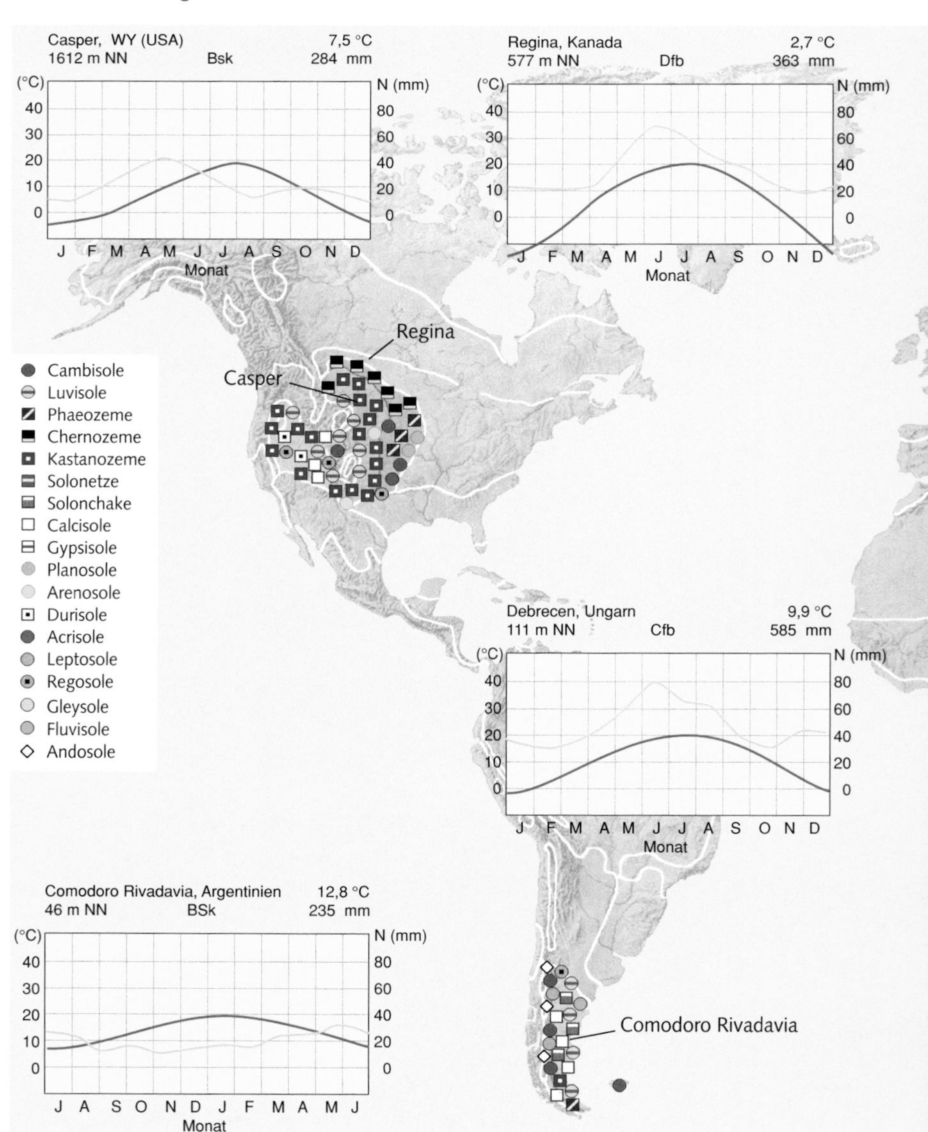

D Trockene Mittelbreiten: Böden und ihre Verbreitung

Bodenbildung

Das Klima der Trockenen Mittelbreiten ermöglicht eine hohe Biomasseproduktion während des feuchten Frühjahrs und Frühsommers und z.T. auch während der Herbstniederschläge. Während der trockenen Sommer- und der kalten Wintermonate ist der Streuabbau gehemmt.

Zahlreiche Bodenwühler (Hamster, Ziesel) arbeiten die Streu tief in den Mineralboden ein. Dabei kommt es zur Humifizierung und zur Bildung stabiler Ca-Humate und organomineralischer Verbindungen. Das verbreitet feinkörnige Ausgangsgestein (z.B. Löss) ist nährstoffreich und hat eine hohe Wasserspeicherleistung. Beides fördert die Biomasseproduktion der dominierenden Gräser. Die Genese mächtiger humoser Oberböden setzte während des mittelholozänen Klimaoptimums ein (^{14}C-Alter 5...6 ka BP).

Mit zunehmender Trockenheit nimmt die Bedeutung der physikalisch-thermischen Verwitterungsprozesse zu (Insolationsverwitterung, auch Frostverwitterung); gleichzeitig gewinnen bei tiefliegendem Grundwasserspiegel und feinkörnigem Substrat neben den deszendenten mehr und mehr aszendente Verlagerungsprozesse an Bedeutung, die im Unterboden für Salzausfällungen sorgen. Auch Deflationsprozesse (Stoffeintrag und -austrag durch Wind) spielen eine wichtige Rolle.

Böden

Waldsteppe: Im Übergangsbereich vom sommergrünen Laub(misch)wald zur Steppe (Ungarn, europäisches Russland, Ukraine, NE-China, östl. Great Plains) treten auf Löss und lössartigen Feinsedimenten luvic* **Phaeozeme**, vergesellschaftet mit **Luvisolen**, auf. Für den Grenzbereich zum borealen Mischwald (Kasachstan, SE-Russland, Alberta) sind Vergesellschaftungen von albic* und glossic* Phaeozemen mit **Albeluvisolen** und albic* Luvisolen typisch.

Feuchtsteppe: Der charakteristische Boden dieser Landschaft ist der **Chernozem**. Während er im noch stärker ozeanisch geprägten Mitteleuropa und in Saskatchewan (Peace River-Gebiet) meist als luvic* Chernozem auftritt, dominieren in der Ukraine, S-Russland und den nordöstlichen Great Plains die typischen haplic* und chernic* Chernozeme. Salzanreicherung im Unterboden spielt hier bereits eine Rolle, z.B. in Form von mollic* **Solonetzen** und **Solonchaken**. Mit zunehmender Kontinentalität (Ost-Kasachstan, zentrale Präriegebiete) leiten Chernozeme mit Kalkanreicherung (= calcic* Chernozeme) allmählich zu **Kastanozemen** über.

In West-Patagonien gehört der schmale Streifen der Feuchtsteppe zur Ostabdachung der Anden und trägt erosionsbedingt vorwiegend **Leptosole**, **Regosole** und **Cambisole**; dazwischen sind aufgrund des verbreiteten Andenvulkanismus **Andosole** eingelagert.

Trockensteppe: Im nordhemisphärischen Teil dominieren Kastanozeme, und zwar in der S-Ukraine, Kasachstan, Mongolei, NW- und NE-China sowie in den westlichen Great Plains in einem breiten N–S-Streifen entlang der Rocky Mountains.

In den Steppen Patagoniens fehlen die Kastanozeme bis auf kleinere Vorkommen im S fast ganz; im trockenen Windschatten der Anden bestimmen **Calcisole** und **Solonchake** die Bodenlandschaften.

Strauchsteppe, nemorale Halbwüste und Wüste: Als letztes Element der Steppengruppe leitet die Strauchsteppe mit kalk- und gipsreichen (calcic* und gypsic*) Kastanozemen zu den Böden der Nemoralen Halbwüsten und Wüsten über. So treten in den intramontanen Beckenlagen der Rocky Mountains (Great Basin) Kastanozeme gemeinsam mit Regosolen, Leptosolen, Calcisolen und **Durisolen** auf, in jenen des Tienschan auch mit Calcisolen, **Gypsisolen** und Solonchaken.

In den zentralasiatischen Wüsten Kysylkum, Karakum, Taklamakan, Dsungarei und Gobi dominieren in den Ergs und Serirs Arenosole neben Calcisolen, Gypsisolen und Solonchaken (in den Sebkha-Senken); auf Hammadas beherrschen Leptosole die Bodengesellschaften.

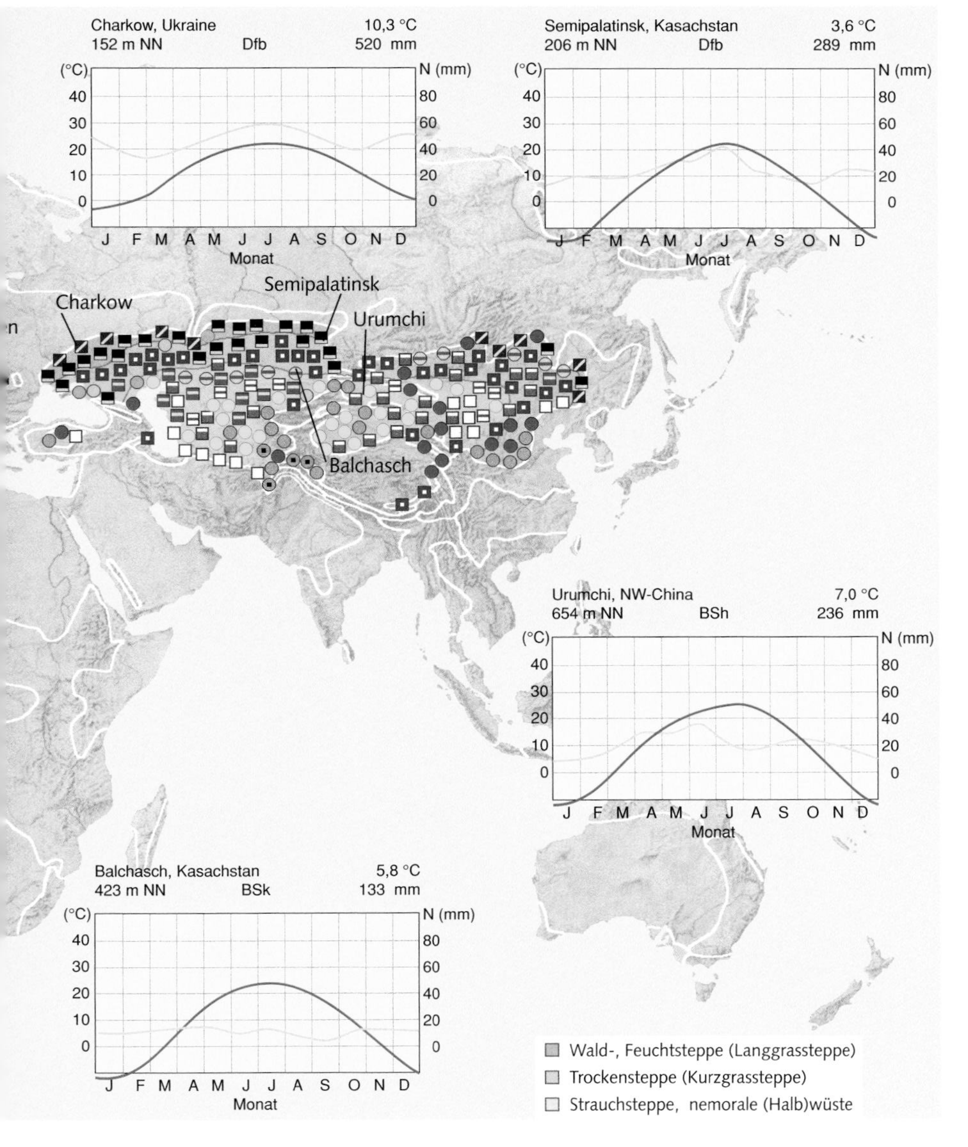

D.1 Phaeozeme (PH) [gr. phaiós = dämmrig; russ. zemlja = Erde]

DBG: Parabraunerde-Tschernosem
FAO: Phaeozems, z.T. Greyzems
ST: z.B. Udolls, Aquolls

Definition

Dunkelgraubraune Böden subhumider bis semiarider Klimagebiete mit der Horizontfolge AhBwC oder Ah(E)BtC. Diagnostisch sind ein mollic** Horizont, eine BS > 50 % und $CaCO_3$-freie Feinerde bis mindestens 100 cm u. GOF. Maßgebliche Prozesse sind Humusanreicherung infolge Bioturbation (bes. Regenwürmer, Enchytraeiden; Krotowinenbildung durch bodenwühlende Säuger), tiefe Entkalkung bei schwacher Lessivierung oder Verbraunung.

Physikalische Eigenschaften

- Hohe Aggregatstabilität;
- günstiges Porenvolumen (um 50 %);
- günstige Porengrößenverteilung;
- hohe nutzbare Wasserspeicherkapazität, besonders bei lessiviertem Unterboden.

Chemische Eigenschaften

- Humusreicher Oberboden;
- Nährstoffvorräte und -verfügbarkeit gut bis sehr gut;
- Feinerde entkalkt bis > 100 cm u. GOF, bzw. bis zum Auftreten verhärteter Lagen (lithic*, paralithic* Kontakt oder Kalkkrusten) zwischen 25 und 100 cm u. GOF;
- pH-Werte (H_2O) 5...7;
- BS 50...100 %;
- KAK 20...30 cmol(+) kg^{-1} Boden.

Biologische Eigenschaften

- Aktive Bodenfauna mit hoher Bioturbationsleistung;
- hoher Umsatz an Biomasse.

Vorkommen und Verbreitung

Phaeozeme entwickeln sich im Allgemeinen aus äolischen Lockersedimenten wie Löss und lössartigen Substraten (‚Staublehme') oder aus Geschiebemergel.
Weltweit nehmen Phaeozeme eine Fläche von ca. 190 · 10^6 ha ein, vor allem in den Übergangsbereichen zwischen der Langgras- und der Waldsteppe (bzw. Waldprärie) in den Central Lowlands und Great Plains der USA, in der Pampa des subtropischen Nordost-Argentiniens und in Uruguay. In Asien gibt es größere Vorkommen in NE-China, die sich als schmaler Streifen über Zentralasien bis nach Osteuropa fortsetzen.
Phaeozeme charakterisieren die Übergangsgebiete zwischen den bewaldeten, feuchteren Regionen mit Luvisolen und Albeluvisolen und den semiariden Langgrassteppen mit Chernozemen.

Nutzung und Gefährdung

Gutes bis sehr gutes Ackerland: in den humideren Gebieten mit Weizen-, Mais- und Gemüseanbau, in den trockeneren auch Baumwolle (Texas, Kasachstan); hier ist Bewässerung erforderlich.

Lower level units*

Leptic · vertic · gleyic · andic · vitric · sodic
luvic · albic · stagnic · greyic · pachic
abruptic · glossic · tephric · calcaric · skeletic
siltic · vermic · chromic · haplic

Profilcharakteristik Ausgewählte Bodenkennwerte eines haplic* Phaeozems aus Löss

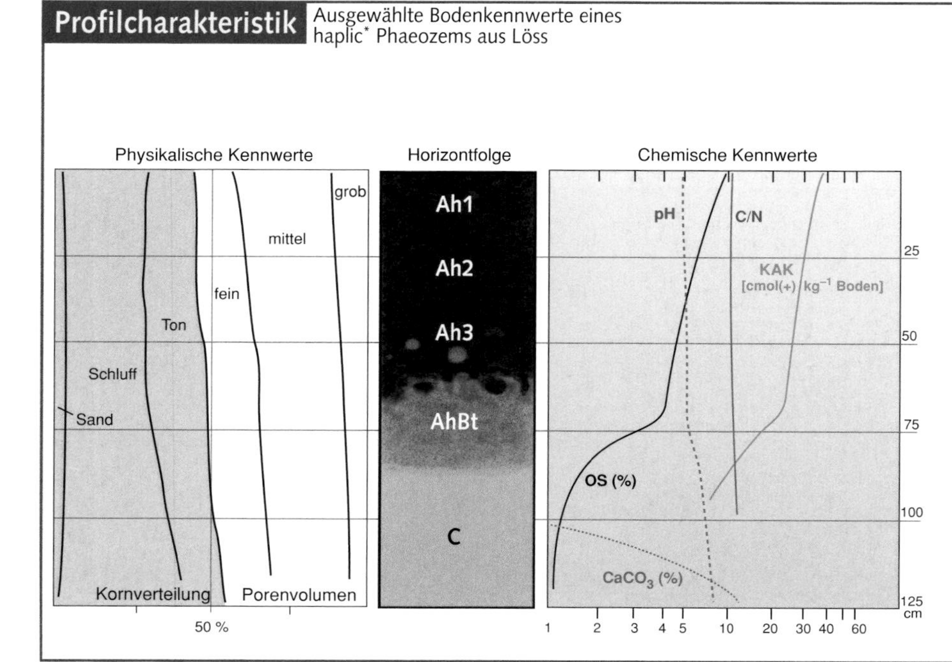

Diagnostische Merkmale:
mollic Horizont** (= diagnostischer OBH)

- Stabile Bodenstruktur, nicht massiv oder (sehr) hart, wenn trocken; große Prismen (>30 cm Ø) ohne sekundäre Eigenstruktur;
- Chroma < 3,5 (feucht), value dunkler als 3,5 (feucht) oder 5,5 (trocken);
- $C_{org} \geq 0{,}6$ % (= OS ≥ 1 %);
- BS (1 M NH_4OAc) ≥ 50 %;
- Mächtigkeiten: ≥ 10 cm, wenn direkt auf Festgestein, auf einem petrocalcic**, petroduric** oder petrogypsic** oder einem cryic** Horizont; oder > 20 cm sowie mehr als ⅓ der Mächtigkeit des Solums, sofern es weniger als 75 cm mächtig ist; oder ≥ 25 cm, sofern das Solum > 75 cm mächtig ist.

Außerdem diagnostisch:

- Feinerde entkalkt bis > 100 cm u. GOF bzw. bis zum Auftreten verhärteter Lagen (lithic**, paralithic** Kontakt oder Kalkkrusten) zwischen 25 und 100 cm u. GOF;
- keine anderen diagnostischen Horizonte als einen albic**, argic**, calcic**, cambic**, gypsic** oder vertic** Horizont.

Haplic* Phaeozem (Mandschurei).

Bodenbildende Prozesse

Humusanreicherung
Bioturbation
Entkalkung

Die maßgeblichen profilbildenden Prozesse sind:

1. Hohe Biomasseproduktion im Übergangsbereich Waldsteppe/Langgrassteppe; nicht so hoch wie die der Chernozeme.
2. Humusakkumulation durch wühlende Bodentiere (Entstehung von Krotowinen).
3. Lösung von Ca- und Mg-Carbonaten (Calcit, Dolomit) während der feuchten Jahreszeiten, begünstigt durch hohe Niederschläge (subhumides Klima), im Niederschlags- und Bodenwasser gelöstes CO_2 und niedrige pH-Werte (< 6). Ca^{2+} und Mg^{2+} werden in tieferen Bodenlagen, im Übergangsbereich zum C-Horizont, als Carbonate in Form von soft powdery lime oder Lösskindln ausgefällt. Die Feinerde der Phaeozeme ist allerdings innerhalb der oberen 100 cm kalkfrei.

Der Lösungsvorgang beruht auf der Umwandlung von relativ schwerlöslichen Carbonaten (Calcit, $CaCO_3$) in leichtlösliches Hydrogencarbonat $Ca(HCO_3)_2$:

$$\underset{\text{(schwerlöslich)}}{CaCO_3} + H_2O + CO_2 \Leftrightarrow \underset{\text{(leichtlöslich)}}{Ca(HCO_3)_2}$$

Da mit dem Austrag der Carbonate der pH-Wert sinkt und Verbraunung, Verlehmung und auch Tonverlagerung einsetzen, wirkt die Entkalkung profildifferenzierend und leitet von AC- zu ABwC- bzw. AhBtC-Böden über.

4. Während der Sommermonate schwache Neigung zur Aszendenz $Ca(HCO_3)_2$-haltiger Bodenlösung und Ausfällung von $CaCO_3$ im oberen Teil des C-Horizonts in Form von Kalkkonkretionen (= Ck) möglich.

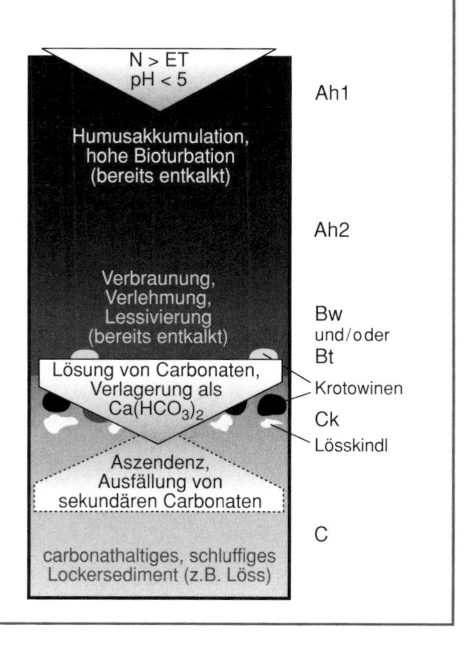

D.2 Chernozeme (CH) [russ. tschornyj = schwarz, zemlja = Erde]

DBG: Tschernoseme, Schwarzerden
FAO: Chernozems
ST: z.B. Udolls, Ustolls, Borolls

Definition

Dunkle, humusreiche Böden mit mächtigem mollic** Horizont (Ah), der i.d.R. direkt dem C-Horizont (meist Löss) aufliegt. Zwischen diesen beiden Horizonten können auch verbraunte und tonreichere Horizonte (Bw, Bt) vorkommen.

Voraussetzung für die Entstehung des z.T. über 100 cm mächtigen Ah-Horizonts sind hohe Biomasseproduktion, intensive Durchmischung (Bioturbation durch zahlreiche Bodenwühler wie Regenwürmer, Ziesel; dadurch Auftreten von sog. Krotowinen = verfüllten Grabgängen). Die Mineralisation während der trockenen Sommermonate und im Winter ist gehemmt. Unterhalb des mollic** Horizonts steigt der pH-Wert zur Kalklösungsfront hin an, wo es im oberen Teil des C-Horizonts zu sekundären Kalkausscheidungen in Form von Flecken, Schlieren (‚soft powdery lime') oder auch Lösskindln kommt.

Physikalische Eigenschaften

- Hohe Aggregatstabilität;
- hohes Porenvolumen (50...60 %);
- günstige Porengrößenverteilung;
- hohe nutzbare Wasserspeicherkapazität.

Chemische Eigenschaften

- Humusreich; durch intensive Bioturbation Entstehung stabiler Ton/Humus-Komplexe;
- Nährstoffvorräte und -verfügbarkeit sind hoch;
- pH-Werte im Oberboden um 6,5, im Unterboden bis 7,5; Ca^{2+}-Sättigung hoch;
- KAK bis 30 cmol(+) kg^{-1} Boden, BS ≈ 70... 100 %, deshalb fruchtbare Böden mit hoher Bodenzahl (Schwarzerden der Magdeburger Börde: Bodenzahl 100);
- enges C/N-Verhältnis (10...14).

Biologische Eigenschaften

- Hohe biologische Aktivität während der humiden Monate; zahlreiche Bodenwühler, die für eine intensive Durchmischung des Humuskörpers mit dem Mineralboden sorgen.

Vorkommen und Verbreitung

Typische Böden des gemäßigten kontinentalen Klimaraums mit ausgeprägtem Jahreszeitenwechsel (kalte Winter, kurze heiße Sommer; N_m = ca. 500 mm a^{-1}, T_m = 6...10 °C), die sich vor allem aus Löss, Sandlöss und ähnlichen Substraten entwickeln. Der natürliche Vegetationstyp ist die Langgrassteppe mit *Agropyron*, *Buchloe*, *Poa* oder *Stipa*, die für hohe Biomasseproduktion sorgt.

Weltweit nehmen Chernozeme eine Fläche von ca. 230 · 10^6 ha ein, vor allem in den kontinentalen Steppengebieten Osteuropas (Ukraine) und Mittelasiens (Kasachstan) sowie im Präriegürtel Nordamerikas (Great Plains).

Nutzung und Gefährdung

Unter Kultur zählen die Chernozeme zu den fruchtbarsten und produktivsten Ackerböden. Begrenzender Faktor ist vielfach Wassermangel während der Sommertrockenheit.

Lower level units*

Chernic · vertic · gleyic · luvic · glossic
calcic · siltic · vermic · haplic

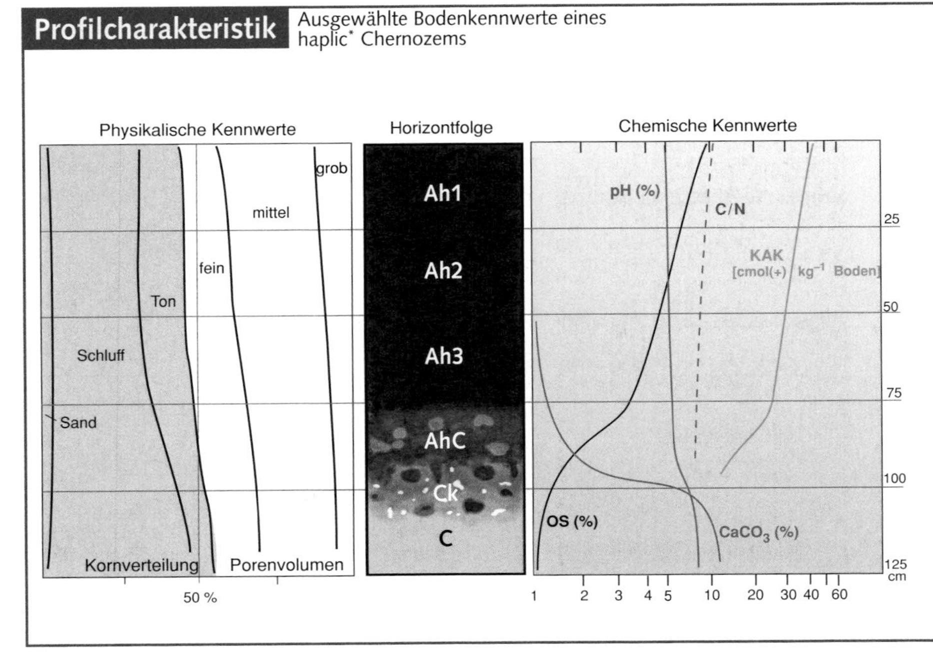

Diagnostische Merkmale:
mollic Horizont** (= diagnostischer OBH)

- Stabile Bodenstruktur, nicht massiv oder (sehr) hart, wenn trocken; große Prismen (>30 cm Ø) ohne sekundäre Eigenstruktur;
- Chroma < 2 (feucht) falls feinkörniger als sandiger Lehm, < 3,5 (feucht) falls sandiger Lehm oder grobkörniger bis mindestens 20 cm Tiefe oder direkt unter einer Pflugsohle;
- C_{org} ≥ 0,6 % (= OS ≥ 1 %);
- BS (1 M NH_4OAc) ≥ 50 %.

Außerdem diagnostisch:

- Sekundäre Kalkausscheidungen innerhalb der obersten 50 cm unterhalb der Untergrenze des Ah bzw. innerhalb der obersten 200 cm u. GOF;
- kein petrocalcic** Horizont zwischen 25 und 100 cm u. GOF;
- keine sekundären Gipsausscheidungen;
- keine freien Schluff- und Sandkörner auf Aggregatoberflächen.

Tiefgründiger Chernozem (Mandschurei).

Chernozem mit Krotowinen (Mandschurei).

Bodenbildende Prozesse

Bioturbation
Entkalkung
aszendente Ausfällung

Die profilprägenden Prozesse sind:

1. Sehr hohe ober- und unterirdische (Wurzeln) Biomasseproduktion der Langgrassteppe.
2. Tiefgründige Humusakkumulation durch wühlende Bodentiere (Entstehung von Krotowinen).
3. Stabilisierung der OS durch Bildung von Calcium-Humaten und Ton-/Humus-Koppelung.
4. Entkalkung des Oberbodens und Ausfällung sekundärer Carbonate in Form von Pseudomycel (russ.: ‚Bjeloglaska') und/oder Lösskindln, unterhalb des Ah-Horizonts (= Ck-Horizont).
5. Während der niederschlagsarmen Sommermonate führt Aszendenz $Ca(HCO_3)_2$-haltiger Bodenlösung zur Ausfällung von $CaCO_3$ im Ck-Horizont.

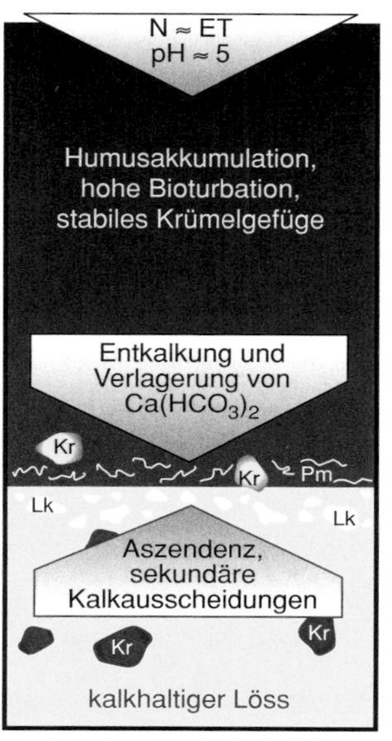

Kr = Krotowinen, Lk = Lösskindln (Kalkkonkretionen), Pm = Pseudomycel

Besonderheiten des Chernozem-Humus

Kernresonanzspektroskopie (^{13}C) zeigt, dass der Humus vieler Chernozeme besonders reich an Carboxylgruppen und aromatischem Kohlenstoff ist. Dieser Befund ist vielfach eine Folge hoher Gehalte an pyrogenem Kohlenstoff, denn die Langgrassteppe brannte wohl regelmäßig seit Jahrtausenden.

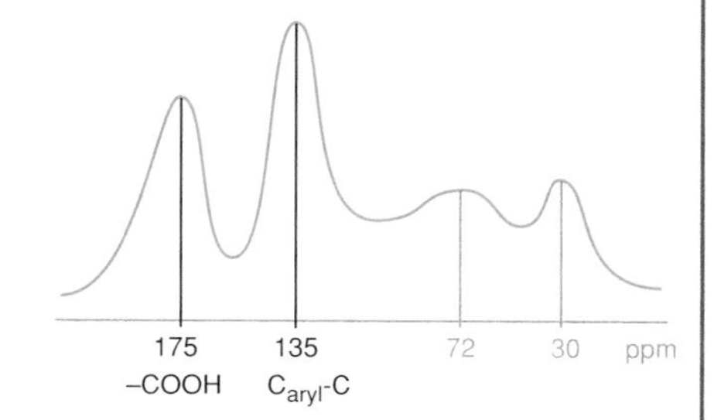

Die tiefsten Bereiche des Ah-Horizonts weisen häufig ^{14}C-Alter von 5 bis 9 ka BP auf. Die Chernozem-Bildung hat also bereits im Früh- bis Mittelholozän begonnen.

D.3 Kastanozeme (KS) [lat. castaneo = Kastanie; russ. zemlja = Erde]

DBG: (früher: Kastanienbraune Böden⁺)
FAO: Kastanozems
ST: z.B. Argibolls, Calciustolls, Haplustolls

Definition

Humusreiche Böden der Kurzgrassteppe mit der Horizontfolge AhC, AhBwC oder AhBtC. Der Ah ist als mollic** Horizont ausgebildet, jedoch kastanienbraun und flachgründiger als jener der Chernozeme. Im Unterboden finden sich Krotowinen sowie innerhalb 100 cm u. GOF sekundäre Kalk- oder Gipsanreicherungen, meist an der Basis, entweder in Form von Kalkkonkretionen (calcic** Horizont) oder als Kalkmycel bzw. Kalküberzüge auf Aggregatoberflächen (= soft powdery lime).

Physikalische Eigenschaften

- Stabiles Bodengefüge: A-Horizont krümelig bis subpolyedrisch, humusärmer als der Ah der Chernozeme;
- auch niedrigeres Porenvolumen (40...55 %) als Chernozeme;
- B-Horizont polyedrisch bis prismatisch;
- mittlere Wasserkapazität (150...250 mm).

Chemische Eigenschaften

- Nährstoffvorräte und -verfügbarkeit meistens gut bis sehr gut;
- pH-Werte 7...8,5 aufgrund hoher Ca^{2+}- und Mg^{2+}-Sättigung; Hydrogencarbonat-Dynamik mit beginnender Anreicherung von austauschbarem Na;
- BS hoch (≈ 95...100 %), KAK 20...30 cmol(+) kg^{-1} Boden.

Biologische Eigenschaften

- Hohe biologische Aktivität.

Vorkommen und Verbreitung

Aus Lockersedimenten wie Löss und lössartigen Sedimenten, auch aus kalkreichen Geschiebelehmen. Das Verbreitungsgebiet liegt zwischen dem der Chernozeme und jenem der Halbwüstenböden.

Weltweit nehmen Kastanozeme eine Fläche von ca. $465 \cdot 10^6$ ha ein, vor allem im kontinental geprägten, semiariden Teil des gemäßigten Klimagürtels mit 250...350 mm Jahresniederschlag, d.h. in den Steppen der Ukraine, Russlands und Kasachstans, den Prärien der USA und Kanadas (Great Plains), sowie in der argentinischen Pampa. Vereinzelt auch im Anschluss an das Verbreitungsgebiet subtropischer Phaeozeme.

Nutzung und Gefährdung

Kastanozeme sind potenziell fruchtbare Ackerböden mit hohen Nährstoffvorräten, vor allem wenn sie aus Löss entstanden sind. Häufig werden sie extensiv als Weideland genutzt; bei Bewässerung Anbau von Baumwolle, Obst und Gemüse.

In Gegenden mit langer Trockenzeit kommt es während der Vegetationsperiode zu Wasserstress; Winderosion führt zu Humusschwund.

Künstliche Bewässerung erhöht die Gefahr der (Unter)bodenversalzung. Ohne Bewässerung können gute Erträge nur nach ein- bis zweijähriger Anbauruhe (Schwarzbrache) erzielt werden.

Lower level units*

Vertic · gypsic · calcic · luvic · hyposodic
siltic · chromic · anthric · haplic

Profilcharakteristik

Ausgewählte Bodenkennwerte eines calcic* Kastanozems

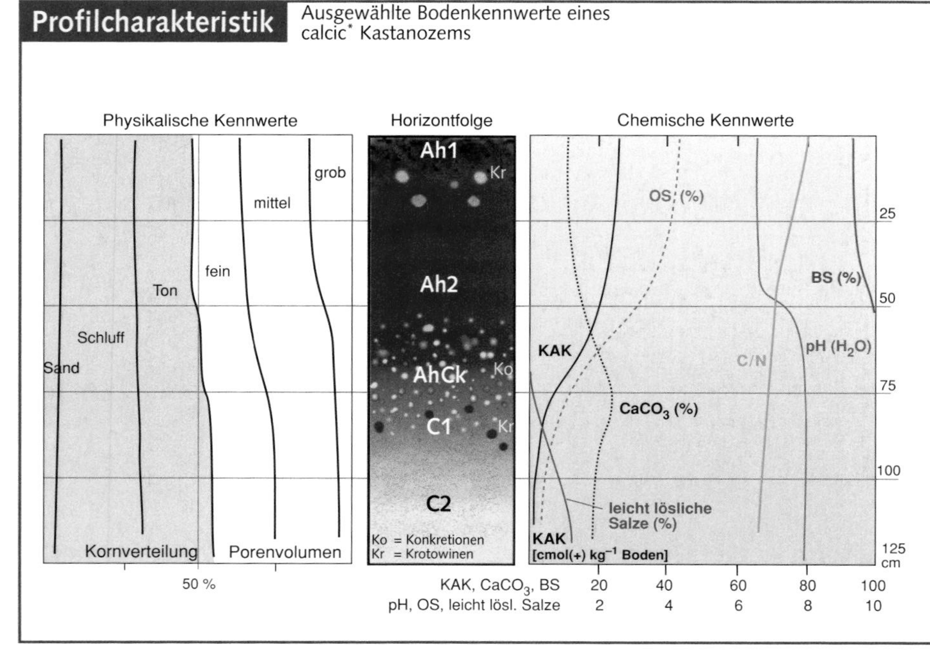

Diagnostische Merkmale:
mollic Horizont** (= diagnostischer OBH)

- Stabile Bodenstruktur; nicht massiv oder (sehr) hart, wenn trocken; große Prismen (> 30 cm Ø) ohne sekundäre Eigenstruktur;
- chroma > 2 (feucht) bis mind. 20 cm Tiefe oder direkt unter einer Pflugsohle;
- $C_{org} \geq 0,6$ % (= OS ≥ 1 %);
- BS (1 M NH_4OAc) ≥ 50 %;
- Mächtigkeiten: ≥ 10 cm, wenn direkt auf Festgestein, auf einem petrocalcic**, petroduric** oder petrogypsic** oder einem cryic** Horizont; oder > 20 cm sowie mehr als ⅓ der Mächtigkeit des Solums, sofern es weniger als 75 cm mächtig ist; oder ≥ 25 cm, sofern das Solum > 75 cm mächtig ist

Außerdem diagnostisch:

- Sekundäre Kalkausscheidungen innerhalb 100 cm u. GOF;
- keine anderen diagnostischen Horizonte als einen argic**, calcic**, cambic**, gypsic** oder vertic** Horizont.

Calcic* Kastanozem mit sekundärer Carbonatanreicherung (Israel).

Anthric* Kastanozem, Oberboden bearbeitet (Innere Mongolei).

Bodenbildende Prozesse

Reduzierte Bioturbation
reduzierte Entkalkung
erhöhte aszendente Ausfällung

Die maßgeblichen pedogenetischen Prozesse der Kastanozeme sind:

1. Die Anlieferung pflanzlicher Biomasse als Ausgangsmaterial für die Humusbildung ist wegen der Niederschlagsarmut im Vergleich zu den Chernozemen reduziert.
2. Dies gilt auch für die Bioturbation. Der Ah-Horizont der Kastanozeme ist daher geringmächtiger und humusärmer als jener der Chernozeme.
3. Die Carbonatauswaschung aus dem OBH ist weniger fortgeschritten als in Chernozemen und Phaeozemen.
4. Die aszendente $CaCO_3$-Anreicherung im Ck-Horizont ist jedoch kräftiger.
5. Im tieferen Unterboden beginnen sich leicht lösliche Salze anzureichern, da sie wegen der semiariden Klimabedingungen (N < ET) nicht mehr aus dem Solum vollständig ausgewaschen werden.
6. Manche Kastanozeme weisen zwischen dem Ah und Ck-Horizont noch einen Bw- bzw. Bt-Horizont auf, hervorgerufen durch Verbraunung und Tonverlagerung, evtl. unter feuchtem Paläoklima, da Kastanozeme i.d.R. polygenetischer Natur sind (Schema rechts).

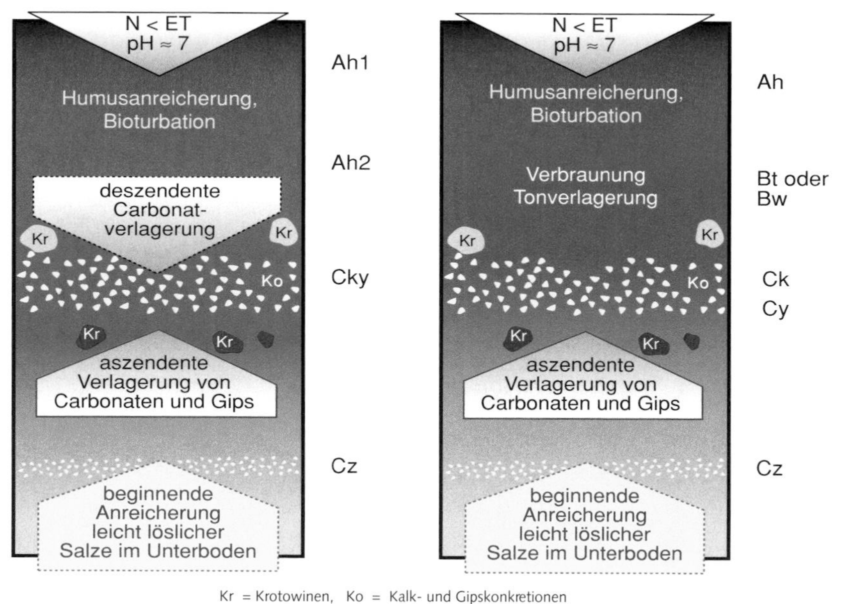

Kr = Krotowinen, Ko = Kalk- und Gipskonkretionen

D.4 Solonetze (SN)

[russ. solonez = Salzwasservorkommen, Auswaschung aus Solonchak]

DBG: Schwarzalkali-, Natriumböden[+]
FAO: Solonetz
ST: z.B. Natrargids, Natridurids

Definition

Feinkörnige Böden (semi)arider Klimate (von den Polargebieten bis zu den Tropen) mit Na-reichem, tonigem UBH. Horizontfolge: ABtnC oder AEBtnC, der Unterboden ist i.d.R. salzbeeinflusst. Diagnostisches Merkmal ist der dichte, tonreiche natric** Horizont (Btn) mit alkalischen pH-Werten und hoher Na-Sättigung am Sorptionskomplex, insbesondere bedingt durch $NaHCO_3$, Na_2CO_3 und Na_2SiO_3. Häufig liegt zwischen A- und B-Horizont ein im trockenen Zustand blockiger, gebleichter albic** Horizont (E), der häufig zungenförmig in den darunter liegenden Btn hineinragt. Wechselfeuchte erzeugt im Unterboden eine ausgeprägte Quellungs-Schrumpfungsdynamik mit tief greifenden Trockenrissen, was zur Bildung eines arttypischen Prismen- und Säulengefüges führt.

Physikalische Eigenschaften

- Geringe Aggregatstabilität, im feuchten Zustand stark dispergiert;
- natric** Horizont (Btn) sehr dicht, Tongehalt höher als in darüber liegenden Horizonten; schlechte Wasserdurchlässigkeit;
- während der Trockenphase hart, reich an Trockenrissen, ausgeprägte Absonderungsstruktur, sog. Säulengefüge, ggf. mit Krustenbildung; aszendente Wasserbewegung;
- während der Nassphase Wasserstau und O_2-Mangel; deszendente Wasserbewegung.

Chemische Eigenschaften

- Nährstoffmangel im Unterboden wegen antagonistischer Effekte (z.B. Na – K);
- hohe Na-Sättigung des Sorptionskomplexes: Exchangable Sodium Percentage = ESP >15 % im Btn; für empfindliche Pflanzen toxisch (= ‚sodicity');
- Grundwasser ist, im Vergleich zu Ca^{2+} und Mg^{2+}, reich an Na^+;
- pH-Werte (H_2O) > 8,5;
- BS hoch;
- KAK 15...30 cmol(+) kg^{-1} Boden.

Biologische Eigenschaften

- Schlechte Durchwurzelbarkeit des Btn;
- auf natürlichen Standorten spärliche, artenarme Vegetation aus Halophyten.

Vorkommen und Verbreitung

Solonetze entwickeln sich häufig aus feinkörnigen Lockersedimenten (Schluffe, Lehme, Tone). Sie entstehen z.B. durch Entsalzung der Solonchake nach Grundwasserabsenkung oder infolge höherer Niederschläge oder durch Aszendenz salzhaltiger Grundwässer. Weltweit nehmen Solonetze eine Fläche von ca. $135 \cdot 10^6$ ha ein, bevorzugt in den (semi) ariden (400...500 mm N a^{-1}) Trockensteppen SE-Europas (Ungarn), der Ukraine, S-Russlands, Kasachstans, Chinas, Australiens sowie der USA.

Nutzung und Gefährdung

Hauptsächlich als Weideland genutzt. Wegen der ungünstigen Standorteigenschaften ist Ackerbau nur beschränkt möglich, z.B. der Anbau salzverträglicher Pflanzen wie Senf oder Sorghum. Gefahr der Alkalinisierung (= sodium hazard), lässt sich aus dem Sodium Adsorption Ratio (= SAR) der Bodenlösung bzw. des Bewässerungswassers ermitteln:

$$SAR = \frac{Na^+}{1/2 \cdot [Ca^{2+} + Mg^{2+}]^{0,5}}$$

Gefährdungsgrad	SAR (cmol(+) L^{-1}
niedrig	< 10
mittel	10...18
hoch	18...26
sehr hoch	> 26

Meliorationsmaßnahmen sind:

- Tiefumbruch, Durchmischen des Ah-Horizonts mit kalk- und gipsreichem Material, um das austauschbare Na^+ zu ersetzen;
- S-Düngung (senkt pH-Wert)
- Überfluten mit Ca-reichem Wasser oder Gipsapplikation: $\equiv]2Na^+ + Ca^{2+} \rightarrow \equiv]Ca^{2+} + 2Na^+$

Lower level units*

Vertic · gleyic · salic · mollic · gypsic
duric · calcic · magnesic · takyric · yermic
aridic · stagnic · albic · humic · haplic

Profilcharakteristik

Ausgewählte Bodenkennwerte eines haplic* Solonetz

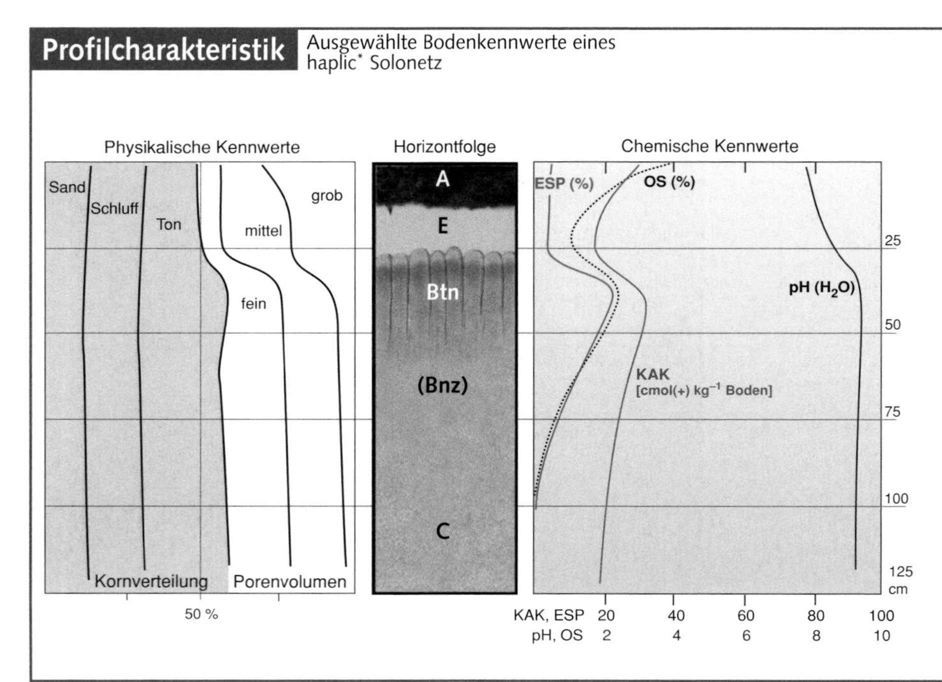

Diagnostisches Merkmal:
natric Horizont** (= diagnostischer UBH)

- Textur sandiger Lehm oder feinkörniger, ≥ 8 % Ton in der Feinerde; Mächtigkeit ≥ 7,5 cm;
- sandiger OBH (mit < 15 % Ton): Btn muss mind. 3 % mehr Ton als OBH enthalten; oder lehmiger OBH (mit 15...40 % Ton): Tongehaltsverhältnis Btn/OBH ≥ 1,2; oder toniger OBH (mit > 40 % Ton): Btn muss mind. 8 % mehr Ton als OBH enthalten;
- Tongehaltszunahme von oben nach unten innerhalb 30 cm, sofern Tonilluviation – bei Schichtigkeit innerhalb 15 cm;
- Gesteinsstrukturen nehmen < 50 % des Bodenvolumens ein;
- Säulengefüge, Prismen, Polyeder vorhanden, z.T. zungenförmiger E-Horizont in Form gebleichter Sand- oder Schluffkörner auf den Kuppen der Bodensäulen;
- ESP: ($Na_{austauschbar} \cdot 100$) : KAK > 15 % innerhalb 40 cm u. GOF;
- Horizont oberhalb Btn > 18 cm, bei ausgeprägtem Wechsel der Körnung in Form eines sandreichen OBH und eines tonreichen UBH (= abrupter Texturwechsel): > 5 cm.

Solonetz. Blick auf die gebleichten, gerundeten Kopfflächen des E-Horizonts mit typischem Säulengefüge. Der A-Horizont ist erodiert (Ebro-Tal, N-Spanien).

Bodenbildende Prozesse

Genese des natric Horizonts**

Der salzbeeinflusste Horizont der Solonetze entsteht durch zwei entgegengesetzt wirkende Transportmechanismen:

1. Während der **Trockenphase** trocknet das Solum von oben her stark aus und es bilden sich Trockenrisse. Bei erhöhten Verdunstungsraten dominiert eine aszendente Kapillarwasserbewegung, was zur Anreicherung von Salzen im mittleren und unteren Teil des Bodenprofils führt.
2. Mit Beginn der Regenzeit werden Tonpartikel und Humusstoffe in die Trockenrisse eingespült. Während dieser **Nassphase** dispergieren die Bodenkolloide des Oberbodens wegen der Na-Ionen stark, was zu einer deszendenten Verlagerung (Illuviation) von Ton und Huminstoffen in den oft dunkel gefärbten, dichten Btn-Horizont führt. Im Oberboden entwickelt sich daher häufig ein an Ton verarmter albic** Horizont (E). Die Toneinlagerung erzeugt im oberen Teil des natric** Horizonts häufig dicke und dunkel gefärbte Ton/Humus-Cutane oder andere Plasmaausscheidungen.
3. Während der Nassphase quellen die Tone außerdem, es entstehen Quellungsdrücke, was zur Rundung der Bodensäulen führt und damit zum für Solonetze typischen Säulengefüge.

Anders als im Solonchak fallen die im Kapillarwasser gelösten Salze hier im Unterboden aus. Auch der Chemismus ist anders: Während in den Solonchaken Natriumchloride und Natriumsulfate dominieren, überwiegen in den Solonetzen Natrium- und Magnesiumcarbonate.

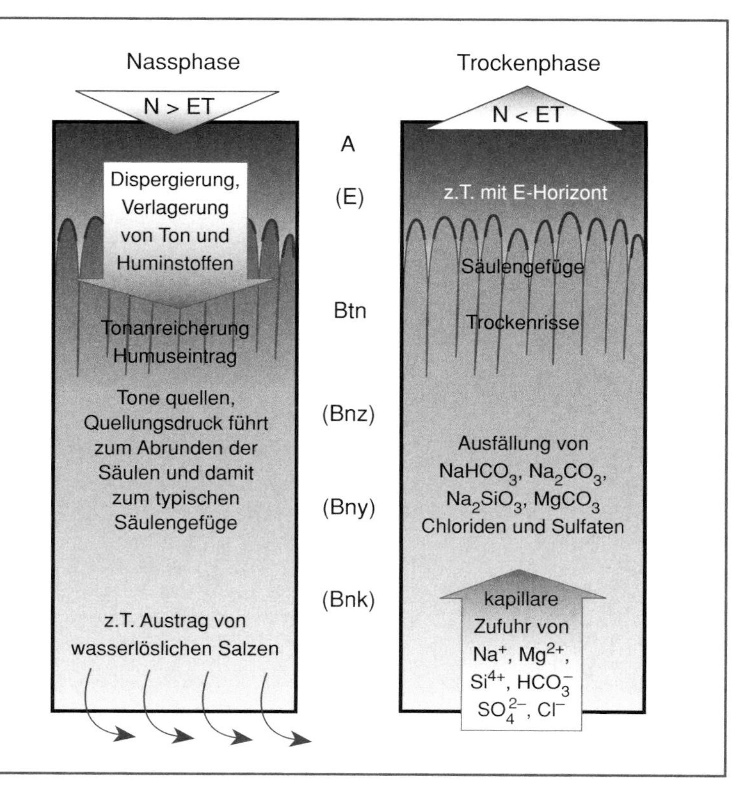

D Trockene Mittelbreiten: Landschaften

Phaeozem-Landschaft: Sorghum-Anbau (Pampa, Argentinien).

Chernozeme werden überwiegend ackerbaulich genutzt.

Kastanozem-Landschaft (Innere Mongolei).

Solonetz-Landschaft: Die Bodenoberfläche ist weit gehend vegetationsfrei. Mit zunehmender Aridität treten Solonchake in den Vordergrund, da die Salze nicht mehr genügend ausgewaschen werden (Ost-Pamir).

D Trockene Mittelbreiten: Catenen

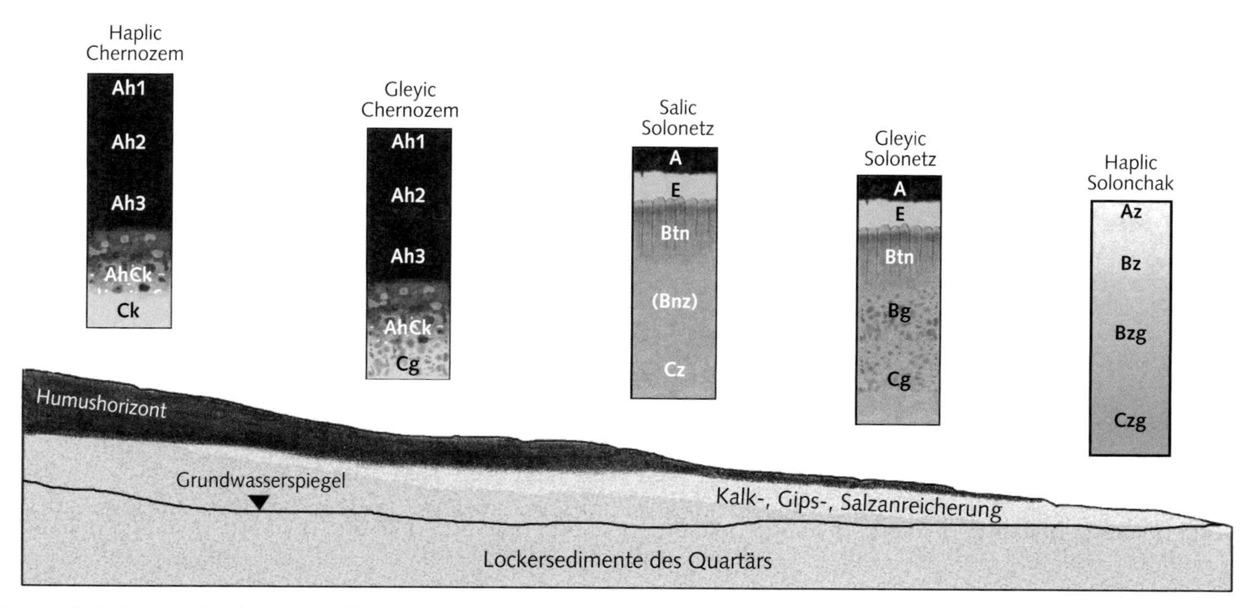

Bodengesellschaft in semihumider Graslandschaft

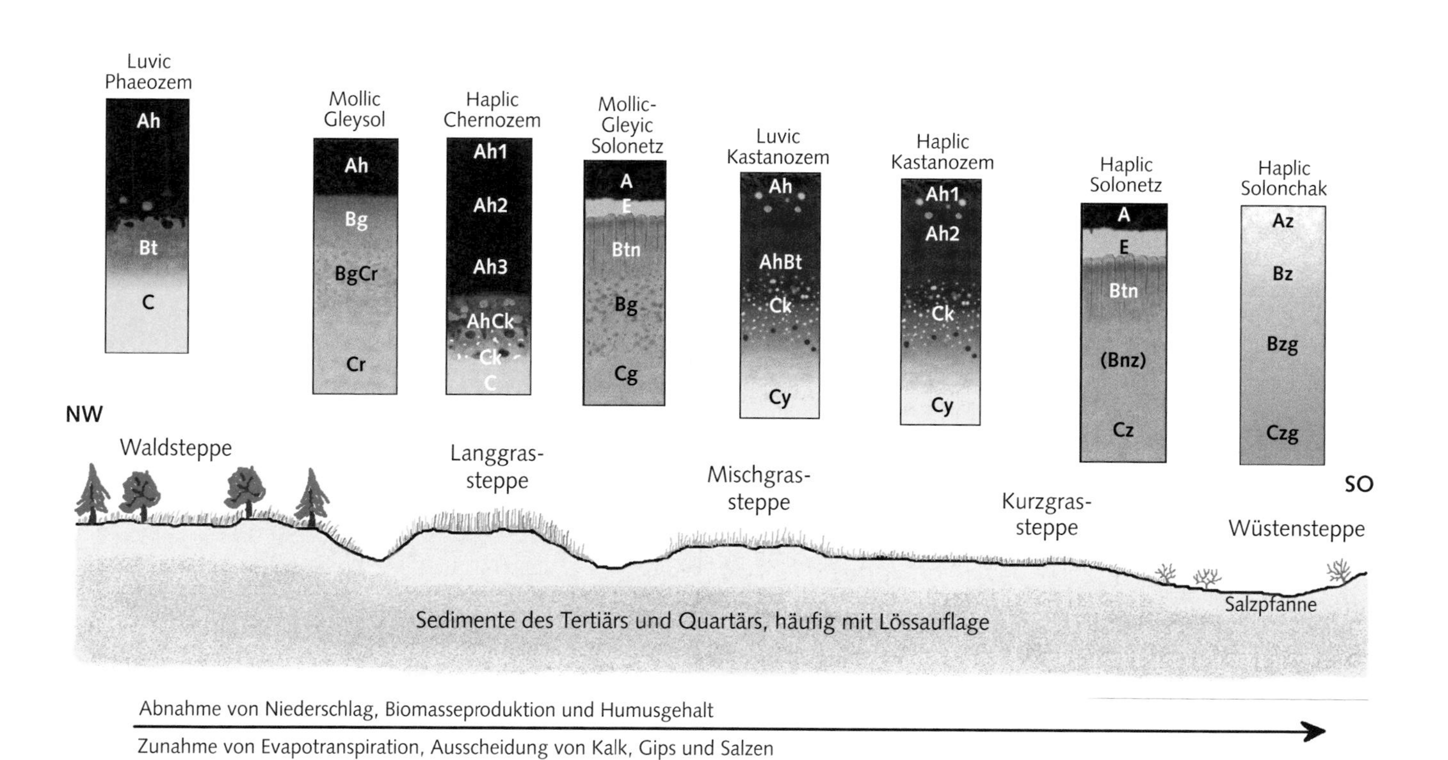

Bodenabfolge in den südwestsibirischen Steppengebieten zwischen Ural und Kysylkum

E Winterfeuchte Subtropen: Lage, Klima, Vegetation

Lage

Die Winterfeuchten Subtropen umfassen lediglich 2,68 · 10^6 km^2 und sind damit die kleinste der Ökozonen; zugleich sind ihre 6 voneinander isolierten Teilgebiete gleichmäßig um den Erdball verteilt. Auffällig ist ihre bevorzugte Lage an den Westküsten der Kontinente zwischen 30° und 40° Breite beiderseits des Äquators. Nur der Mittelmeerraum als größtes Teilgebiet (> 50 Flächen-%) hat eine quasi-interkontinentale Lage zwischen West-, Mittel- und Ost-Europa und Afrika, ähnlich wie die schmalen Randbereiche im Iran, im Grenzgebiet zwischen Pakistan und Afghanistan sowie z.T. in Kaschmir. Die Winterfeuchten Subtropen bilden lagemäßig das Gegenstück zu den Immerfeuchten Subtropen, die, etwas äquatorwärts verschoben (20...38° Breite), an den Ostküsten der Kontinente liegen (vgl. Abschnitt H).

Die Winterfeuchten Subtropen gehen polwärts in die Feuchten Mittelbreiten, äquatorwärts in die Trockenen (Sub-)Tropen über; die Hauptverbreitungsgebiete sind:

Nordhalbkugel: Kalifornien, Mittelmeerraum, Iran, NW-Pakistan, z.T. Kaschmir.

Südhalbkugel: Mittelchile, Kapregion in Südafrika, Südwest-und Süd-Australien

Klima

Das Klima der Winterfeuchten Subtropen ist im Jahreslauf zweigeteilt (sog. ‚Etesienklima'): Im Winter setzt sich z.B. im Mittelmeergebiet der Einfluss der Westwinddrift mit Niederschläge bringenden Tiefdruckausläufern aus dem Nordatlantik durch, im Sommer hingegen überwiegen die Auswirkungen des tropischen Hochdruckgürtels der Rossbreiten mit Trockenheit. Nur in den Winterfeuchten Subtropen Australiens und Südafrikas können gelegentlich auch schwache Sommerregen auftreten. Frühling und Herbst sind ähnlich wie in den Feuchten Mittelbreiten, jedoch deutlich wärmer und insgesamt etwas trockener. Die Sommermonate sind somit als arid (2...6 Monate mit 18...20 °C, wärmster Monat > 22 °C) einzustufen, die Wintermonate dagegen als niederschlagsreich, aber relativ mild (≥ 5 Monate –3...18 °C, kältester Monat ≥ 5 °C; gelegentliche Fröste). Die Niederschläge schwanken zwischen 350 mm und (>) 800 mm a^{-1}.

Vegetation

Typisch für die Winterfeuchten Subtropen ist der 10...15 m hohe immergrüne Hartlaubwald mit einer Unterschicht aus Sträuchern und Kräutern. Die Bäume haben i.d.R. harte, ledrige Blätter (Sklerophyllie).

Durch Feuer, Entwaldung und Überweidung ist der Wald vielerorts zu sekundären Strauchformationen degeneriert. Man unterscheidet verschiedene Degenerationsstufen, z.B. die Macchie (= 3...5 m hoher Niederwald mit vermehrtem Strauchanteil) von der Garrigue (= lockerer Bestand an Kleinsträuchern).

Auf vegetationsarmen Flächen kann es während der regenreichen Wintermonate zu einem vermehrten Bodenabtrag kommen, sodass schließlich nur noch skelettierte ‚Restböden' übrigbleiben.

Vegetationszeit: Im Herbst, Winter und Frühling, d.h. 5...10 Monate.

Mittelmeergebiet: Artenarmer Hartlaubwald.
Bäume: *Quercus suber, Q. ilex, Q. coccifera; Pinus halepensis, P. pinea* und *P. maritima; Olea oleaster; Ceratonia siliqua.*
Sträucher: *Lavandula, Thymus, Genistea, Rosmarinus, Erica.*
Degenerationsformen des Waldes: macchia, gariga (it.), matorral, tomillares (span.), maquis, garrigue (fr.), phrygana (gr.).

Kalifornien: Hartlaubwald mit *Quercus-, Pinus-* und *Cupressus*-Arten; bedeutend die Strauchformation (‚Chaparral') aufgrund der häufigen Brände (‚Feuerklimax').

Chile: Hartlaubwald (‚Jaral') ähnlich dem des Mittelmeerraums (starke Ausprägung des Sekundärwaldes); mit Lorbeergehölzen.

Südafrika: Keine hochstämmigen Wälder, nur Gebüsche (‚Fynbos'), vorwiegend mit Proteaceen bestockt. Viele endemische Arten. Verbreitet Pyrophyten-Merkmale.

Australien: Feuerresistente *Eucalyptus*-Arten mit dichtem Unterwuchs (‚Mallee') aus Proteaceen, Myrtaceen; verbreitet Klein- und Zwergsträucher.

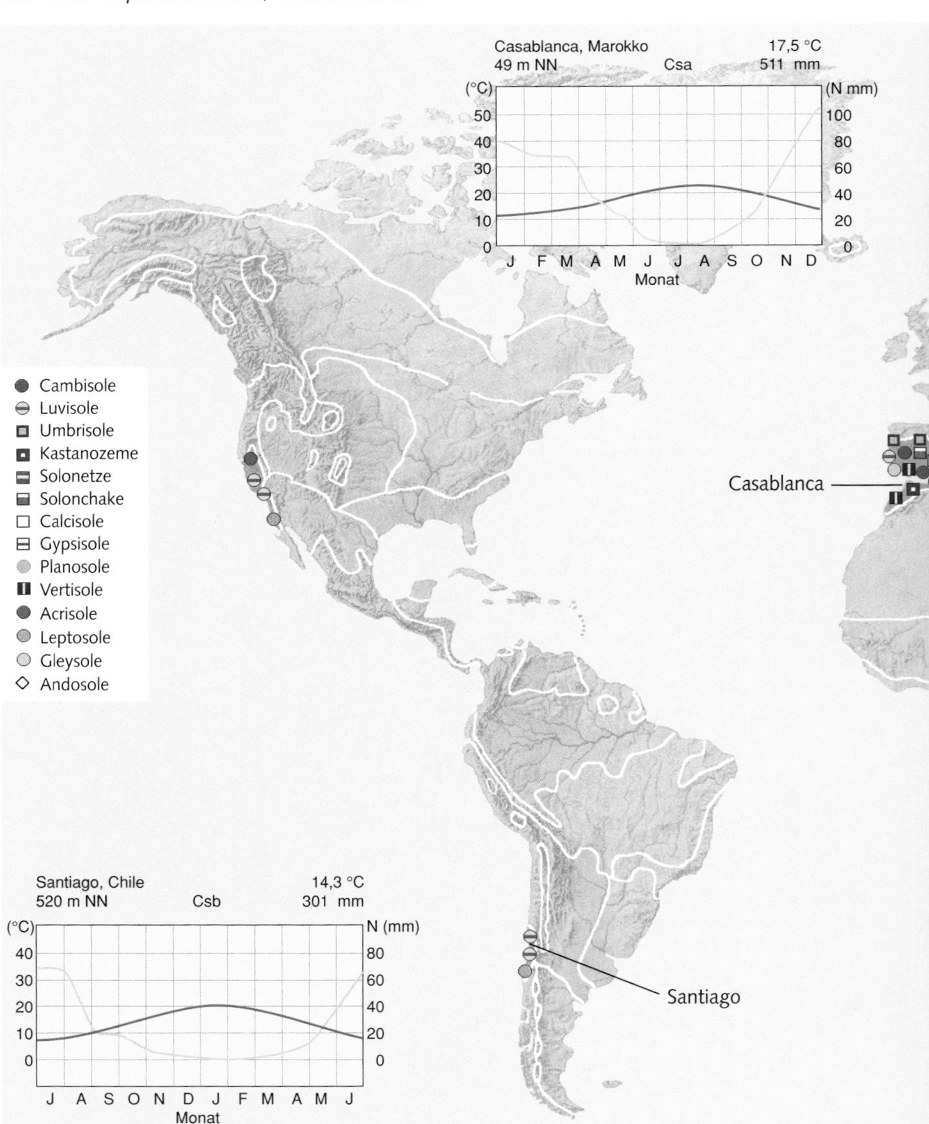

E Winterfeuchte Subtropen: Böden und ihre Verbreitung

Bodenbildung

Die maßgebenden Prozesse der Bodengenese in den Winterfeuchten Subtropen sind:

Entkalkung und Residualton-Anreicherung: Die Vorherrschaft von Carbonatgesteinen bedingt, dass während der feuchten Wintermonate der Oberboden entkalkt und sich Residualton anreichert. Im Unterboden können während der trockenen Sommermonate sekundäre Carbonate ausfallen (Calcrete, Caliche, Kalkkrusten, -konkretionen = calcic** Horizont).

Tonverlagerung: Die z.T. hohen winterlichen Niederschläge bedingen eine mechanische Verlagerung des Tons entlang von Grobporen (z.B. Trockenrisse) in den Unterboden (Bildung eines argic** Bt-Horizonts).

Rubefizierung, Kaolinisierung: Die bei der Verwitterung und Entkalkung freigesetzten Eisenionen bilden den zunächst wenig kristallisierten Ferrihydrit ($5\ Fe_2O_3 \cdot 9\ H_2O$), der sich jedoch während der heiß-trockenen Sommermonate durch Aus- und Umkristallisation zu rotgefärbtem Hämatit (α-Fe_2O_3) umwandelt. Dies erklärt, weshalb zahlreiche Böden der Winterfeuchten Subtropen, bes. jene aus Carbonatgesteinen, rubefiziert sind. Auf älteren Landoberflächen ist die Verwitterung weit fortgeschritten, sodass in der Tonfraktion Kaolinit dominiert.

Bodenerosion: Die seit der Antike anhaltende menschliche Übernutzung hat, begünstigt durch die Sommertrockenheit, verbreitet zur Zerstörung der Vegetation geführt und damit zu beschleunigter Bodenerosion – besonders auf Standorten mit hoher Reliefenergie. Die Folge ist, dass viele Bodenprofile der Winterfeuchten Subtropen in Kuppen- und Hanglage gekappt sind, in Unterhanglagen und Senken dagegen Kolluvien vorkommen.

Stoffeinträge: Besonders im Mittelmeergebiet kann es zu signifikanten Staubeinträgen aus den angrenzenden Halb- und Vollwüsten kommen. Diese Stäube enthalten primäre (z.B. Silicate) und sekundäre (Kaolinit, Hämatit) Minerale. In Küstenbereichen können auch Salze eingetragen werden.

Streuzersetzung, Humifizierung: Aufgrund ihrer sklerophyllen Struktur ist die Streu der Hartlaubvegetation schwer abbaubar. Sie reichert sich besonders in den trockenen Sommermonaten an und wird nur im Winter mineralisiert. Häufige Feuer im Sommer führen zu C-, N- und S-Verlusten.

Böden

Mittelmeergebiet: In den stark reliefierten Kalksteinarealen herrschen in Hanglage eutric*, lithic* und rendzic* **Leptosole** vor, während in Unterhanglagen und in Hohlformen (z.B. Dolinen, Karstschlotten) rubefizierte chromic* **Cambisole** und chromic* **Luvisole** vorkommen. Diese sind z.T. im Frühquartär oder Tertiär entstanden und sind als Reliktböden anzusprechen. In den Karsttälern überwiegen eher verbraunte Böden wie eutric* Luvisole, eutric* Cambisole und calcaric* **Fluvisole**. Bei mergeligem Untergrund kommen calcaric* **Regosole**, gleyic* Luvisole und gelegentlich **Planosole** hinzu. In trockeneren Gebieten finden sich **Calcisole** und **Solonchake**, im Übergang zu den Steppen auch **Kastanozeme**. Auf tonigem Untergrund können **Vertisole**, auf vulkanischen Aschen rhodic* **Nitisole** auftreten.

Kalifornien: Auf jungen Sedimenten haben sich chromic* Luvisole entwickelt, daneben treten auch vereinzelt **Phaeozeme** auf. Auf sauren Gesteinen finden sich sogar **Acrisole** (Alisole), im Bergland treten verbreitet lithic* Leptosole und dystric* Cambisole auf.

Chile: Hier dominieren ebenfalls chromic* Luvisole, nahe der Anden kommen Cambisole, Regosole und Leptosole hinzu. Auf Ascheablagerungen der Andesitvulkane sind in den andinen Längstälern umbric* und mollic* Andosole, z.T. auch humic* Nitisole entstanden.

Südafrika (Kap-Provinz): Weit verbreitet sind chromic* und rhodic* Luvisole auf Deckschichten, die von paläozoischen Sedimentserien abstammen; an der Küste auch **Arenosole**.

SW- und S-Australien: Entlang den Küsten herrschen auf nährstoffarmen Sedimentgesteinen dystric* Arenosole, dystric* Regosole und z.T. **Podzole** vor. Weiter landeinwärts folgt ein Streifen mit chromic* und ferric* Luvisolen, z.T. assoziiert mit Arenosolen, Acrisolen und rhodic* **Ferralsolen**; sie haben sich auf alten Verwitterungsdecken entwickelt. Noch weiter landeinwärts mischen sich immer mehr **Planosole** bei, die vornehmlich Ebenen und flache Senken einnehmen. Hier und da künden **Solonetze** bereits den Übergangsbereich zu den Trockenen (Sub)Tropen an.

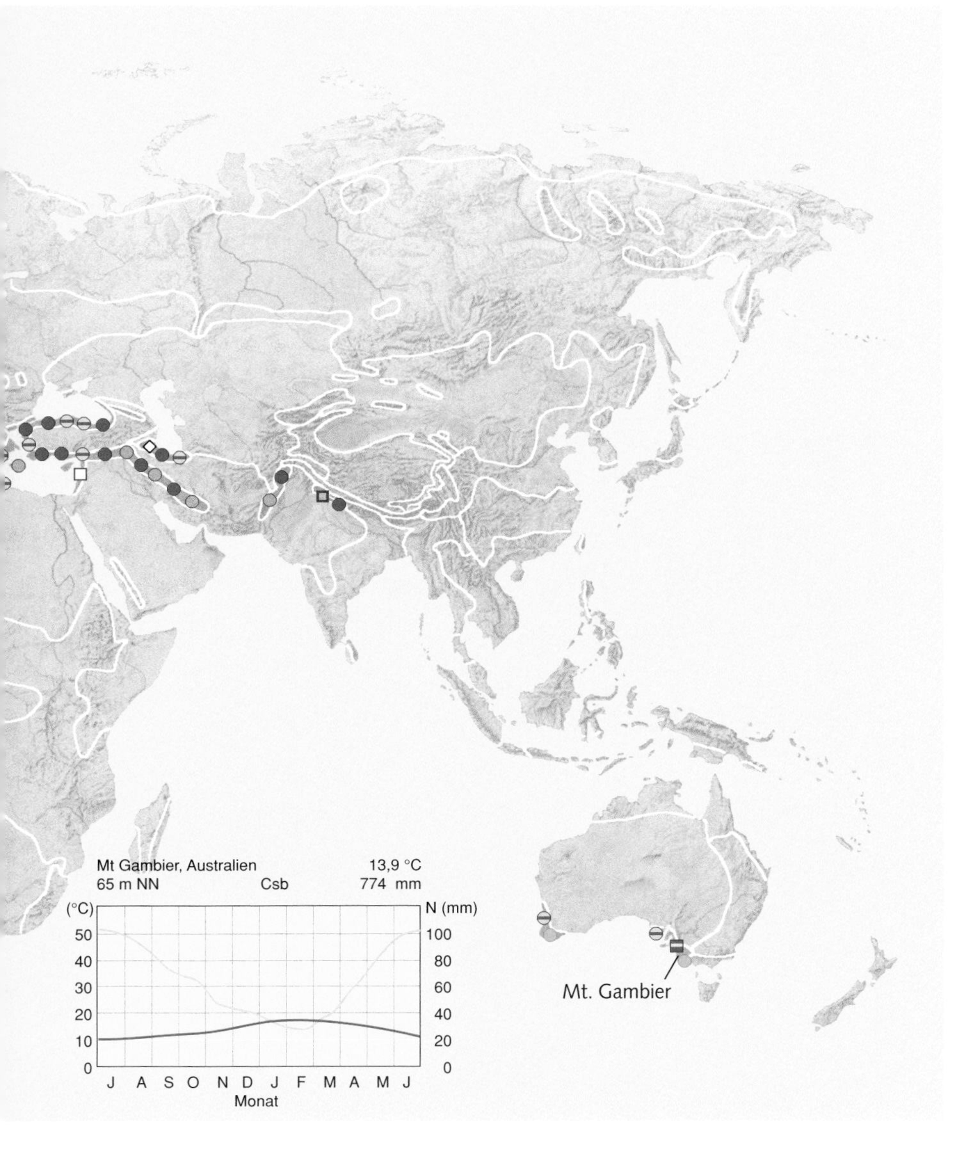

E.1 Chromic Cambisol (CM) [lat. cambiare = wechseln]

DBG: Terra rossa (z.T. Terra fusca)
FAO: Chromic Cambisol
ST: z.B. Xerochrept

Definition

Rote, tonreiche, i.d.R. aus Carbonatgesteinen entstandene Böden mit der Horizontfolge AhBwC (DBG: Ah/Tu/C), häufig in subtropischen Klimagebieten vorkommend. (In den Feuchten Mittelbreiten als Paläoboden, während wärmerer Interglazialzeiten oder während des Tertiärs entstanden.) Der kräftig rotbraune bis rote (hue 7,5YR und chroma feucht > 4 oder hue kräftiger rot als 7,5YR), ≥ 15 cm mächtige cambic** Horizont (Bw) ist von feiner Textur (sandiger Lehm oder feinkörniger; n. DBG: Tongehalte > 65 Masse-% Ton). Er ist kalkfrei oder kalkärmer als der tiefer liegende Horizont.
(Weitere Definitionsmerkmale siehe → C.1 Feuchte Mittelbreiten, Cambisole).

Physikalische Eigenschaften

- Gute Aggregatstabilität;
- Porosität relativ hoch;
- Gefüge: A-Horizont krümelig bis subpolyedrisch, Bw subpolyedrisch bis polyedrisch;
- hohe Wasserkapazität bzw. -leitfähigkeit (preferential flow besonders entlang der Trockenrisse).

Chemische Eigenschaften

- Verwitterbare Minerale in der Sand- und/ oder Schlufffraktion;
- Nährstoffvorräte ungestörter Profile mittel bis hoch; nach Erosion bes. N-Mangel
- pH-Werte (H_2O) im A-Horizont um 5,0...7,0;
- mittleres C/N-Verhältnis des A-Horizonts ≈ 10...20;
- hämatithaltig;
- Tonfraktion kann bereits Kaolinit enthalten;
- BS bei Böden aus Kalkgestein relativ hoch (> 50 %, KAK > 16 cmol[+] kg^{-1} Ton).

Biologische Eigenschaften

- Mittlere bis hohe biologische Aktivität, wenn ausreichend durchfeuchtet (niedrig während der Sommertrockenheit;
- gute Durchwurzelbarkeit.

Vorkommen und Verbreitung

Vielfach an Kalk- und Kalkmergelgesteine gebundene Böden des Mittelmeerraums und der Andengebiete Chiles. Die mediterranen Formen zeichnen sich i.d.R. durch äolische Staubeinträge, auch aus der Sahara, aus. Bevorzugt auf älteren Landoberflächen, in Hanglagen erodiert.

Nutzung und Gefährdung

Die nährstoffreichen Cambisole sind fruchtbare Ackerböden, während die nährstoffarmen häufig als Weiden und Waldstandorte genutzt werden. Begrenzende Faktoren sind hohe Steingehalte und nach Erosion Flachgründigkeit. Die Cambisole der (Sub)Tropen sind ackerbaulich gut nutzbar, da sie nennenswerte Mengen verwitterbarer Minerale bei ausreichender Nährstoffnachlieferbarkeit enthalten. Durch Bewässerung ist nahezu ganzjährige acker- oder gartenbauliche Nutzung möglich.

E.2 Chromic Luvisol (LV) [lat. luere = auswaschen, -laugen]

DBG: Terra rossa (z.T. Terra fusca)
FAO: Chromic Luvisol
ST: Rhodoxeralf

Definition

Ältere, z.T. reliktische Böden in den feuchteren Gebieten dieser Ökozone; es handelt sich um schwach saure, i.d.R. fruchtbare Böden mit der Horizontfolge AEBtC (DBG: Ah/Al/ Bt/C). Sie entstehen durch Verlagerung (= Lessivierung) von Feinton aus dem Oberboden nach Dispergierung der Tonkolloide. Dadurch entsteht der an Ton verarmte albic** Horizont (E). Im darunter liegenden, kräftig rotbraun bis rot gefärbten (hue 7,5YR und chroma feucht > 4 oder hue intensiver rot als 7,5YR) argic** Horizont (Bt) reichert sich der lessivierte Ton an. Er muss bei den Luvisolen eine KAK (1 M NH_4OAc) ≥ 24 cmol(+) kg^{-1} Ton aufweisen.
(Weitere Definitionsmerkmale siehe → C.2 Feuchte Mittelbreiten, Luvisole).

Physikalische Eigenschaften

- Meist gut wasserdurchlässig, jedoch kann der Bt nach entsprechender Verdichtung während der regenreichen Wintermonate bei gleichzeitig reduzierter Evapotranspiration zu Wasserstau führen;
- Gefüge: A-Horizont krümelig bis subpolyedrisch, Bt polyedrisch bis prismatisch;
- Bt mit hoher Wasserspeicherkapazität;
- in Hanglagen erosionsgefährdet.

Chemische Eigenschaften

- Nährstoffvorräte und -verfügbarkeit meistens gut;
- pH-Werte im A-Horizont um 5, im Bt höher; Al-Sättigung gering (< 60 %);
- Bt-Horizont mit Ton > 45 %, Aggregatoberflächen mit Toncutanen, KAK ≥ 24 cmol(+) kg^{-1} Ton, BS (NH_4OAc) ≥ 50 %, austauschbares Na < 15 % bis 40 cm u. GOF, > 10 % verwitterbare Minerale in der Fraktion 50...200 µm.

Biologische Eigenschaften

- Aktives Bodenleben während der humiden Monate;
- hohe Durchwurzelungsdichte.

Vorkommen und Verbreitung

Chromic* Luvisole treten bevorzugt auf Carbonat-/Silicat-Mischgesteinen oder in der chromic-Cambisol-Landschaft auf, wenn genügend Ton in den Grobporen verlagert wurde. In der Po-Ebene haben sich chromic* Luvisole z.B. auf früh- bis mittelpleistozänen Schottern der Alpenflüsse entwickelt.
Verbreitet sind sie jedoch in der gesamten Zone der Winterfeuchten Subtropen.

Nutzung und Gefährdung

Auf natürlichen Standorten stocken i.d.R. Laub-, Misch- und Nadelwälder, in waldlosen Gebieten herrscht Strauch- und Grasbewuchs vor. Chromic* Luvisole sind fruchtbare Ackerböden mit guter Nährstoffversorgung, jedoch schränkt die sommerliche Trockenheit die Nutzung ein, sofern nicht bewässert wird. Gefährdung durch Verschlämmung, Verdichtung und Bodenabtrag.

Chromic* Cambisol, erodiert (Kroatien).

Chromic* Luvisol mit zapfenförmig in das Konglomeratgestein hinein greifendem Bt-Horizont (S-Anatolien).

Bodenbildende Prozesse/Profilcharakteristik

(Chromic* Cambisol)

Rubefizierung

Typischer bodenbildender Prozess warmer, wechselfeuchter Klimate. Carbonatreiche Böden unterliegen zunächst einer intensiven Entkalkung, wobei der Kalk z.T. vollständig abgeführt, z.T. im UBH als calcic** Horizont ausgeschieden wird (Calcisol-Bildung).
Solange das Solum feucht ist, verwittern die eisenhaltigen Minerale (z.B. Glimmer des silicatischen Lösungsrückstands, eingewehte Silicate, Siderit [$FeCO_3$] der Carbonatgesteine) und es entsteht zunächst wasserhaltiger Ferrihydrit ($5\ Fe_2O_3 \cdot 9\ H_2O$) und braun färbender Goethit (α-FeOOH), z.B.:

$$Fe^{2+} \xrightarrow{Ox} Fe^{3+} \rightarrow 5\ Fe_2O_3 \cdot 9\ H_2O \text{ (Ferrihydrit)}$$

$$\downarrow$$

$$\alpha\text{-FeO(OH) (Goethit)}$$

Dieser Prozess findet auch in den Feuchten Mittelbreiten statt und führt zu einer **Verbraunung** der Böden (haplic* Cambisol, haplic* Luvisol).
Während der Trockenzeit wird in Böden warmer Klimate Ferrihydrit entwässert, außerdem verbessert sich die Kristallordnung innerhalb der Ferrihydritaggregate, wobei sich feinst verteilter Hämatit (α-Fe_2O_3) bildet, der die Bodenpartikel umhüllt und den Böden (chromic* Cambisol, chromic* Luvisol) die leuchtend rot(braun)e Farbe verleiht.

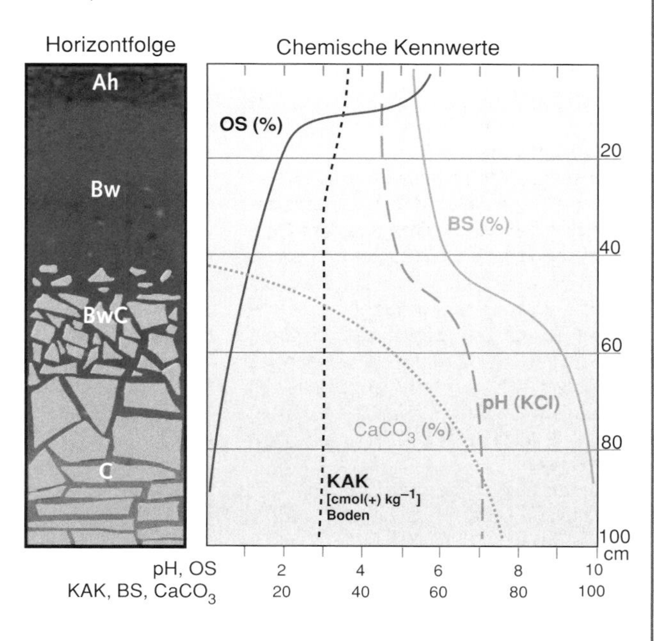

E Winterfeuchte Subtropen: Landschaften

Typische Leptosol–chromic Cambisol-Landschaft in Kalabrien (Süditalien).
Quelle: http://www.tourismo.catania.it

Melonenanbau auf chromic Cambisolen in Istrien (Kroatien).

Gemüseanbau auf chromic Luvisolen in Istrien (Kroatien).

E Winterfeuchte Subtropen: Catenen

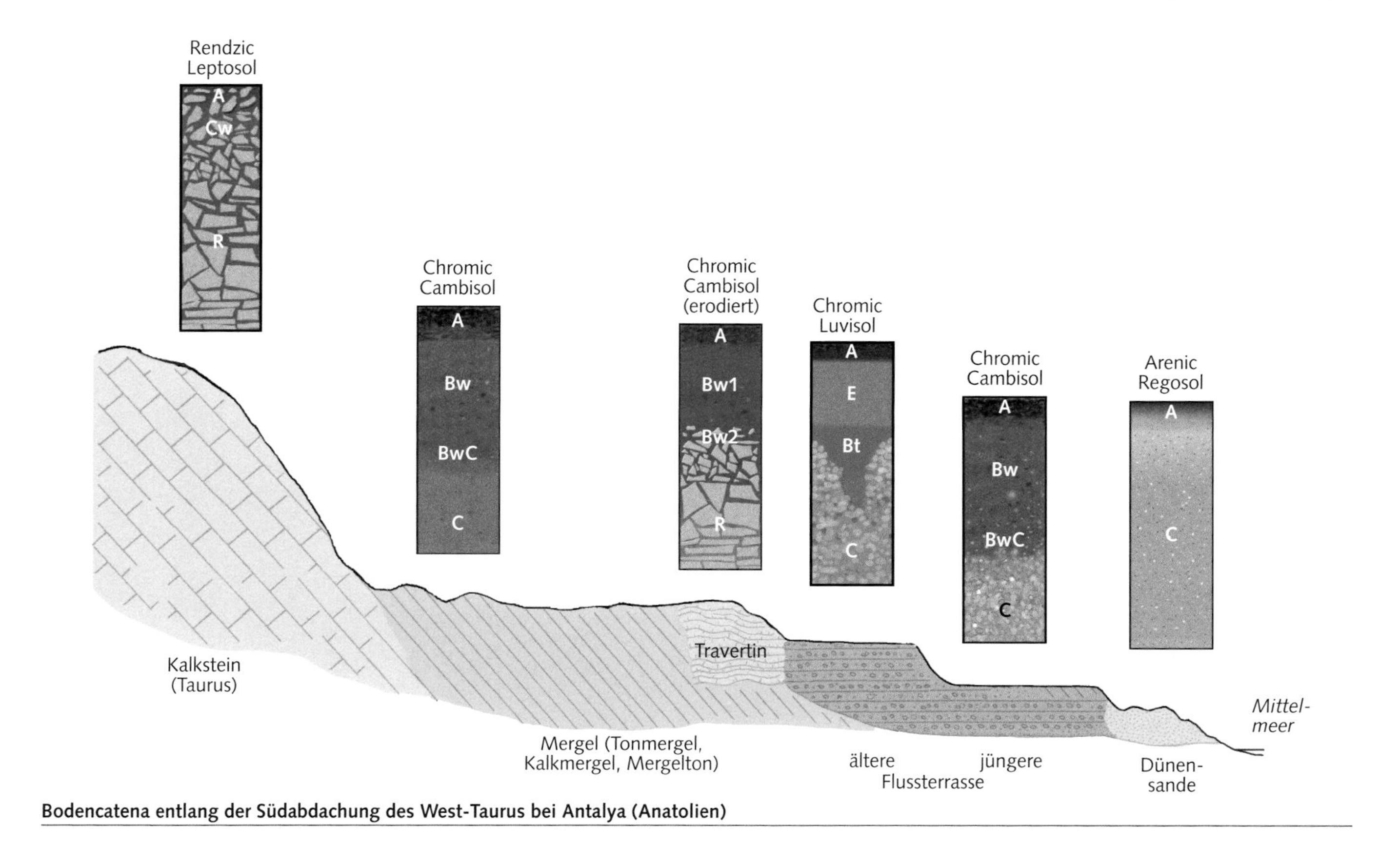

Bodencatena entlang der Südabdachung des West-Taurus bei Antalya (Anatolien)

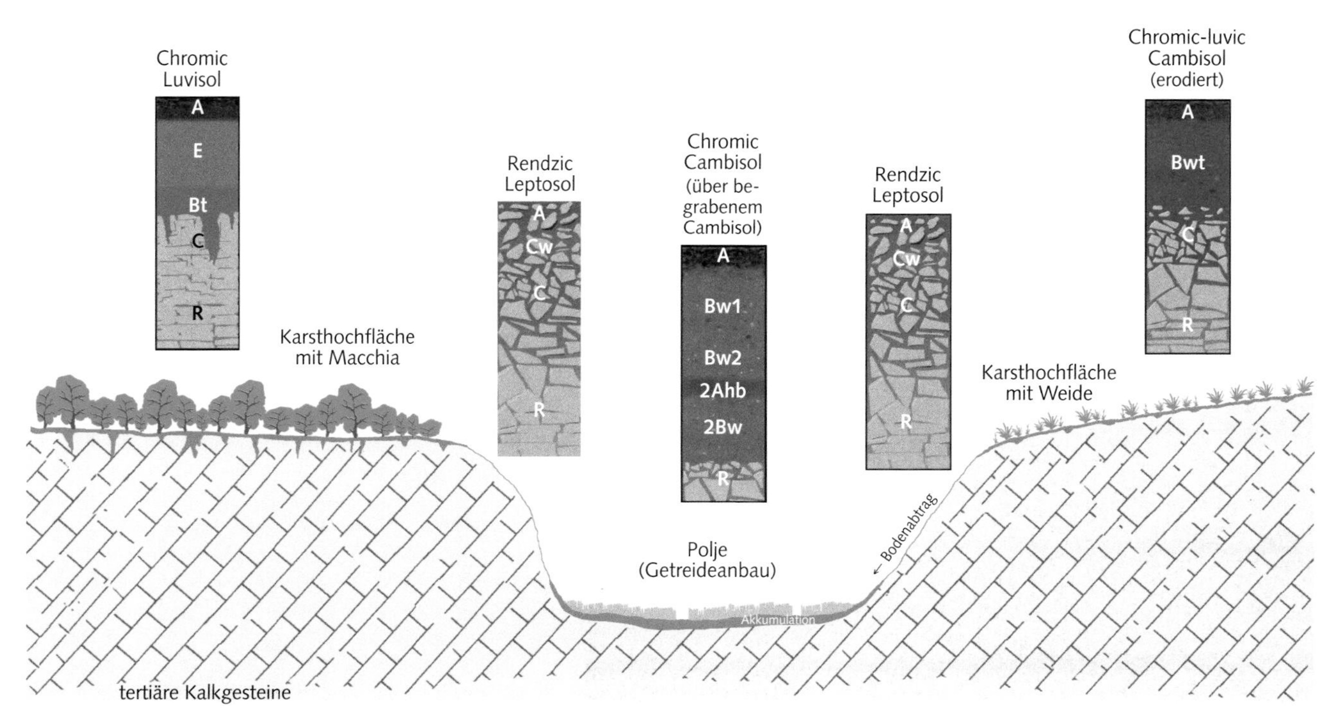

Bodengesellschaft in den Karstlandschaften Istriens (Kroatien)

F Trockene Tropen und Subtropen: Lage, Klima, Vegetation

Lage

Die Zone der Trockenen Subtropen und Tropen ist eng mit dem Hochdruckzellengürtel beiderseits des Äquators verknüpft. An den Westküsten Südamerikas und Afrikas greift sie wegen des kalten Humboldt- bzw. Benguelastroms äquatorwärts vor. Andererseits fehlen in ganz Süd- und Südostasien entsprechende Trockengebiete, was auf die hier vorherrschende Monsun-Dynamik zurückgeht.

Die Zone der Trockenen Subtropen und Tropen grenzt polwärts an die Trockenen Mittelbreiten oder die Winterfeuchten Subtropen, äquatorwärts an die Sommerfeuchten Tropen (Trockensavanne); in Gebirgsgegenden grenzt sie auch unmittelbar an die Feuchten Mittelbreiten (z.B. Anden, Kaukasus). Die Hauptverbreitungsgebiete sind:

Nordhalbkugel: N-Mexiko; Sahara, Horn von Afrika, Arabische Halbinsel, Mesopotamien, Iran, Afghanistan, Pakistan, NW-Indien.

Südhalbkugel: Küstenstreifen Perus, zentrale Andentäler, Atacama-Wüste, Gran Chaco, NO-Brasilien; SW-Afrika (Namib), Kalahari, Karoo; Wüsten Zentral-Australiens.

Klima

Diese Zone ist gekennzeichnet durch ganzjährig hohen Luftdruck (‚Rossbreiten'). Luftmassen der Innertropischen Konvergenz steigen am Äquator auf, sinken zwischen 15 und 35° Breite ab und sorgen hier ständig für ein heißes, trockenes und wolkenloses Wetter. Nahezu 90 % der Sonneneinstrahlung erreichen den Boden. Alle Monate mit $T_m > 5$ °C, > 4 Monate mit $T_m \geq 18$ °C; keine kalten Winter, selten Frost; jährliche Niederschlagsschwankungen hoch (> 50 %); hohe ET: N/ET < 0,2. Aufgrund der hygrischen Bedingungen unterscheidet man:

Winterfeuchte Strauchsteppe: < 2 Monate humid, 200...300 mm N_m.

Halbwüste: < 2 Monate humid, 125...250 mm N_m.

Vollwüste: < 1 Monat humid, < 125 mm N_m.

Nebelwüste: fast regenlos, durch Nebelniederschlag < 40 mm N_m.

Dornstrauchsavanne: < 4,5 Monate humid, 250...> 500 mm N_m.

Vegetation

Die Vegetation der (sub)topischen Trockengebiete ist an extreme Bedingungen angepasst. Bei < 2 humiden Monaten ist sie nur noch spärlich. Poikilohydre Pflanzen (Algen Flechten, Tillandsien) nehmen Luftfeuchtigkeit direkt über oberirdische Organe auf. Homoiohydre Pflanzen haben weit- bzw. tiefverzweigende Wurzeln, oberirdische Organe sind stark reduziert. Einjährige Samenpflanzen (Ephemere) haben eine aktive Phase nur während einer Feuchtperiode. Mehrjährige (Geophyten, Hemikryptophyten) können lange Trockenzeiten überdauern.

Winterfeuchte Strauchsteppe: Immergrüne Hartlaubvegetation (Bäume, [Zwerg]sträucher), Hemikryptophyten, Geophyten, einjährige Gräser und Samenpflanzen.

Halbwüste, Vollwüste: Halbwüsten unterscheiden sich von Wüsten durch den Deckungsgrad der Vegetation (Wüsten < Halbwüsten, beide < 50 %) sowie die Art der Vegetationsverteilung: Halbwüsten weisen eine diffuse, Wüsten eine kontrahierte (große Freiflächen mit Pflanzeninseln') Pflanzenverteilung auf. Bestand: Klein- und Zwergsträucher, Zwergschopfbäume, Zwergflaschenbäume, Sukkulenten, Hemikryptophyten (Gräser), Geophyten, Therophyten.

• Felswüste: Pflanzenwuchs in Felsspalten • Kies-, Schotter-, Sand,- Lehmwüste: pflanzenarm • Salzwüste: salztolerante Chenopodiaceen • Wadis: Trockengehölze; entlang von Fließgewässern galerieartige Wälder • Oasen: z.T. Palmen.

Nebelwüste: hygromorphe Nebelkräuterflur, kann bis zu 200 mm N auskämmen.

Dornstrauchsavanne: Vielfältige Vegetationstypen, zwischen denen alle Übergänge möglich sind: • Offenwald (Hartlaub-, Klein-Flaschen-, Schopfbäume, Stammsukkulenten über Gras- und Strauchbodenschicht) • Trocken- und Sukkulentenbuschland (oben genannte Bäume im Kleinen, Dornbüsche, Xylopodiumsträucher, Blattsukkulenten) • Trockengrasland (Gräser, Kräuter).

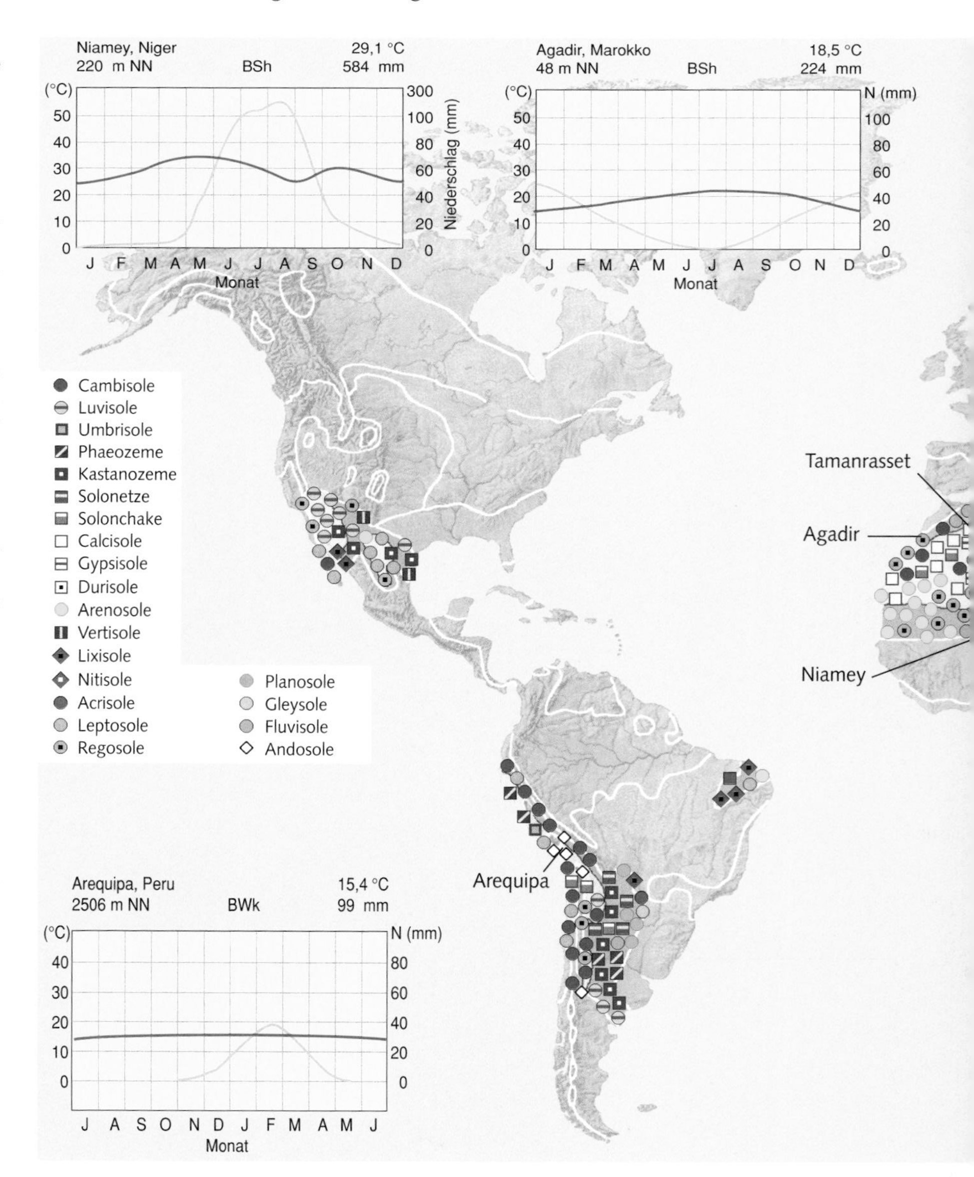

F Trockene Tropen und Subtropen: Böden und ihre Verbreitung

Bodenbildung

In den Trockenen Tropen und Subtropen wird die Bodenbildung maßgeblich gesteuert von Wassermangel, Trockenheit, Verfrachtung durch Wind und Recycling löslicher Salze. Insolationsverwitterung fester Gesteine spielt eine wichtige Rolle. Extreme Temperaturunterschiede zwischen Tag und Nacht führen aufgrund unterschiedlicher Mineralausdehnungskoeffizienten zu einer Lockerung des Kristallverbandes. Das Gestein wird mürbe und platzt schalenförmig ab (Desquamation). Allmähliche Anreicherung ausgedehnter Grus- und Schuttmeere, die Landschaft ‚ertrinkt' in ihrem eigenen Detritus. Die weitere Verteilung vor allem des feinkörnigen Anteils (Sand, Schluff) erfolgt durch den Wind. Ist er sandbeladen, wirkt er auch erodierend (Windschliff). Das Ergebnis sind umfassende Materialumlagerungen: Man unterscheidet Deflationsareale, die durch Auswehung stoffverarmt sind, von Akkumulationsgebieten, in denen sich die ausgeblasenen Stoffe anreichern (z.B. Wüstenrandlöss). Das wirkt sich auch auf die Böden aus: in den Ausblasungsgebieten überwiegen skelettierte Rohböden (Leptosole), in den Akkumulationsgebieten stoffangereicherte Böden wie Arenosole, Cam<<bisole, z.T. auch Luvisole neben Calcisolen, Gypsisolen und Solonchaken.

Die große Trockenheit hemmt das Pflanzenwachstum und somit auch die Humusbildung; es gibt kaum oder keine organischen Auflagehorizonte, organische Substanz reichert sich nur unter mehrjährigen Pflanzen an.

Episodische Starkregen lösen an den Berghängen Schichtfluten aus, aus deren Sedimenten Fluvisole hervorgehen können.

Böden

Charakteristische Böden der Trockenen Tropen und Subtropen sind:

Winterfeuchte Strauchsteppe: Im Übergangsbereich zu den Böden der Winterfeuchten Subtropen bilden sich unter dem Winterregenklima calcaric* **Luvisole**, calcaric* **Cambisole**, **Leptosole**, **Gypsisole**, luvic* **Calcisole**, calcaric* und gypsiric* **Regosole**, calcaric* **Arenosole**, **Solonetze** und **Solonchake**.

Halbwüste: Durch die lückenhafte Vegetationsverteilung haben sich Böden entwickelt, die gegenüber der Wüste einen stärker flächenhaften Charakter haben. Auch ist die Bodenbildung durch die leicht erhöhten Niederschläge weiter fortgeschritten als in Wüsten. Typische Böden sind z.B.: aridic* Cambisole, arenic* Luvisole, yermic* Arenosole, Solonchake und Solonetze.

Vollwüste: Extrem geringe Niederschläge und die unbedeutende Produktion pflanzlicher Biomasse gestatten i.d.R. nur die Entwicklung von humusarmen AC-Böden.

Felswüste (Hamada): Die kluft- und spaltenreiche Gesteinsoberfläche erlaubt partiell eine artenreiche Vegetation. Auf Festgesteinen entwickeln sich lithic* und yermic* Leptosole, häufig mit Fe/Mn-verkrusteten Deflationspflastern.

Kies-, Schotterwüste (Serir): skeletic* Regosole, Cambisole, **Fluvisole**, **Durisole**.

Sandwüste (Erg): yermic*, protic* und hypoduric* Arenosole, arenic* Regosole, Durisole.

Lehmwüste: leptic* und arenic* Luvisole, Solonchake, Solonetze.

Salzwüste: takyric* Calcisole, takyric* Gypsisole, Solonchake, takyric* Durisole (Australien).

Dorn(strauch)savanne: In dieser Übergangszone zwischen den Trockengebieten und den Savannengebieten treten Böden auf, die einerseits – wie im Sahel, der Kalahari und an der Küste der Arabischen Halbinsel – noch wüstenhaften Charakter haben (Regosole, Arenosole). Andererseits – wie im Sudan, in S-Kenia, in NW-Indien, in N-, NO- und O-Australien, in NO-Brasilien und vor allem in der feuchten Pampa und dem feuchten Chaco Südamerikas – erscheinen bereits Böden, wie sie für die Sommerfeuchten Tropen typisch sind: z.B. **Vertisole**, **Lixisole**, **Nitisole**, Cambisole, **Planosole**, Solonetze und **Gleysole** – in der Pampa auch **Kastanozeme**, **Phaeozeme** und Luvisole.

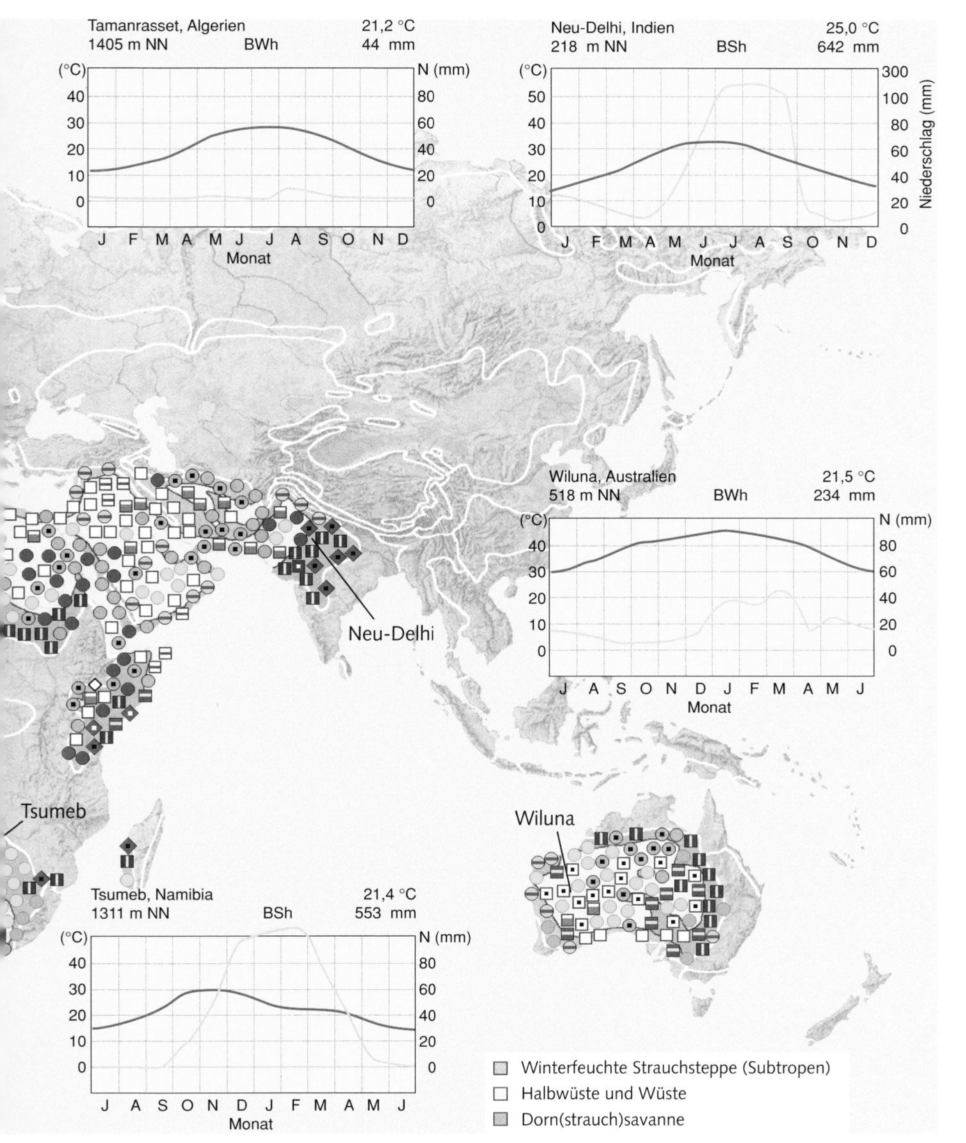

F.1 Arenosole (AR) [lat.arena = Sand]

DBG: z.B. sandreiche Regosole und Braunerden großer Entwicklungstiefe
FAO: Arenosols
ST: z.B. Psamments (Torri-, Xeropsamments, Psammaquents etc.

Definition

Schwach entwickelte sandige Böden, häufig mit der Horizontfolge AC, z.T. auch AEC. Die Horizontgrenzen sind fließend (Ausnahme: organische Auflage), und das Bodengefüge ist entweder kompakt oder nur wenig entwickelt. Die Korngröße entspricht lehmigem Sand bis Grobsand. Dieses Material reicht entweder bis mindestens 100 cm u. GOF oder bis zu einem plinthic**, petroplinthic** oder salic** Horizont zwischen 50 und 100 cm u. GOF. Arenosole enthalten < 35 Vol.-% Gesteinsbruchstücke oder andere Grobfragmente innerhalb 100 cm u. GOF. Es können ein ochric**, yermic** oder albic** Horizont vorkommen, unterhalb 50 cm u. GOF auch plinthic**, petroplinthic** oder salic** Horizonte oder unterhalb 200 cm u. GOF argic** oder spodic** Horizonte. Die sandige Textur beeinflusst maßgeblich die Eigenschaften.

Physikalische Eigenschaften

- Nur schwach entwickelte Bodenstruktur, meist Einzelkorngefüge; gute Bearbeitbarkeit;
- großes Grobporenvolumen, daher
- hohe Wasserleitfähigkeit und niedriges Wasserhaltevermögen; hohe Infiltrationsrate.

Chemische Eigenschaften

- Geringe Gehalte an OS;
- Nährstoffvorräte und -verfügbarkeit erheblich schwankend, i.d.R. gering;
- pH-Werte und BS stark schwankend;
- KAK niedrig.

Biologische Eigenschaften

- Gute Durchwurzelung;
- geringe biologische Aktivität.

Vorkommen und Verbreitung

Arenosole entwickeln sich aus relativ grobkörnigen Lockersedimenten (sandiger Lehm oder gröber), vor allem aus Flugsand (Dünen der Sandwüste), Sand, Sandlöss, Terrassen- und Delta- bzw. Küstensedimenten, aber auch aus Sandstein, Quarzit oder Granit – und zwar in allen Klimaregionen.
Weltweit nehmen Arenosole eine Fläche von ca. 0,9…1,1 · 10^9 ha ein. Die größten Gebiete liegen in den (semi)ariden Klimaten der Erde, vor allem in Afrika, und zwar im Sahel-Gürtel, in vielen (zentralen) Teilen der Sahara sowie in einem breiten Streifen, der sich über das Zentralafrikanische Bergland weit nach Süden erstreckt (z.B. ‚Kalahari-Sand'). Ferner sind Arenosole in Zentralaustralien, auf der Arabischen Halbinsel, im Persischen Hochland, zwischen Pakistan und Indien, in China und auch in Teilen des Hochlands von Brasilien verbreitet.

Nutzung und Gefährdung

Aufgrund des Einzelkorngefüges und fehlender Aggregierung sind AR erosionsgefährdet. Errichtung von Windschutzstreifen notwendig. Tonarme Arenosole eignen sich für extensive Weide. Sofern sie tonig sind (≈ 10 % Ton), kann man bei Bewässerung eine Vielzahl von Nutzpflanzen anbauen (Erdnüsse, Luzerne, Gemüse, Mais, Melonen, Wein). Im Süden Senegals werden Cashew-Bäume erfolgreich kultiviert. Wichtig sind große Pflanzenabstände wegen der Wasser- und Nährstoffkonkurrenz. Regenfeldbau ist nur möglich bei Jahresniederschlägen > 400…500 mm. Mineraldüngung muss mehrmals in kleineren Dosen oder in Form langsam löslicher Verbindungen appliziert werden.

Lower level units*

Gelic · plinthic · gleyic · hypoluvic · yermic
aridic · ferralic · albic · gypsiric · calcaric
lamellic · rubic · fragic · hyposalic · protic
dystric · eutric · haplic

Mg-Mangel an Kiefern auf Arenosolen unter (sub)humiden Klimaten (Kongobecken).

Profilcharakteristik

Ausgewählte Bodenkennwerte eines Arenosols

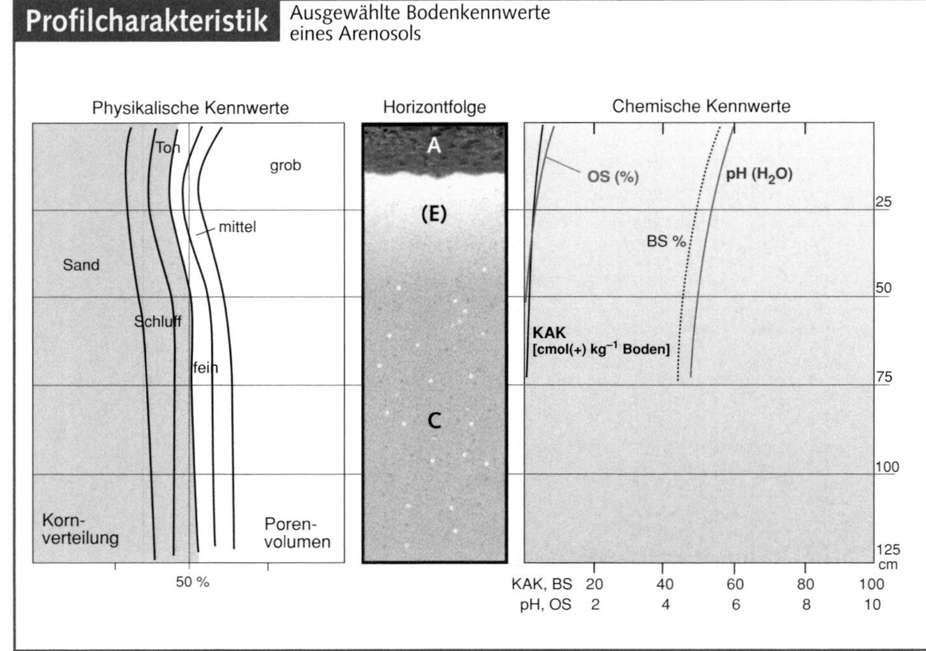

Diagnostische Merkmale:

- Textur lehmiger Sand oder grobkörniger bis mind. 100 cm u. GOF, oder bis zu einem plinthic**, petroplinthic** oder salic** Horizont zwischen 50 und 100 cm u. GOF.
- < 35 Vol.-% Gesteinsbruchstücke oder andere Grobfragmente innerhalb 100 cm u. GOF.
- Es können ein ochric**, yermic** oder albic** Horizont vorhanden sein, unterhalb 50 cm u. GOF ein plinthic**, petroplinthic** oder salic** Horizont, und unterhalb 200 cm u. GOF ein argic** oder spodic** Horizont.

Arenosol aus gebleichten Schwemmsanden (Río Negro, N-Brasilien).

Bodenbildende Prozesse

Schwache Humusbildung
deszendente Stoffverlagerung
(aszendente Stoffverlagerung)

Arenosole sind wenig bis schwach entwickelt. Die maßgeblichen, wenig ausgeprägten pedogenetischen Prozesse sind:

1. Schwache Humusakkumulation; C_{org}-Gehalte i.d.R. < 0,6 % (d.h. ochric** Horizont), da geringe pflanzliche Biomasseproduktion; häufig Deflation.
2. Wenn Niederschläge > ET, dann ist Stoffverlagerung aus dem E-Horizont in den Unterboden möglich (vgl. Podzolierung, Lessivierung). Sofern der Illuvialhorizont (Bhs, Bt) tiefer als 200 cm u. GOF vorkommt, spricht man vereinbarungsgemäß von Arenosolen und nicht von Podzolen, Luvisolen, Acrisolen etc.
3. Aszendenz spielt auch in ariden Gebieten keine große Rolle, da die kapillare Leitfähigkeit wegen des Sandreichtums niedrig ist.

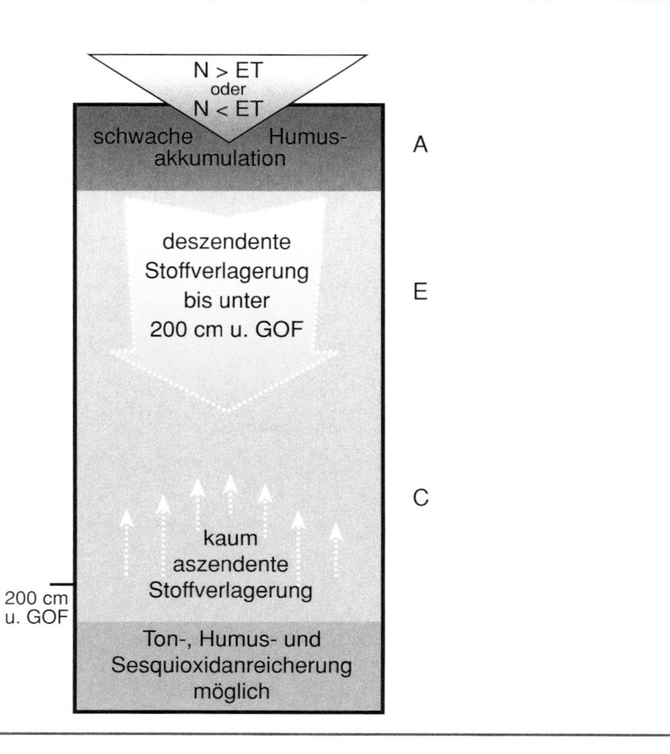

F.2 Calcisole (CL) [lat. calx = Kalk]

DBG: –
FAO: Calcisols
ST: Calcids (z.B. Haplo-, Petrocalcids), Palexeralfs, Paleustalfs

Definition

Humusarme Böden arider und semiarider Gebiete mit sekundärer Carbonatanreicherung innerhalb 100 cm u. GOF. Typische Horizontfolgen sind ACkC, ABwkC, ABtkC. Diese Carbonatanreicherungen ($CaCO_3$, $MgCO_3$ u.a.) bilden die diagnostischen calcic** bzw. petrocalcic** Horizonte, die in a) diffuser, b) diskontinuierlicher und c) kontinuierlicher Form vorliegen können (s. bodenbildende Prozesse). Es sind auch mehrere calcic** (petrocalcic**) Horizonte übereinander möglich. Außer einem ochric** oder cambic** Horizont, einem kalkhaltigen argic** Horizont, einem vertic** Horizont oder einem unter dem petrocalcic** Horizont liegenden gypsic** Horizont treten keine Horizonte auf.

Physikalische Eigenschaften

- A-Horizont geringmächtig, hellbraun-braun, tonig-schluffig, vielfach plattiges Gefüge wegen Verkrustung;
- B-Horizont prismatisch bis blockig oder (sub)polyedrisch;
- Textur mittel- bis feinkörnig (U, T);
- hohes Wasserhaltevermögen;
- gute Wasserleitfähigkeit;
- calcic** Horizont: massiv-plattig, sofern eine Kalkkruste vorliegt, erhöhte Lagerungsdichte.

Chemische Eigenschaften

- Niedrige Gehalte an OS (1...2 %);
- C/N < 10;
- Nährstoffnachlieferung oft ungenügend (N-Vorräte niedrig, P-Nachlieferung wegen hoher pH-Werte schlecht, K/Ca-Antagonismus; Fe- und Mn-Mangel;
- pH-Werte (H_2O) 7...8, Chlorose-Gefahr;
- BS 100 %; meistens Ca und Mg;
- KAK (A-Horizont): 10...25 cmol(+) kg^{-1} Boden.

Biologische Eigenschaften

- Geringe biologische Aktivität, da zu trocken;
- der petrocalcic** Horizont ist schwer durchwurzelbar;
- spärliche Pflanzenbedeckung (Xerophyten).

Vorkommen und Verbreitung

Calcisole entwickeln sich bevorzugt aus carbonatreichen Sedimenten kolluvialer, lakustriner, äolischer und alluvialer Genese.
Weltweit nehmen Calcisole eine Fläche von ca. 800 · 10^6 ha ein. Die größten Gebiete liegen in den ariden und semiariden (Sub)tropen mit aridic moisture regime (ET > N): Afrika (Sahara, Somalia, Namibia), Arabische Halbinsel, Anatolisches Hochland, Iran, Zentralasien, Mongolei, Südwesten der USA, Mexiko sowie südliches Südamerika.

Nutzung und Gefährdung

Aufgrund der spärlichen Vegetationsdecke werden Calcisole i.d.R. als extensive Weiden genutzt. Bei Bewässerung ist auf Versalzungs- und Verkrustungstendenzen zu achten, Nutzpflanzen müssen calciphil sein – andernfalls Gefahr von Chlorosen. Hochliegende petrocalcic** Horizonte erschweren die Durchwurzelung des Bodens, außerdem besteht erhöhte Erosionsgefahr. Ab 400 mm mittlerer Jahresniederschlag ist Regenfeldbau (Weizen, Sonnenblumen) möglich. Steinarme Calcisole sind potenziell fruchtbar, bewässert liefern sie gute Gemüse- und Futterpflanzenerträge

Lower level units*

Petric · leptic · vertic · endosalic · gleyic sodic · luvic · takyric · yermic · aridic skeletic · hyperochric · hypercalcic hypocalcic · haplic

Kalkchlorose an *Acacia saligna*: hohe pH-Werte vieler Calcisole bedingen oft Fe-/Mn-Mangel, sichtbar als Gelbfärbung (Jordanien).

Profilcharakteristik

Ausgewählte Bodenkennwerte eines Calcisols mit einem calcic** bzw. petrocalcic** Horizont

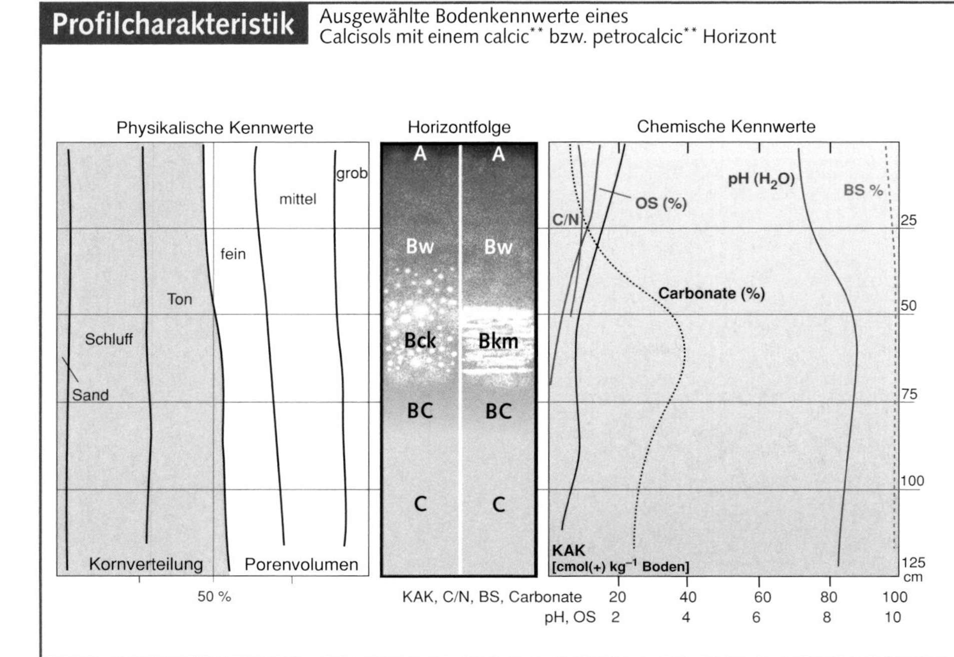

Diagnostische Merkmale:

Calcic Horizont** (Bck im linken Profil)

- Äquivalentgehalt an $CaCO_3$ in der Feinerde ≥ 15 Vol.-% (bei einem hypercalcic** Horizont: > 50 Vol.-%);
- Mächtigkeit ≥ 15 cm (gilt auch für hypercalcic** Horizont).

Petrocalcic Horizont** (Bkm im rechten Profil)

- Äquivalentgehalt an $CaCO_3$ in der Feinerde ≥ 50 Vol.-%;
- durch starke Zementation plattig oder kompakt (Durchwurzelung nicht möglich, Substrat nicht aufschlämmbar);
- trocken, extrem hart, nicht grabbar;
- Mächtigkeit ≥ 10 cm bzw. ≥ 2,5 cm bei lamellarer Ausprägung und direkter Überlagerung des Ausgangsgesteins.

Calcisol: unter rezentem Hangschutt folgt ein aufgekalkter brauner Bt-Horiont, dann ein oberer calcic** Horizont, der nach unten in einen mächtigen zweiten calcic** Horizont übergeht (NW-Argentinien).

Bodenbildende Prozesse

Entwicklung des Calcic** Horizonts

Der calcic** Horizont entsteht durch sekundäre Anreicherung von Calciumcarbonat ($CaCO_3$), z.T. auch unter Mitwirkung anderer Carbonate (z.B. $MgCO_3$). Diese Akkumulation kann deszendent durch Auswaschung kalkhaltigen Oberbodenmaterials erfolgen. Sofern über längere Zeiträume carbonathaltige Stäube neu eingetragen werden, die anschließend der Auflösung und Ausgewaschung unterliegen, können sehr mächtige Kalkkrusten (petrocalcic** Horizonte, Tosca de Pampa) entstehen. Calcic** Horizonte entstehen auch durch Aszendenz von hochstehendem, carbonathaltigem Grundwasser sowie durch laterale Anlieferung der Carbonate mittels Interflow (Hangzugwasser). Bezüglich der morphologischen Ausprägung unterscheidet man:

a) Diffuse Verteilung (Partikel ≤ 1mm ø = sekundäre Mikrokristallite, mit dem bloßen Auge kaum wahrnehmbar),
b) Diskontinuierliche Anreicherungen (Pseudomycelien, Cutane, weiche und harte Konkretionen, Sphäroide, Pisolithe, Äderchen), lamellenartige Calcrete
c) Kontinuierliche Anreicherungen (geschichtete, plattige und massige Calcrete), z.T. verhärtet.

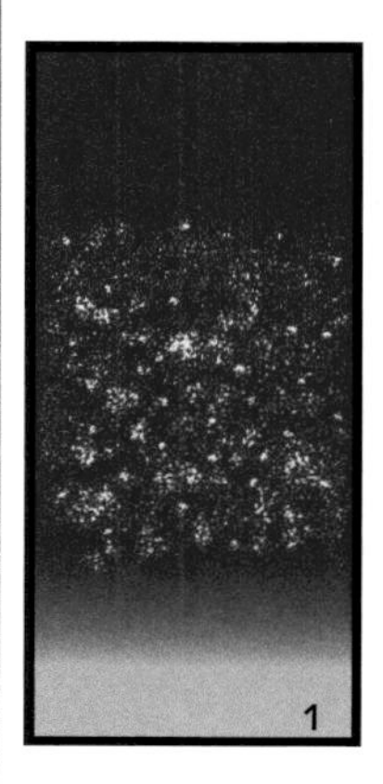

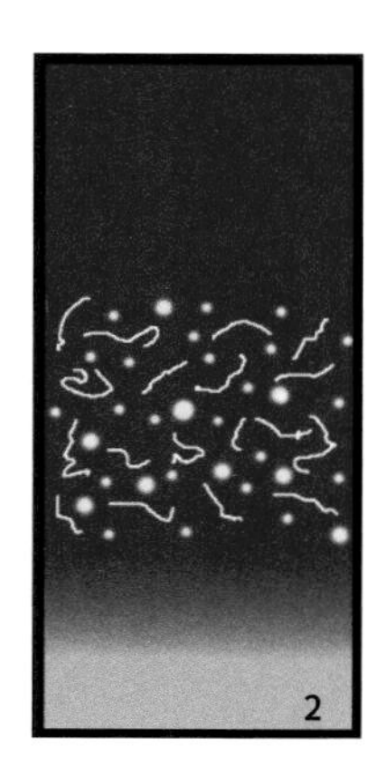

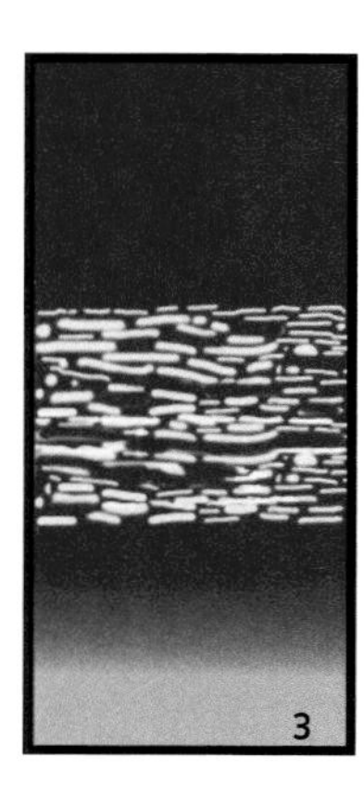

1 Diffuse Verteilung (soft powdery lime)
2 Pseudomycelien, kleine Konkretionen Cutane, weiche bis harte Konkretionen, Äderchen; erste Bildung lamelliger Calcrete
3 Geschichtete, plattige Calcrete
4 Kompakte, massige Kalkkrusten auf der Bodenoberfläche sind i.d.R. auf Abtrag des Oberbodenmaterials zurückzuführen (= Exhuminierung)

F.3 Gypsisole (GY) [lat. gypsum = Gips]

DBG: –
FAO: Gypsisols
ST: Gypsids (z.B. Petrogypsids)

Definition

Böden (semi)arider Gebiete mit der Horizontfolge AC, ABwC oder ABtC entweder mit sekundärer Gipsanreicherung in Form eines gypsic** oder petrogypsic** Horizonts im A, Bw, Bt oder C-Horizont, auf alle Fälle innerhalb 100 cm u. GOF, oder mit ≥ 15 Vol.-% Gips, gemittelt über eine Tiefe von 100 cm. Neben dem gypsic** bzw. petrogypsic** Horizont können somit folgende Horizonte vorkommen: ochric** (flachgründig, humusarm), cambic** (Bw, verbraunt), argic** Horizont (tonangereichert, z.T. mit Carbonatausfällungen). Unterhalb des gypsic** Horizonts kann auch ein (hyper)calcic** oder petrocalcic** Horizont liegen.

Physikalische Eigenschaften

- Farbe hellbraun/braun, bei hohen Gipsgehalten hell bis weiß;
- strukturarmes Bodensubstrat; hohe Gipsgehalte bedingen massive Struktur;
- Oberboden i.d.R. lehmig-tonig, bedingt niedrige Infiltrationsrate;
- oft mittlere bis hohe Wasserkapazität.

Chemische Eigenschaften

- Niedrige Gehalte an OS (< 0,6 % C_{org});
- pH-Werte (H_2O) 7...8;
- KAK bis 10...20 cmol(+) kg^{-1} Boden;
- BS ≈ 100 %;
- geringe P-Verfügbarkeit (wegen hoher pH-Werte);
- Gipsfällung induziert Genese spezieller Tonminerale (Attapulgit);
- liegen die Gipsgehalte > 25 %, sind K/Ca- oder Mg/Ca-Antagonismen möglich;
- sofern Grundwasserspiegel hoch, reichern sich im Unterboden leicht lösliche Salze an; die Oberbodenhorizonte haben aber stets eine niedrige elektrische Leitfähigkeit.

Biologische Eigenschaften

- Petrogypsic** Horizonte erschweren Durchwurzelung;
- mäßige biologische Aktivität, da häufig zu trocken.

Vorkommen und Verbreitung

Gypsisole entstehen i.d.R. aus basenreichen Lockergesteinen (Kiese), vor allem auf Flussterrassen mit hoch liegendem Grundwasserspiegel. Orthigypsic** Horizonte kennzeichnen rezente Gipsbildungsprozesse auf jungen Terrassen, hypergypsic** Horizonte finden sich auf den Mittelterrassen und petrogypsic** Horizonte auf den ältesten, also höchsten Terrassenstufen sowie auf Kuppen.
Weltweit nehmen Gypsisole eine Fläche von ca. 90 · 10^6 ha ein. Die größte Verbreitung haben sie in den (semi)ariden Gebieten Nord- und SW-Afrikas, Somalias und der Arabischen Halbinsel, ferner in Anatolien, Syrien, Irak, Iran, Zentralasien sowie vereinzelt in Australien.

Nutzung und Gefährdung

Aufgrund der spärlichen Vegetationsdecke werden Gypsisole i.d.R. als extensive Weiden genutzt. Pflanzenwachstum wird vorwiegend durch Wassermangel und durch hohe Gipsgehalte (> 25 %) beeinträchtigt. Die Böden sind anfällig für Desertifikation. Bei Bewässerung Gefahr der Bodenversalzung. Hochliegende petrogypsic** Horizonte erschweren die Durchwurzelung. Es besteht beträchtliche Erosionsgefahr.
Potenziell fruchtbare Böden; Regenfeldbau ab ca. 400 mm mittlerem Jahresniederschlag möglich, sofern die Gipsgehalte < 25 % liegen. Bewässerung und Mineraldüngung (bes. P, K, Mg) sind notwendig, um gute Erträge an Weizen, Mais, Baumwolle, Aprikosen, Datteln und Futtergräsern zu erzielen.

Lower level units*

Petric · leptic · vertic · endosalic · sodic
duric · calcic · luvic · takyric · yermic · aridic
arzic · skeletic · hyperochric · hypergypsic
hypogypsic · haplic

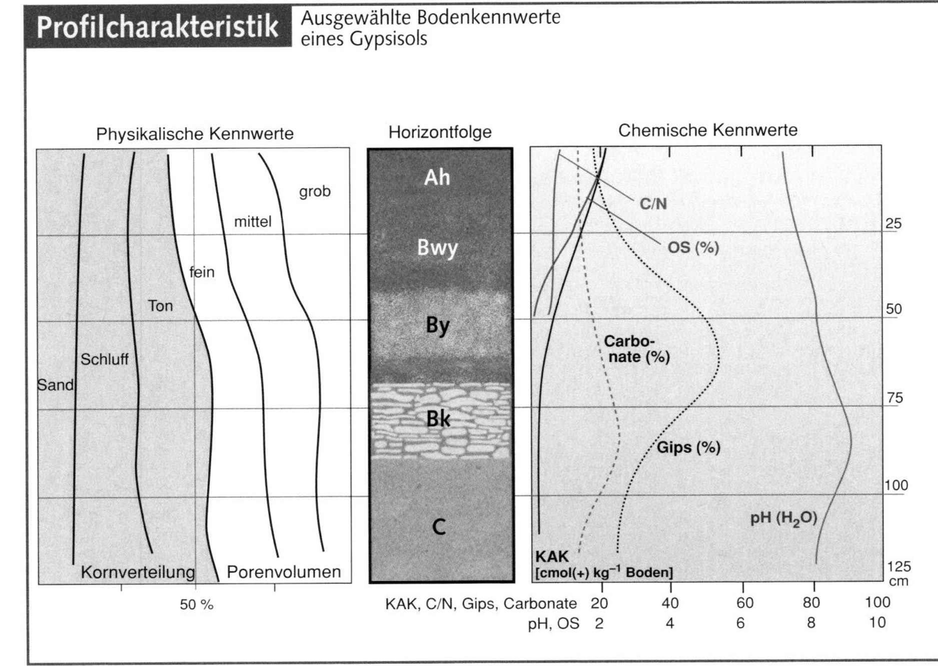

Diagnostische Merkmale:

Gypsic Horizont**
- Unzementiert, enthält ≥ 15 % sekundäre Gipsanreicherungen ($CaSO_4 \cdot 2\ H_2O$);
- bei ≥ 60 % Gips liegt ein hypergypsic** Horizont vor;
- Mächtigkeit ≥ 15 cm (gilt auch für hypergypsic** Horizont).

Petrogypsic Horizont**
- Zementiert, enthält ≥ 60 % sekundäre Anreicherungen an Gips ($CaSO_4 \cdot 2\ H_2O$);
- die Zementation ist so stark, dass sich trockene Fragmente nicht aufschlämmen lassen;
- Horizont ist schwer durchwurzelbar;
- Mächtigkeit ≥ 10 cm.

Gipsgehalt (%) = cmol(+) Gips kg^{-1} Boden · $Äquivalentgewicht_{Gips}$

Erodierter Gypsisol (Somalia).

Bodenbildende Prozesse

Sekundäre Gipsanreicherungen im diagnostischen Horizont der Gypsisole

1. Pseudomycelien:
Feine Fadenmäander im Solum, folgen im Wurzelraum häufig Wurzelkanälen; unterhalb des Wurzelraums in Porenräumen; jüngste Gipsbildungen.

2. Massige Gipsausblühungen:
In Böden mit hohen (> 50 %) Gipsgehalten, sandige Textur; zusammen mit Pseudomycelien und Gipskristallnestern.

3. Gipskristallanreicherungen:
• Einzelkristalle und Kristallakkumulationen, in Senken mit zeitweise hoch stehendem, salzreichem Grundwasser • Kristallnester in oder unter einem calcic** Horizont; in Porenräumen • Beläge auf Geröllen von Terrassenschottern • Faserige Kristalle, in grobkörnigen Bodensubstraten.

4. Petrogypsic Horizont:**
Verhärtete, weiße Krusten aus reinem Gips; massige, kompakte Mikrostruktur; Kristallgröße 10 bis 30 µm ø, nach der Tiefe gröber werdend. Älteste Gipsbildung.

5. Polygonale Gipskrusten:
Übergangsform zwischen massigen Gipsausblühungen und petrogypsic** Horizont; Platten mit 2...5 cm Stärke.

Altpleistozän
1. Gipsakkumulation durch Deszendenz und/oder Aszendenz, dann
2. Verhärtung, gefolgt von
3. Erosion (= Exhuminierung)

Mittelpleistozän
1. Humussakkumulation
2. Verbraunung
3. Gipsakkumulation durch Deszendenz und/oder Aszendenz

Jungpleistozän
1. Humusbildung
2. Verbraunung
3. Gipsanreicherung in Form von Mycelien und Kristallen

erodierter Gypsisol
petrogypsic Horizont
C
hypergypsic
A
B
By, z.T. Byt, da polygenetisch
C
orthigypsic
A
Mycelien
Kristallnester
By, z.T. Byw
C
Fluss

Gypsic Horizont

Der gypsic** Horizont ist, anders als der petrogypsic** Horizont, nicht zementiert. Man unterscheidet:

1. Orthigypsic Horizont:
Gekennzeichnet durch einen niedrigen Gipsgehalt (≥ 15 Vol.-%) und eine Mindestdicke von 15 cm. Der Gips tritt in Form von Pseudomycelien, feinen Kristallen in Solumäderchen und gröberen Einzelkristallen sowie Kristallnestern auf. Typisch für rezente pedogenetische Gipsbildungsprozesse, die vor allem auf geologisch jungen Ausgangsgesteinen (z.B. holozäne Flussterrassen, intermontane Becken) stattfinden.

2. Hypergypsic Horizont:
Gekennzeichnet durch hohe bis sehr hohe (≥ 60, oft 70...90 Vol.-%) Gipsgehalte und eine Mindestdicke von 15 cm. Der Gips tritt in Form von massigen Gipsausblühungen auf, die bei hochstehendem Grundwasser im Hangenden polygonale Gipskrusten tragen können. Typisch für schon seit längerem anhaltende pedogenetische Gipsbildungsprozesse. Der hypergypsic** Horizont ist kennzeichnend für die Mehrzahl der Gypsisole.

F.4 Solonchake (SC) [russ. sol = Salz, chak = Gegend, Gebiet]

DBG: Weißalkaliböden†
FAO: Solochaks
ST: z.B. Salorthids (Aquisalids, Haplosalids)

Definition

Böden (semi)arider Klimate mit der Horizontfolge AzCz bzw. AzBzCz. Sie enthalten leicht lösliche, sekundär angereicherte Salze (Symbol z), sofern ihre Löslichkeit höher ist als jene von Gips. Zusammen mit den Solonetzen gehören sie zu den so genannten halomorphen Böden.

Der diagnostische, mindestens 15 cm mächtige salic** Horizont beginnt innerhalb 50 cm u. GOF. Er entsteht durch fluviale, äolische, marine oder aszendente Salzeinträge, die sich vor allem aus Chloriden, Carbonaten, Sulfaten und Nitraten von Na, Ca und Mg sowie deren Mischformen zusammensetzen. Wenn der salic** Horizont verhärtet ist, spricht man von einem petrosalic** Horizont.

Externer Solonchak: Salzanreicherung an der Oberfläche, *interner* Solonchak: Salzanreicherung im Profil.

Physikalische Eigenschaften

- Zum Teil periodisch überflutet und saisonal trocken;
- aufgeblähte (‚puffy'), lockere, stabile Struktur, Krustenbildung möglich;
- bei Tonreichtum: deutliches Absonderungsgefüge während der Trockenzeit;
- Wasserstress infolge des hohen osmotischen Potenzials.

Chemische Eigenschaften

- Nährstoffmangel wegen antagonistischer Effekte (z.B. Na – K);
- hohe Salzgehalte, häufig > 0,15 % wasserlösliche Salze im Boden; im salic** Horizont sogar > 1 %;
- elektr. Leitfähigkeit im Sättigungsextrakt (= EC_e) des salic** Horizonts (bei 25 °C):
  EC_e > 15 dS m^{-1} bei pH (H_2O) < 8,5
  EC_e > 8 dS m^{-1} bei pH (H_2O) > 8,5
- Cl- und B-Toxizität möglich; im Mangrovenbereich gibt es nach Trockenlegung SCe mit pH-Werten < 3,5 (EC_e > 8 dS);
- im Allgemeinen hohe pH-Werte (> 7...10).

Biologische Eigenschaften

- Böden mit sehr hohen Salzgehalten von > 0,65 % sind weitestgehend vegetationsfrei (= sog. Salzpfannen). An erhöhte Salzgehalte angepasst sind Halophyten wie die Tamarisken oder *Azadirachta indica*, der Neembaum.

Vorkommen und Verbreitung

Solonchake entwickeln sich i.d.R. aus Lockersedimenten (Sande, Schluffe, Tone), in Gebieten mit Lagunen und Poldern, in Senken und Becken (Sebkhas, Schotts) sowie im Hinterland von Küsten. Oft sind sie im Unterboden grundwasserbeeinflusst (Symbol g).
Weltweit nehmen Solonchake eine Fläche von 260...340 · 10^6 ha ein – je nachdem, welchen Salzgehalt man ansetzt. Ihre häufigste Verbreitung haben sie in den ariden und semiariden Klimazonen Afrikas (Sahara, nördl. Sahel, S- und SW-Afrika), der Arabischen Halbinsel, Irans, Zentralasiens (Kasachstan, N- und NW-China) und Australiens, sowie im Mittelteil der Anden, im SW der USA und in N-Mexiko.

Nutzung und Gefährdung

Ackerbau ist wegen der B- und Cl-Toxizität, des K/Ca-Antagonismus und des hohen osmotischen Drucks (= physiologische Trockenheit, ‚Wasserstress') schwierig. Ab einer EC_e > 15 dS m^{-1} wachsen nur noch wenige Kulturpflanzen.
In semiariden Gebieten mit > ca. 400 mm mittlerem Jahresniederschlag ist Regenfeldbau möglich (Reis, Hirse, Futterpflanzen). Die forstliche Nutzung beschränkt sich auf salztolerante Bäume (z.B. *Acacia nilotica, Casuarina equisetifolia*, Tamarisken). Nachhaltiger Bewässerungsfeldbau erfordert tief liegendes Grundwasser und gute Drainagesysteme, damit der Salzüberschuss ins Grundwasser abgeführt werden kann. Entsalzung ist auch mit Überstau und Ableitung des salzangereicherten Überstauwassers möglich. Eine partielle Entsalzung der Böden kann auch durch den Anbau salzakkumulierender Pflanzen erreicht werden.

Lower level units*

Histic · vertic · gleyic · sodic · mollic
gypsic · duric · calcic · petrosalic · takyric
yermic · aridic · gelic · stagnic · hypersalic
ochric · aceric · chloridic · sulphatic
carbonatic · haplic

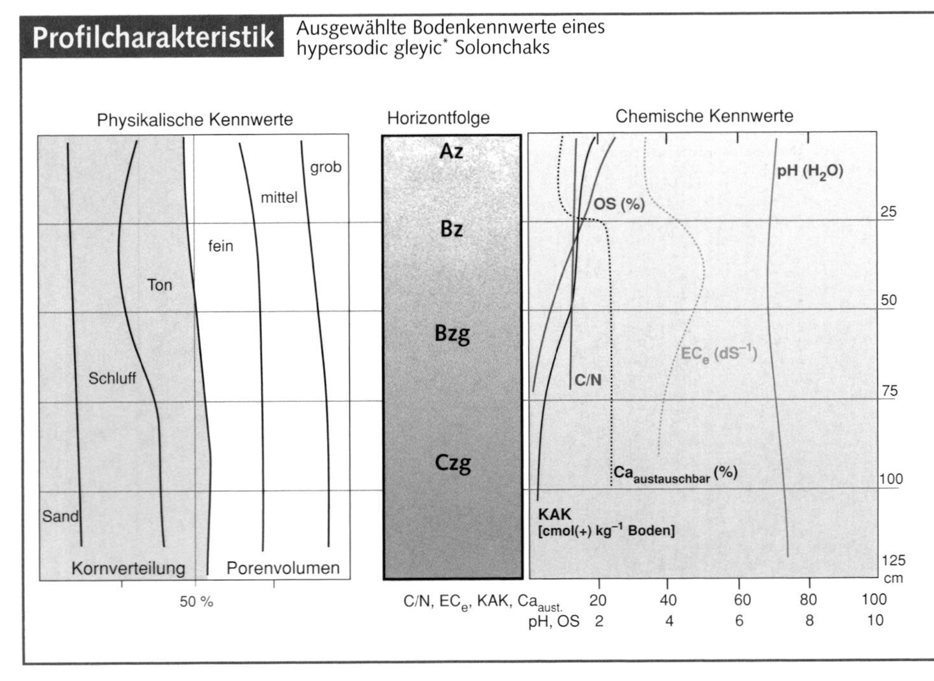

Diagnostisches Merkmal:
salic* Horizont

- Elektrische Leitfähigkeit im Sättigungsextrakt EC_e (bei 25 °C), zumindest während einiger Zeit (Trockenzeit) im Laufe eines Jahres:
  EC_e > 15 dS m^{-1} bei pH (H_2O) < 8,5
  EC_e > 8 dS m^{-1} bei pH (H_2O) > 8,5 (alkalische Carbonatböden) oder bei pH < 3,5 (saure Sulfatböden);
- TSS (= Σ leicht löslicher Salze) mindestens 1 %;
- Produkt aus Horizontmächtigkeit (cm) mal Salzgehalt (%) ≥ 60;
- Mächtigkeit ≥ 15 cm.

Gleyic* Solonchak mit Rostflecken (Senegal).

Salzausscheidungen nach Bewässerung eines Solonchaks (Somalia).

Bodenbildende Prozesse

Salzbeeinflusste Böden (‚Salzböden')

Böden mit Anreicherung wasserlöslicher Salze, die leichter löslich sind als Gips. Dazu zählen Chloride, Sulfate, Nitrate und manche Carbonate sowie in geringem Maße Nitrate und Borate von Na, K, Ca und Mg. Maßgeblich zur Identifizierung solcher Böden sind das Löslichkeitsprodukt der Salze und die Ionenkonzentration in der Bodenlösung. Zur Kennzeichnung ist die Messung der elektrischen Leitfähigkeit des Sättigungsextrakts (EC_e) eingeführt (bei pH < 8,5 gilt eine EC_e > 15 dS m^{-1} und bei pH > 8,5 eine EC_e > 8 dS m^{-1}).

Versalzung = Salinization:
Bildung des salic Horizonts**

Dieser Horizont entsteht durch

- fluvialen Eintrag (z.B. Schichtfluten) und anschließender Verdunstung des Überflutungswassers (ET > N) – Salze scheiden sich an der Bodenoberfläche und im Oberboden aus;
- Einwehung von Aerosolen mariner oder vulkanischer Genese;
- aszendente kapillare Salzzufuhr aus salzreichen Grundwässern oder laterale Zufuhr durch Hangzugwasser (Interflow), das salzhaltige Gesteine durchströmt. Ausfällung der Salze als Ausblühungen (Pseudomycelien) oder als Salzkrusten;
- anthropogene Aktivitäten wie Bewässerungsfeldbau, Düngung, ‚urban waste' (Entsorgung von Altsalzen).
- Er kann auch verhärtet sein (= petrosalic** H.).

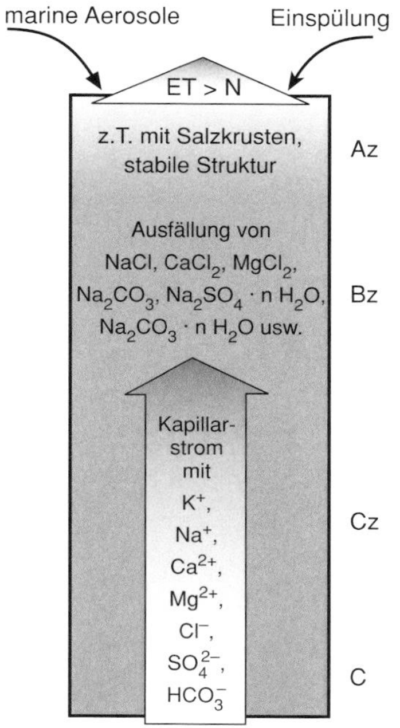

Typen salzbeeinflusster Böden

Nach Art der Kationen unterscheidet man:

- **Ca-dominierte Böden:** Ca ≥ Mg > Na ≈ K; (Ca+Mg)/(Na+K) = 1…4; Ca/Mg ≥ 1; pH ≈ 7…7,5. Stabiles Gefüge.
- **Na-dominierte Böden:** (Ca+Mg)/(Na+K) < 1. Gefüge instabil.
- **Mg-dominierte Böden:** (Ca+Mg)/(Na+K) > 1, Ca/Mg ≤ 1, Na/Mg < 1. Gefüge instabil.

Nach Art der Anionen unterscheidet man:

- **Chloridböden**
  - a) Saure Chloridböden: pH < 5. Bodenlösung: $Na^+ >> Ca^{2+}$, $Cl^- >> SO_4^{2-} > HCO_3^-$. Verbreitung: Mangroven.
  - b) Neutrale Chlorid-Sulfat-Böden: pH ≈ 7. Bodenlösung: $Na^+ \approx Ca^{2+} \approx Mg^{2+}$, $SO_4^{2-} \approx Cl^- > HCO_3^-$. Verbreitung: Sebkhas, Playas.
- **Sulfatböden**
  - a) Neutrale Sulfatböden: pH ≈ 7. Bodenlösung: $Na^+ >> Ca^{2+}$, $SO_4^{2-} >> HCO_3^- > Cl^-$. Verbreitung: Gebiete künstl. Bewässerung.
  - b) Saure Sulfatböden: pH < 3,5. Bodenlösung: H^+, Al^{3+}, SO_4^{2-}. Verbreitung: Mangroven.
- **Carbonatböden**
  - a) Alkali-Bicarbonat-Böden: pH > 8,5. Bodenlösung: $Na^+ > Ca^{2+}$, $HCO_3^- > SO_4^{2-} >> Cl^-$. Verbreitung: aerobes Milieu.
  - b) Alkaliböden: pH > 10. Bodenlösung: $HCO_3^- \approx CO_3^{2-} >> SO_4^{2-} >> Cl^-$, $Na^+ >> Ca^{2+}$. Verbreitung: z.B. Polder.

F.5 Durisole (DU) [lat. durus = hart]

DBG: –
FAO: Böden mit Anreicherung sek. Silicate (= duripan phase)
ST: z.B. Durids (Argi-, Haplo-, Natridurids), Petroargids, Durixeralfs, Duraqualfs, Durochrepts

Definition

Böden (semi)arider Klimate mit sekundärer Silicatanreicherung (i.d.R. SiO_2; Symbol q) in Form eines duric** (mit ,Durinodes') oder einem petroduric** Horizonts (,Duripan') innerhalb 100 cm u. GOF. Letzterer darf nicht mit Silcrete, einer geogenen Bildung alter Landoberflächen, verwechselt werden (dort in Kuppenlage vorkommend). Typische Horizontfolgen sind: ABwB(m)qC, ABtB(m)qC, ABkB(m)q. Meistens ist nämlich zwischen dem A- und dem (petro)duric** Horizont ein cambic**, argic** oder calcic** Horizont eingeschaltet.

Physikalische Eigenschaften

- Grobkörnige Textur, meist Sand bis sandiger Kies, tonarm (< 10 % Ton);
- SiO_2-Konkretionen schwach bis stark verfestigt, z.T. zementiert; feucht mürbe, bröckelig; im Dünnschliff konzentrischer Aufbau sichtbar;
- der petroduric** Horizont ist entweder massig und ungeschichtet oder plattig/laminar; 0,30...4 m mächtig;
- schlechte Wasserhaltekapazität, hohe Infiltrationsrate / Wasserleitfähigkeit;
- Durinodes (Durinodule): rotbraun, schwach zementierte Knollen, brechen bei Befeuchtung auseinander, verschlämmen jedoch nicht; entwickeln sich im Lauf der Zeit zum Duripan.

Chemische Eigenschaften

- Niedrige Gehalte an OS;
- hohe Salzgehalte, häufig > 0,3 % wasserlösliche Salze, nach unten zunehmend;
- Salztoxizität möglich;
- hohe Gehalte an austauschbarem Na im Unterboden, sehr geringe Fe_o-Gehalte;
- hohe pH-Werte: > 8,3 im Oberboden, nach unten abnehmend.

Biologische Eigenschaften

- Schlechte Durchwurzelbarkeit des petroduric** Horizonts.

Vorkommen und Verbreitung

Durisole entwickeln sich i.d.R. aus Sedimenten und Sedimentgesteinen (Sande, Sandsteine, Kiese), häufig auf Pedimenten (Hangfuß). Weltweit nehmen Durisole etwa eine Fläche zwischen 260 und 340 · 10^6 ha ein.
Am häufigsten kommen sie in den ariden und semiariden Klimaten im SW Afrikas (Namibia), in Australien sowie im SW der USA und in NW-Mexiko vor.

Nutzung und Gefährdung

Vorwiegend als extensive Viehweiden genutzt. Regenfeldbau bei < 400 mm mittlerem Jahresniederschlag ist riskant. Durisole mit petroduric** Horizonten, d.h. mit Quarzkrusten, müssen vor ackerbaulicher Nutzung mechanisch aufgebrochen werden, um die Wurzelentwicklung zu erleichtern.
Wegen häufig erhöhter Salzgehalte muss im Bewässerungsfeldbau auf Entsalzung geachtet werden und zwar durch periodischen Wasserüberstau. In gut drainierten Durisolen werden die Salze dann ausgewaschen, bei weniger gut durchlässigen Böden wird das salzgesättigte Überstauwasser abgeleitet. Durisole sind stark erosionsgefährdet.
Duripane finden vielfach Verwendung als Baumaterial.

Lower level units*

Petric · leptic · vertic · gypsic · calcic
luvic · arenic · takyric · yermic · aridic
chromic · hyperochric · haplic

Profilcharakteristik

Ausgewählte Bodenkennwerte eines Durisols mit einem duric** bzw. petroduric** Horizont

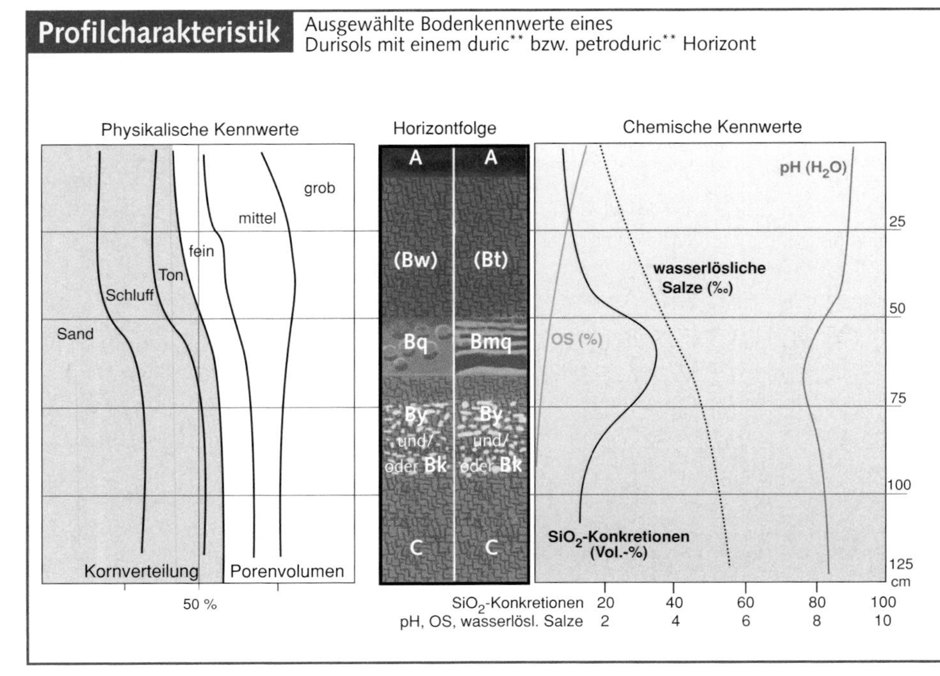

Diagnostische Merkmale:

Duric Horizont** (diagnostischer UBH = mit Durinodes; linker Teil des Profils)

- ≥ 10 Vol.-% mikrokristalline SiO_2-Konkretionen mit ≥ 1 cm Ø, die $HCl_{konz.}$ wiederstehen, nicht jedoch heißer $KOH_{konz.}$ nach HCl-Behandlung; vor Säurezugabe fest bis massig sind, danach mürbe;
- Mächtigkeit ≥ 10 cm.

Petroduric Horizont** (diagnostischer UBH = Duripan; rechter Teil des Profils)

- Verhärtungs- bzw. Zementationsgrad von > 50 Vol.-% in wenigstens einem Teil des UBH;
- Anzeichen von SiO_2-Anreicherungen (Opal, mikrokristalliner Quarz) als Porenüberzüge, auf Aggregatoberflächen oder als Sandkornbrücken;
- < 50 Vol.-% lockern sich nach Behandlung mit 1 M HCl, > 50 Vol.-% nach KOH- oder Säure / Base-Behandlung;
- Durchwurzelung in vertikalen Spalten möglich;
- Mächtigkeit ≥ 10 cm.

Petric* Durisol (Südafrika) © F. Ellis, Univ. of Stellenbosch, Stellenbosch, South Africa

Bodenbildende Prozesse

Zur Entwicklungsgeschichte von Durisolen

Die Aufklärung der Durisol-Genese bedarf noch weiterer Forschungen. Vermutlich sind diese Böden polygenetischer Natur. Aus den Profilmerkmalen ergeben sich folgende Hinweise:

1. Die häufige Rotfärbung ist eine Folge der Rubefizierung, d.h. der Bildung von Hämatit unter warmen oder periodisch feuchten Klimabedingungen. Wenn heute viele Durisole in (semi)ariden Gebieten vorkommen, dann lässt dies vermuten, dass sie unter einem feuchten Paläoklima entstanden sind.
2. Dafür spricht auch die Kieselsäuremobilisierung, die besonders unter warmfeuchten Bedingungen hoch ist und nicht unter (semi)-ariden.
3. Auch das Vorkommen von Tonanreicherungshorizonten (Bt) ist typisch für periodisch humides Environment.
4. Die vielfach erhöhten Salzgehalte sowie die Kalk- und Gipsanreicherungen sind vermutlich nach dem Klimawandel von warm/subhumid nach warm/(semi)arid entstanden.

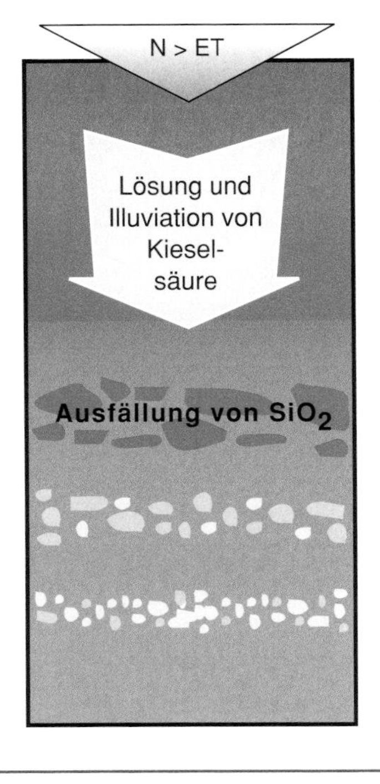

Horizont	Prozess
A	geringer Streuanfall, schwache Humusanreicherung, geringe Bioturbation
Bw	Rubefizierung
Bt	Tonakkumulation möglich
B(m)q	Ausfällung und Anreicherung von sekundärem SiO_2 in unterschiedlichen Formen; der duric** Horizont (= Bq) kann im Laufe der Zeit zu einem petroduric** Horizont (= Bmq) verhärten
Bk	sekundäre Kalkanreicherung möglich
By	sekundäre Gipsanreicherung möglich
C	z.B. Sandstein

F Trockene Tropen und Subtropen: Landschaften

Solonchak-Landschaft (Senegal) mit externem Solonchak.

Arenosol-Landschaft (nördliches Burkina-Faso).

Gypsisol-Landschaft: Aufforstungen sind sehr teuer; sie erfordern das Graben tiefer Pflanzlöcher und die Anlage von Couvetten oder kleiner Becken, in denen sich das Regenwasser sammeln kann (Galcayo, Somalia).

Calcisol-Landschaft mit Aufforstung von *Pinus brutia* (Jordanien).

F Trockene Tropen und Subtropen: Catenen

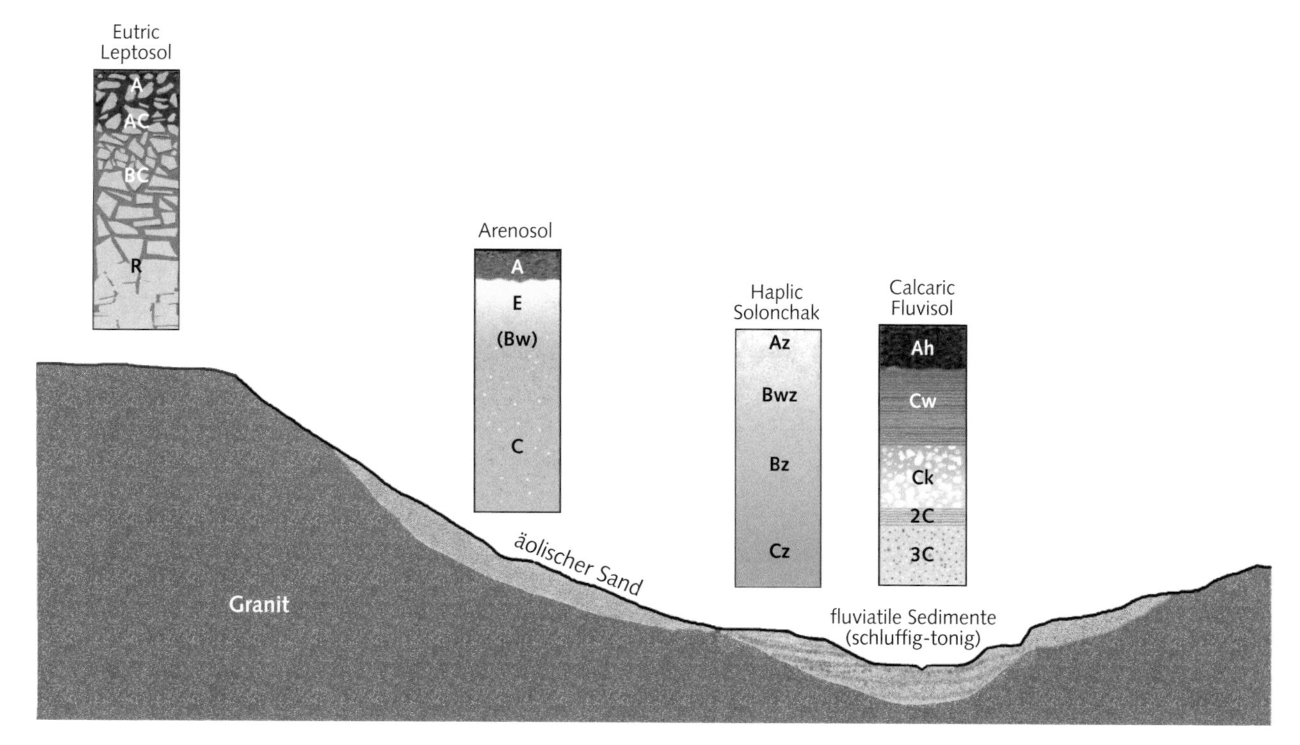

Bodenabfolge an einem Talhang im Sudan

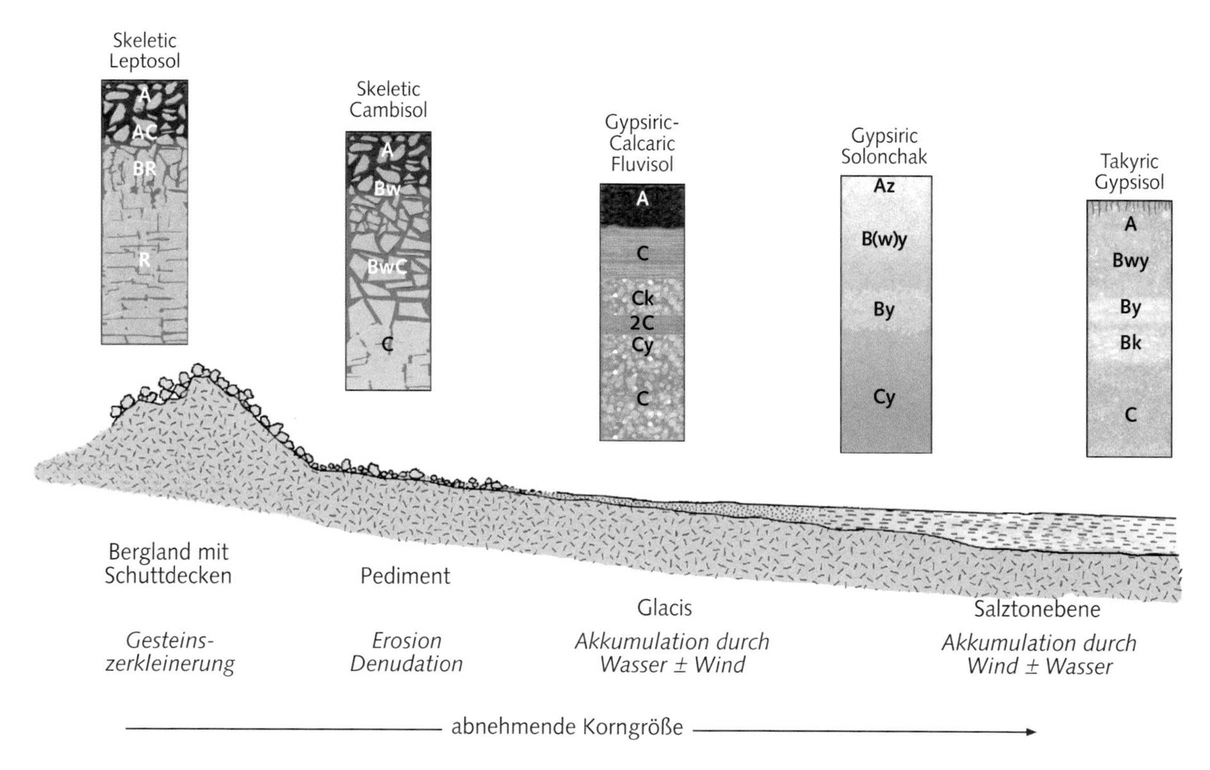

Bodengesellschaft entlang einer Gebirgsfußfläche in Trockengebieten

G Sommerfeuchte Tropen: Lage, Klima, Vegetation

Lage

Die Zone der Sommerfeuchten Tropen bildet den Übergang zwischen den Subtropischen/ Tropischen Trockengebieten (Wüsten, Halbwüsten) und den Regenwaldgebieten der Immerfeuchten Tropen. Im allgemeinen Sprachgebrauch sind sie im Wesentlichen identisch mit den **Savannen**. Hauptverbreitungsgebiete sind:

Nordhalbkugel: Hochland von Mittelamerika, Yukatán, Westteil Kubas, nördliches Südamerika; Teile W-, Zentral- und Ostafrikas, SW-, S-, SO- und Ostindien, östliches Sri Lanka, östliches Hinterindien, W-Philippinen.

Südhalbkugel: zentrales Südamerika, große Teile W-, Zentral- und Ostafrikas, Bergland von Madagaskar, N-, NO-Australien.

Klima

Die Sommerfeuchten Tropen liegen klimatisch zwischen den stabilen Klimagroßräumen der äquatorialen Tiefdruckrinne und den polwärts gelegenen Rossbreiten. Dadurch liegen sie im Einflussbereich der zum Äquator strömenden Passatwinde (Nordhalbkugel: NO-Passat, Südhalbkugel: SO-Passat), die im Lauf eines Jahres ihre Lage und Intensität ändern. Daraus resultiert ein typisch **semihumides** Klima mit einer kürzeren winterlichen Trockenzeit und einer länger andauernden sommerlichen Regenzeit. Alle Monate weisen Temperaturmittelwerte ≥ 18 °C auf, die Wintermonate sind deutlich kühler. Anhand der hygrischen Bedingungen unterscheidet man:

Trockensavanne: 4,5...7 humide Monate (Wintertrockenzeit), 500...1000 mm N_m.

Feuchtsavanne: 7...9 (9,5) humide Monate, (Sommerregenzeit), 1000...1500 mm N_m; je näher am Äquator, um so ausgeprägter ist die Regenzeit.

Vegetation

Die Savanne ist geobotanisch als tropisches Grasland unter Waldklima definiert. Charakteristisch ist eine Mischvegetation aus Grasunterwuchs und Baumbestand von unterschiedlichem Deckungsgrad; die Grasdecke, vorwiegend C4-Pflanzen, ist stets kontinuierlich. Der Deckungsgrad nimmt von den nährstoffreicheren Trockensavannen zu den an Nährstoffen ärmeren Feuchtsavannen aufgrund des höheren Niederschlagsangebots zu; auf lehmig-tonigen Böden (Park-, Buschsavanne, Savannengrasland) oder steinigen ist er niedriger als auf leichten, sandigen Böden (Grassavanne).

Erschwerend für die Deutung der Savannengenese ist der weit verbreitete Einfluss des Menschen durch Feuerrodung, Beweidung, Bodennutzung, Holzwirtschaft etc. (= sekundäre Savannifikation).

Trockensavanne: Regengrüner Trockenwald, in der Trockenzeit wegen Wasserstress laubabwerfend (z.B. Mopane-Wald in Afrika, Quebracho-Wald in Südamerika), niedrige Baumarten (< 8 m): Akazien, hoher Anteil an Hartlaubarten; Galeriewald entlang von Flussläufen. Niederwüchsige Gräser (< 0,8 m), z.B. *Aristida, Eragrostis, Chloris*.

Parksavanne: Übergangstyp zwischen Trocken- und Feuchtsavanne mit kleineren Flaschenbäumen (6...10 m), Dornbüschen (Shrub), Akazien; Gras 0,4...0,8 m.

Feuchtsavanne: Regengrüner Feuchtwald (Llanos in Südamerika, Miombo-Wald in Afrika), hohe Baumarten (8...25 m), z.B. Flaschenbäume (Affenbrotbaum, ‚Baobab'. Hochwüchsige perennierende Gräser (0,80... max. 4 m), z.B. *Andropogon, Hyparrhenia, Sorghum*.

Vegetationszeit: Wegen der hohen Wassersättigung der Böden während der Regenzeit ca. 1 Monat länger anhaltend als diese.

Feuer

Wichtiges ökologisches Regulativ des Savannenbioms, beeinflusst selektiv die Floren- und Faunendiversität. Es wirkt sich negativ auf den Wasser-, Wärme- und C-, N- und S-Haushalt, jedoch positiv auf die Basen- und P-Dynamik der Böden aus. Begünstigung feuerresistenter Bäume (Pyrophyten), leitet das Ende der Samenruhe ein. Fördert den Bodenabtrag.

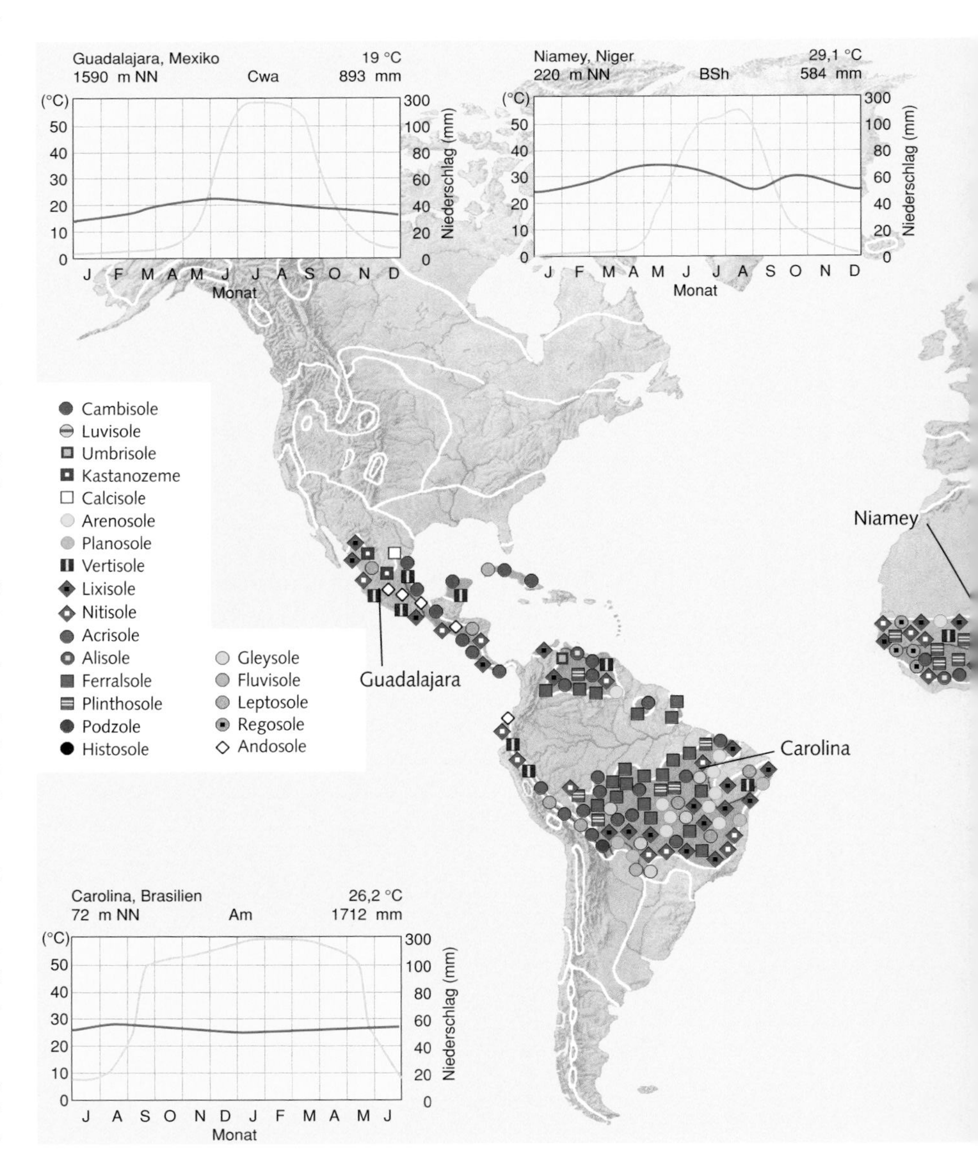

G Sommerfeuchte Tropen: Böden und ihre Verbreitung

Bodenbildung

Das wechselfeuchte Klima sorgt für eine periodische Durchfeuchtung der Böden; bei gleichzeitig hohen Temperaturen herrscht intensive chemische Verwitterung vor. Heftige Gewitterregen, besonders zu Beginn der Regenzeit, lösen Schichtfluten aus. Die luftgefüllten Poren der ausgetrockneten, verhärteten Böden behindern die Infiltration der Niederschläge, sodass es zu beschleunigter Erosion mit hohen Oberbodenverlusten kommt.

Während der humiden Monate wird die dominierende Grasstreu rasch von Mikroorganismen zersetzt. Termiten „verdauen" nicht nur Gräser, Baumblätter, sondern auch ligninreiches Holz und Humus. Savannenböden sind deshalb häufig humusarm, auch wegen häufiger Brände. Diese führen zu C-, N- und S-Verlusten, vernichten aber Schädlinge und fördern die Pflanzenverfügbarkeit von P, K, Mg und Ca. Überweidung gefährdet diese sensiblen Ökosysteme.

Hohe pedologische Bedeutung hat die **Bioturbation** durch Termiten. Für ihre Nester verbauen einige Arten z.T. schluffig-toniges basenreicheres Substrat aus dem Unterboden. Da die Bauten nach dem Tod der Termiten allmählich wieder abgetragen werden, reichern sich im Oberboden Nährstoffe und Humus in dünnen feinkörnigen Lagen an.

Ein auffälliges Merkmal der Savannen ist die oft am Hangfuß auftretende **stone line**, eine ungleichmäßig gewundene steinige Lage aus Quarzgeröllen und/oder Silcrete-/Ferricrete-Konkretionen im Liegenden von Decksedimenten. Sie wird auf jungquartäre Umlagerungen zurückgeführt, dokumentiert also Erosionsdiskordanzen. Manche stone lines sind vermutlich auch auf Termitentätigkeit zurückzuführen.

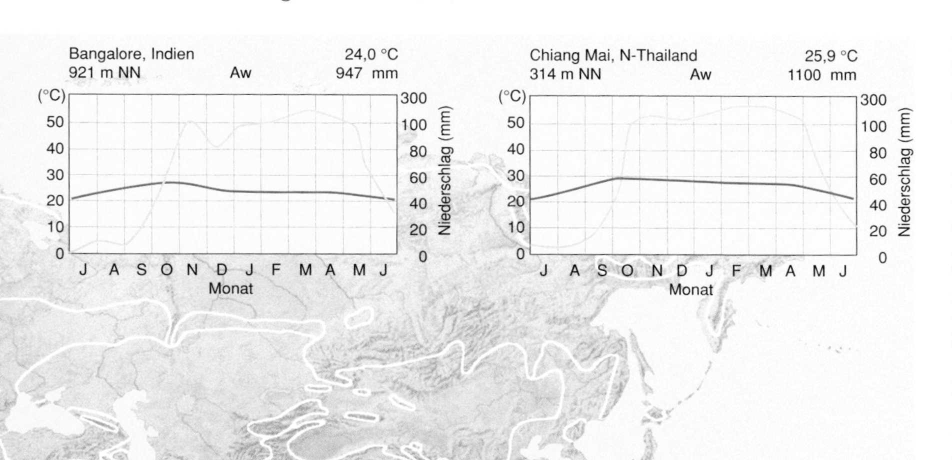

In der **Trockensavanne** mit relativ geringen Niederschlägen aufgrund ihrer Nähe zu den (sub)tropischen Trockengebieten ist die Verwitterungsintensität geringer mit moderater Tendenz zu Stoffauswaschung und -verlagerung (Ionen, Si, Ton). Die Böden weisen daher eine relativ gute Ausstattung mit basisch wirkenden Kationen auf, was z.T. auf aszendente Zufuhr, z.T. auf Einwehung aus den (Halb-)Wüsten zurückgeht.

In der **Feuchtsavanne** mit ihren deutlich höheren Niederschlagsmengen und Temperaturen herrscht eine intensive chemische Verwitterung der Primärminerale zu vorwiegend Zweischichttonmineralen wie Kaolinit und Halloysit. Damit verbunden ist eine Mobilisierung des Siliciums (= Desilifizierung), die Auswaschung von Nährstoffen, Tonverlagerung in den Unterboden (Lessivierung) sowie eine verstärkte Sesquioxidbildung (Fe-, Al-, Mn-Oxide/Hydroxide wie Goethit, Hämatit und Gibbsit). Daraus resultieren durch **Rubefizierung** gelb bis rot gefärbte sorptionsschwache und nährstoffarme LAC-Böden (LAC = low activity clays).

Böden

Die charakteristischen Böden der Savannengebiete sind **Lixisole**, **Nitisole** und **Vertisole**. Aufgrund früherer signifikanter Klimazonenverschiebungen ist eine eindeutige Zuordnung dieser Böden zu einer bestimmten Klimazone jedoch nicht ohne weiteres möglich. In Richtung Äquator kommen zunehmend auch **Acrisole**, **Ferralsole** und **Plinthosole** vor.

Trockensavanne: Als Folge von Staubeinwehungen aus den (Halb-)Wüsten kommen im Sahel vermehrt kalkreiche (= calcic*) Lixisole und **Arenosole** vor; typische (= haplic*) und periodisch wasserstauende (= stagnic*) Lixisole finden sich in Brasilien und Ostindien, aus vulkanischen Aschen entstandene andic* Lixisole in Mittelamerika. In Senken oder auf ebenen Standorten, wo Ca- und Mg-reiche Einträge möglich sind (z.B. aus Vulkangebieten, Alluvionen), sind Vertisole weit verbreitet (Sudan, Zentral-, Südindien).

Feuchtsavanne: Acrisole, Ferralsole und Plinthosole nehmen zu, in Senkenlagen z.B. gleyic* Ferralsole. Aus quarzsandreichen Substraten bildeten sich Arenosole, die verbraunt (cambic*) oder auch gebleicht (albic*) sein können, in Plateau- und Tieflagen auch (gleyic*) **Podzole** (z.B. Okavango-Delta, Río Negro-Gebiet, Guyana-Schild). An den Hängen liegen oft ferralic* **Cambisole** und **Leptosole** vor. Auf Vulkaniten Ostafrikas, SW- und Ostindiens, Mittelamerikas und den Philippinen entwickelten sich Nitisole neben **Andosolen**. Im Pantanal Brasiliens kommen neben Gleysolen, **Histosolen** und **Fluvisolen** auch **Planosole** vor; letztere auch in NE-Australien und NE-Brasilien.

G.1 Lixisole (LX) [lat. lixivia = ausgewaschenes Substrat]

DBG: Fersialite (schwach bzw. wenig entbast)
FAO: Lixisols
ST: meist Alfisole, z.B. Kandiustalf, Kanhaplustalf

Definition

Stark verwitterte tropische Böden mit ABtC- bzw. AEBtC-Profil aus Lockergestein. Der gewöhnlich schwach humose, flachgründige A-Horizont ist als ochric** Horizont ausgebildet. Mäßige Tonverlagerung aus dem Oberboden führt zum argic** Horizont (Bt), der von sog. low activity clays (LAC = Tonminerale geringer Austauschkapazität, z.B. Kaolinite) dominiert wird; mangels typischer illuvialer Merkmale (z.B. Toncutane) ist er oft nur durch abrupten Anstieg des Tongehalts erkennbar. Häufig ist ein Eluvialhorizont (albic** Horizont, E) vorhanden, der – wie auch der A-Horizont – wegen Bodenabtrags fehlen kann.

Physikalische Eigenschaften

- Geringe Aggregatstabilität, leicht verschlämmbar, daher erosionsanfällig;
- sehr dichte Bt-Horizonte führen während der Regenzeit zu periodischem Wasserstau (stagnic* Lixisol);
- bei Trockenheit Verhärtung des Oberbodens (‚hard setting');
- kaum Pseudosand- bzw. Pseudoschluffstrukturen, da wegen der höheren pH-Werte die AAK der Sesquioxide niedriger ist als in Acrisolen oder Ferralsolen;
- Schluff/Ton-Verhältnis im Bt-Horizont ist niedrig, da tonreich.

Chemische Eigenschaften

- KAK (1 M NH_4OAc) < 24 cmol(+) kg^{-1} Ton;
- BS (1 M NH_4OAc) ≥ 50 %, wenigstens in Teilen des Bt-Horizonts;
- pH-Wert oft > 5;
- keine nennenswerte Al-Toxizität;
- mäßige Nährstoffversorgung;
- Dominanz von Zweischicht-Tonmineralen;
- $SiO_2/Al_2O_3 < 2$.

Biologische Eigenschaften

- Mittlere biologische Aktivität; erhebliche Bioturbation durch Termiten;
- meist gute Durchwurzelung, da keine Al-Toxizität.

Vorkommen und Verbreitung

Lixisole sind polygenetische Böden der subhumiden (semiariden) (Sub-)Tropen der Trocken- und Baumsavanne. Vorwiegend entwickelt auf alten Landoberflächen (älteres Pleistozän und älter), oft auch auf eingewehten Decklagen.
Lixisole nehmen weltweit eine Fläche von ca. 435 · 10^6 ha ein, überwiegend in Afrika (Sahel, Tansania, Mosambik, Madagaskar), darüber hinaus in Mittelamerika (Mexiko), Südamerika (Ostbrasilien), Ostindien und NO-Australien.

Nutzung und Gefährdung

Wegen der Erosionsgefahr müssen bodenkonservierende Maßnahmen wie Terrassierung, Konturpflügen, Mulchen und Anbau bodenbedeckender Pflanzen durchgeführt werden. Ackerbauliche Nutzung erfordert Düngung (bes. P, N) und bei niedrigen pH-Werten der OBH auch Kalkung. Perenne Kulturen (z.B. Tee- und Kaffeeplantagen in Äthiopien) sind gegenüber annuellen vorzuziehen. Der Einsatz schwerer Maschinen gefährdet das labile Bodengefüge. Besonders zu empfehlen sind minimum bzw. zero tillage.
Lixisol-Standorte sind gut geeignet für extensive Weide, Forstwirtschaft, Baumkulturen (z.B. Cashew, sofern der Bt nicht zu dicht ist; Mango), weniger gut für erosionsfördernde Kulturen (z.B. Mais, Erdnuss, Süßkartoffel, Cassava etc.). Agroforstwirtschaftliche Nutzungssysteme bieten sich an.

Lower level units*

Leptic · plinthic · gleyic · andic · vitric
calcic · arenic · stagnic · geric · albic
humic · vetic · abuptic · profondic
lamellic · ferric · rhodic · chromic
hyperochric · haplic

Profilcharakteristik

Ausgewählte Bodenkennwerte eines haplic* Lixisols

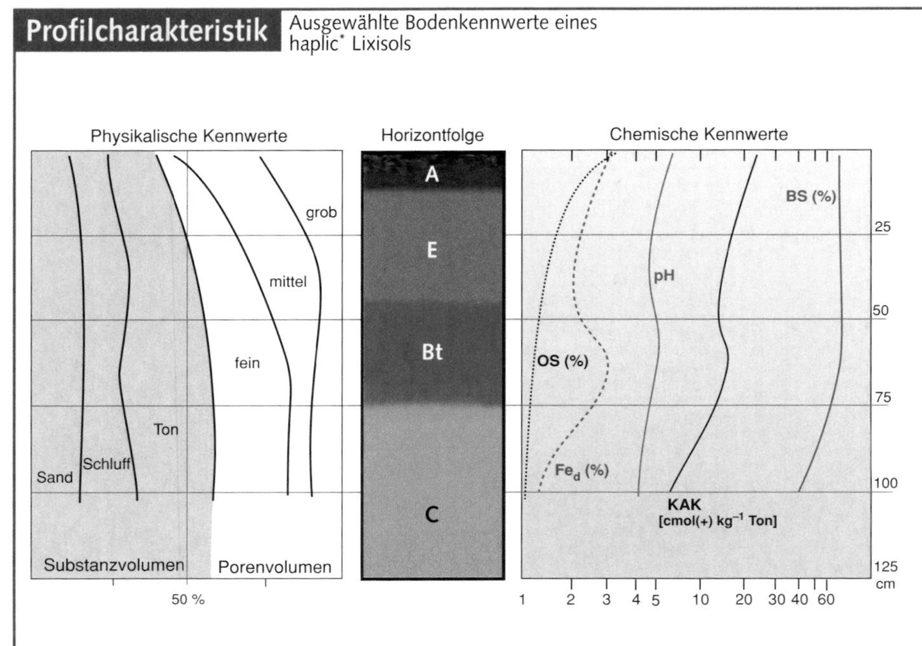

Diagnostisches Merkmal:
argic Horizont** (= diagnostischer UBH)

- Textur sandiger Lehm oder feiner, mind. 8 % Ton in der Feinerde;
- Gesamtgehalt an Ton höher als im darüber liegenden E-Horizont:

E (Tongehalt)	Bt
< 15 %	mind. 3 % höher
15…40 %	≥ 5 % höher
≥ 40 %	> 8 % höher;

- Zunahme des Tongehalts von E nach Bt innerhalb eines senkrechten Abstandes von 30 cm;
- < 50 Vol.-% autochthone Gesteinsstrukturen;
- Horizontmächtigkeit > 7,5 cm bzw. 10 % der darüber liegenden Horizonte.

Der **Bt der Lixisole** unterscheidet sich von jenen der Luvisole, Acrisole und Alisole durch:

- KAK (1 M NH_4OAc) < 24 cmol(+) kg^{-1} Ton;
- BS (1 M NH_4OAc) > 50 %.

Hyperochric* Lixisol mit grauem, humusarmem, sandigem Oberboden über tonreichem Unterboden (Senegal).

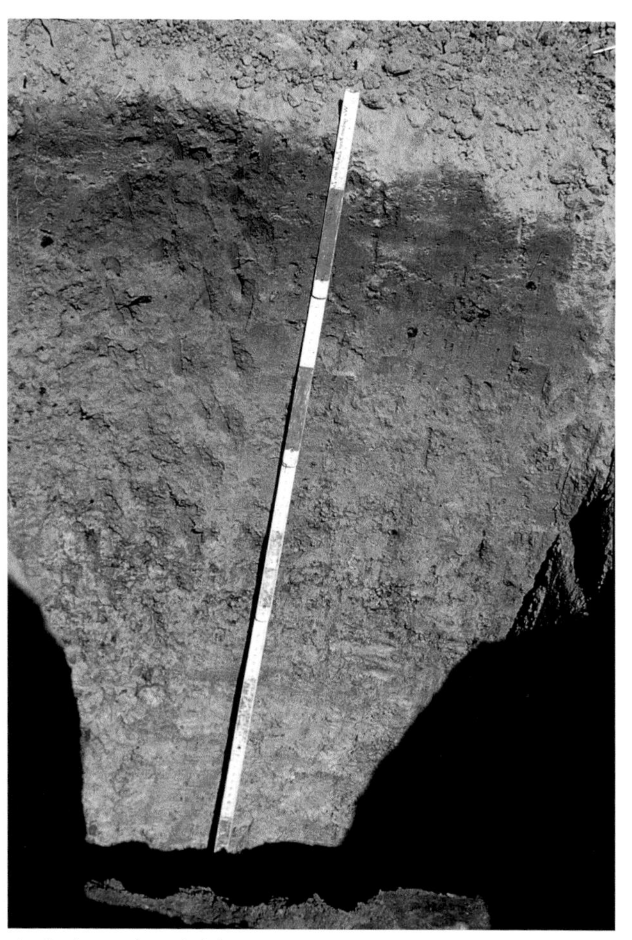

Plinthic* Lixisol (Südafrika). (Foto I. Lobe)

Bodenbildende Prozesse

Tonverlagerung
Ferralisation
Rubefizierung
Stoffeinträge (äolisch, aszendent)

Lixisole sind polygenetische Böden. Die wesentlichen Prozesse umfassen:

1. Schwache Humusakkumulation wegen des erhöhten Bodenabtrags und weil die dominierende Grasstreu während der Regenzeit rasch zersetzt wird. Auch Termiten verzehren Gras, Blätter, sogar Holz und Humus.
2. Mechanische **Tonverlagerung** (vgl. Lessivierung bei Luvisolen) aus den A- und E-Horizonten in den Bt-Horizont wird durch das wechselfeuchte Klima sehr gefördert. Während der Trockenzeit entstehen Trockenrisse. Mit Einsetzen der Regenzeit wird in diese Trockenrisse und in sonstige Grobporen zuvor angewehter, tonreicher Staub mit dem Sickerwasser eingetragen.
3. Die intensive chemische Verwitterung während der Regenzeit beschleunigt bes. bei hohen Temperaturen die Hydrolyse, z.B.:

$CaAl_2Si_2O_8 + 6\ H_2O$
$\rightarrow Ca(OH)_2 + 2\ AlOOH + 2\ H_4SiO_4$

Primäre Minerale wie der Ca-Feldspat werden zerstört, basisch wirkende Kationen (z.B. Ca) ausgewaschen, ebenso die Kieselsäure; Sesquioxide dagegen reichern sich an. Dieser Prozess heißt **Ferralisation** ($SiO_2/Al_2O_3 < 2$; Dominanz von LAC; KAK < 24 [cmol[+] kg^{-1} Ton).
4. Im Zusammenhang mit der Sesquioxidanreicherung entsteht durch **Rubefizierung** Hämatit; er bedingt die häufig rote bis rotbraune Färbung der Lixisole.
5. Klimaänderungen können zum **Eintrag** von basisch wirkenden Kationen führen, z.B. durch äolischen Eintrag, durch Aszendenz basenreicher Lösungen. Dies bewirkt eine Basensättigung von > 50 %.
6. Erosion des Oberbodens führt zu ABtC- bzw. BtC-Profilen.

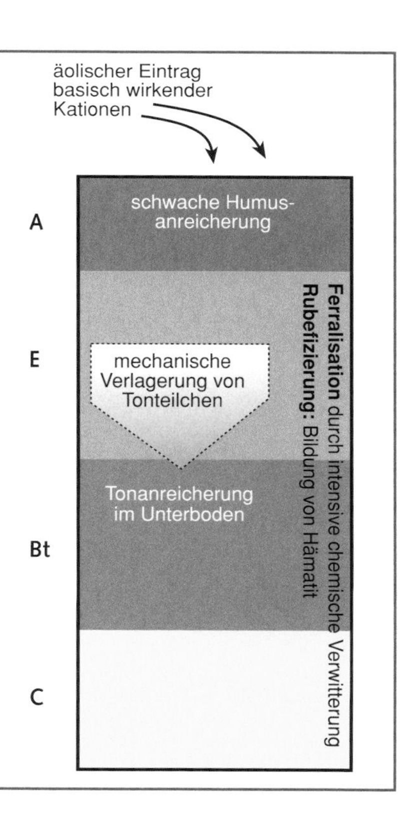

G.2 Nitisole (NT) [lat. nitidus = glänzend]

DBG: –
FAO: Nitisols
ST: Kand..., Kanhapl... (...alf, ult)

Definition

Tonreiche, dunkelrot(braun) gefärbte Böden der Wechselfeuchten Tropen mit tiefgründigem ABtC-Profil. Diagnostisch ist der nitic** Horizont, der innerhalb 100 cm u. GOF beginnt und ähnlich wie ein argic** Horizont ist. Typisch sind diffuse und nicht abrupte Tongehaltsänderungen zu den oberhalb bzw. unterhalb liegenden Horizonten (< 20 % Tongehaltsunterschied über einen Abstand von mind. 12 cm). Nitisole weisen auch keinen abrupten Farbwechsel auf. Tritt Lessivierung auf, entwickelt sich ein schwach an Ton verarmter Oberboden, der diffus in einen an 1:1-Tonmineralen (Dominanz von LAC = low activity clays: [Meta-]Halloysit und Kaolinit; wenig Smectit) und reichlich Al-/Fe-Oxiden (Gibbsit, Hämatit, Goethit) angereicherten, mächtigen nitic** Bt-Horizont übergeht.

Physikalische Eigenschaften

- Gehalte an verwitterbaren Mineralen höher als in Ferralsolen und Acrisolen;
- Aggregate sehr stabil; kaum Bodenskelett;
- hohe Porosität von 50...60 %;
- nussartige polyedrische Struktur (‚nutty' structure: micropeds) durch hohe Bioaktivität und variierenden Aggregatzustand: im trockenen Zustand hart, im feuchten zerbrechlich und im nassen plastisch, klebrig, glänzend;
- gute Durchwurzelbarkeit (bis 2 m Tiefe);
- Tongehalte > 30 % mit Maximum im Bt; keine sprunghafte Änderung im Tongehalt;
- glänzende Aggregatoberflächen (Illuviations- und/oder Stresscutane); z.T. auch in-situ-Tonmineralneubildung im Bt;
- relativ hohe Wasserdurchlässigkeit (etwa 50 mm h^{-1}), kein Wasserstau, keine Rostfleckigkeit, lediglich kleine Fe/Mn-Konkretionen – dennoch:
- NFK ≈ 5...15 Vol.-%; Tiefgründigkeit bedingt hohe nutzbare Wasserspeicherleistung.

Chemische Eigenschaften

- Gute Nährstoffversorgung;
- oft reichlich C_{org}, d.h. hohe Humus- und N-Vorräte;
- pH-Werte (H_2O) 4...7;
- Gehalte an amorphem Eisen (Fe_o) hoch;
- hohe P-Sorption, jedoch kein akuter P-Mangel;
- BS des Bt-Horizonts oft niedrig;
- KAK_{pot} (1 M NH_4OAc) < 36 cmol(+) kg^{-1} Ton, häufig sogar nur < 24 cmol(+) kg^{-1} Ton (je nach C_{org}-Gehalt);
  KAK_{eff} (Σ Basen + Austauschacidität [1M KCl] ≈ 50 % KAK_{pot};
- Dominanz von low activity clays (LAC).

Biologische Eigenschaften

- Intensive Bioturbation;
- hohe Durchwurzelungsdichte.

Vorkommen und Verbreitung

Nitisole entwickeln sich aus silicatreichen, neutralen bis basischen Gesteinen (Basalt, Diorit, Gabbro, Ultrabasite) unter Feuchtsavanne sowie regengrünem Bergwald. Bevorzugt in hügeligem Gelände auf Kuppen und deren Hängen, auf Vulkanhängen (Mittelhang), an den Rändern von Rumpfflächen, aber auch auf Kalkplateaus (bevorzugt in Karsttaschen). Sie sind weniger intensiv und tiefgründig verwittert als Ferralsole.
Weltweit nehmen Nitisole ca. 200 · 10^6 ha Fläche ein, davon mehr als die Hälfte in Zentral- und Ostafrika, ferner in Brasilien und Venezuela, Mittelamerika, Kuba, Süd- und Südostasien sowie Australien. Kleinere Vorkommen auch im Mittelmeerraum (Portugal, Griechenland).

Nutzung und Gefährdung

Relativ fruchtbar und leicht bearbeitbar, deshalb vorwiegend landwirtschaftlich genutzt (Kaffee, Kakao). Sofern die Gehalte an amorphen Fe- und Al-Verbindungen hoch sind, kann P-Fixierung auftreten (P-Düngung wichtig). Auf Hangstandorten besteht nach Entwaldung Erosionsgefahr. Auch bei niedrigem Input im Gegensatz zu Ferralsolen oder Acrisolen relativ nachhaltig nutzbar.

Lower level units*

Andic · mollic · alic · umbric · humic
vetic · alumic · rhodic · ferralic · dystric
eutric · haplic

Profilcharakteristik

Ausgewählte Bodenkennwerte eines rhodic* Nitisols

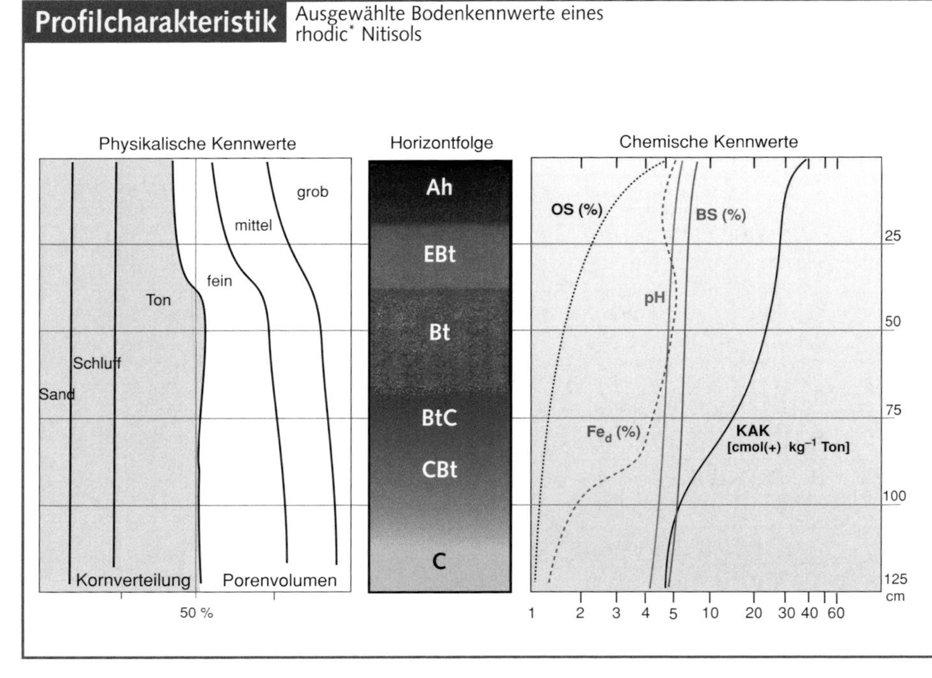

Diagnostisches Merkmal:
nitic Horizont** (= tonreicher diagn. UBH)

- Diffuse Horizontgrenzen, kein abrupter Farbwechsel;
- Tongehalte im nitic** Horizont > 30 % (toniger Lehm oder feinkörniger);
- H_2O-dispergierbarer Ton/Gesamt-Ton < 0,10; Schluff/Ton < 0,40;
- polyedrisches Gefüge (‚nutty' structure); zahlreiche glänzende Aggregatoberflächen, teils durch Illuviations-, teils durch Stresscutane bedingt;
- hue ≈ 2,5, value ≤ 5, chroma ≤ 4;
- keine hydromorphen Merkmale;
- Fe_d ≥ 4 % in der FE-Fraktion (= freies Fe); Fe_o > 0,2 % (= aktives Fe) in der FE-Fraktion; Fe_o/Fe_d ≥ 0,05;
- Mächtigkeit des nitic** Horizonts mindestens 30 cm.

Haplic* Nitisol aus Pyroklastiten (Zona Norte, Costa Rica).

Rhodic* Nitisol mit leuchtend rotem B-Horizont (Äthiopien).

Bodenbildende Prozesse

Tonverlagerung
beginnende Ferralisation
hohe biologische Aktivität, Bioturbation

Nitisole sind polygenetische Böden. Die wichtigsten Prozesse umfassen:

1. Reichliche Streuanlieferung durch Streufall und intensive Durchwurzelung führt bei gleichzeitig hoher Bioturbation zu deutlicher Humusanreicherung.
2. Die chemische Verwitterung (bes. Hydrolyse) ist noch nicht so weit fortgeschritten wie in Ferralsolen oder Acrisolen, vielmehr befinden sich die Nitisole in einem **Frühstadium der Ferralisation**, verbunden mit der chemischen Zerstörung der verwitterbaren primären Minerale, Auswaschung basisch wirkender Kationen und der Kieselsäure sowie der relativen Anreicherung von Sesquioxiden und Zweischicht-Tonmineralen.
3. In vielen Nitisolen wird Ton aus dem Oberboden in den Unterboden durch **Lessivierung** verlagert, worauf die Anwesenheit von Toncutanen hinweist.
4. Die **hohe biologische Aktivität** führt zu diffusen Horizontgrenzen.

G.3 Vertisole (VR) [lat. vertere = wenden, umdrehen]

DBG: z.T. Pelosol
FAO: Vertisol
ST: Vertisol

Definition

Dunkle, tiefgründige, tonreiche Böden semiarider bis subhumider Klimate der Tropen und Subtropen, z.T. auch der Mittelbreiten mit mächtigem Ah-Horizont und der Horizontfolge AC oder ABC. Diagnostisches Merkmal ist der vertic** Horizont, ein tonreicher UBH, der innerhalb 100 cm u. GOF liegt. Das Solum ist bis ≥ 100 cm Profiltiefe oder bis zu einem Schichtwechsel (z.B. bedingt durch lithic** oder paralithic** Kontakt, petrocalcic**, petroduric** oder petrogypsic** Horizont) sehr tonreich (≥ 30 Masse-%). Trotz seiner dunklen Farbe ist der vertic** Horizont relativ humusarm. Durch seinen Reichtum an quellfähigen Smectiten entwickeln sich während der regenarmen Zeit tiefe Trockenrisse von mindestens 1 cm Breite und 50 cm Tiefe und verleihen dem Boden sein arttypisches Gefüge.

Physikalische Eigenschaften

- Lagerungsdichte mit 1,5...1,8 g cm^{-3} hoch;
- Regenzeit: hohe initiale Infiltrationsrate (preferential flow), jedoch zunehmender Wasserstau (schlechte Drainage), Schließen von Trockenrissen, Abnahme des Porenvolumens, Zunahme des Bodenvolumens unter Bildung von Stresscutanen; sinkende Luftkapazität, da die smectitreichen Tone stark quellen; geringe Wasserleitfähigkeit;
- Trockenzeit: Zunahme des Porenvolumens (Trockenrissbildung), Abnahme des Bodenvolumens durch Schrumpfung, im Oberboden Ausbildung eines (Sub)polyeder-, im Unterboden eines Prismengefüges; starke Verhärtung;
- trotz hoher Wasserkapazität geringe Pflanzenverfügbarkeit des Bodenwassers wegen hohen Totwasseranteils;
- gelegentlich Ausbildung eines Mikroreliefs (‚Gilgai') aus Kuppen und Dellen.

Chemische Eigenschaften

- Tonfraktion besteht überwiegend aus quellfähigen Smectiten (> 50 %);
- neutrale Bodenreaktion mit pH-Werten (H_2O) zwischen 6,5 und 8;
- KAK hoch bis sehr hoch: 40...80 cmol(+) kg^{-1} Boden;
- BS mittel bis hoch (> 50 %);
- trotz dunkler Farbe C_{org} meist < 3 %;
- Ca und Mg dominieren am Sorptionskomplex;
- hoher Nährstoffvorräte, z.T. jedoch schlecht pflanzenverfügbar.

Biologische Eigenschaften

- Mittlere bis hohe biol. Aktivität (Termiten);
- niedrige Turnover-Rate der OS;
- Denitrifikation bei Wasserstau.

Vorkommen und Verbreitung

Vertisole entwickeln sich aus tonigen, häufig kalkhaltigen Sedimenten (Mergel, Tone) oder feinkörnigen basenreichen Verwitterungsprodukten (z.B. Basalt), vorwiegend in Plateaulagen, Talniederungen, Senken und am Hangfuß.
Weltweit nehmen Vertisole eine Fläche von ca. 335 · 10^6 ha ein; besondere Verbreitung haben sie in Indien, Australien, im Sudan, im SW der USA und in N-Argentinien, Paraguay, SW-Brasilien.
Regionale Namen: Black Cotton Soil, Regur (Indien), Grumusol, Adobe (USA), Smonitza (Balkanländer), Terres Noires (Afrika), Tirs (Marokko), Margalite (Indonesien).

Nutzung und Gefährdung

Vertisole sind z.T. günstige, nährstoffreiche Standorte. Einschränkend wirkt die ausgeprägte Wechselfeuchte, die eine ackerbauliche Bewirtschaftung von Hand schwierig macht, sowohl im Trocken- wie im Regenfeldbau (‚schwerer' Boden). Der verstärkte mechanisierte Anbau erschließt jedoch das hohe Ertragspotenzial dieser Böden zunehmend. Düngung (N, P, Zn) ist erforderlich.
Anbau von Baumwolle (‚Cash crop') im Sudan; ferner Reis, Zuckerrohr, Mais, Weizen, Roggen, Sorghum, Erdnuss usw. Hohe Rutschungs- und Erosionsgefahr.

Lower level units*

Thionic · salic · natric · gypsic · duric calcic · alic · gypsiric · pellic · grumic mazic · chromic · mesotrophic · hyposodic · eutric · haplic

Profilcharakteristik

Ausgewählte Bodenkennwerte eines calcic* Vertisols

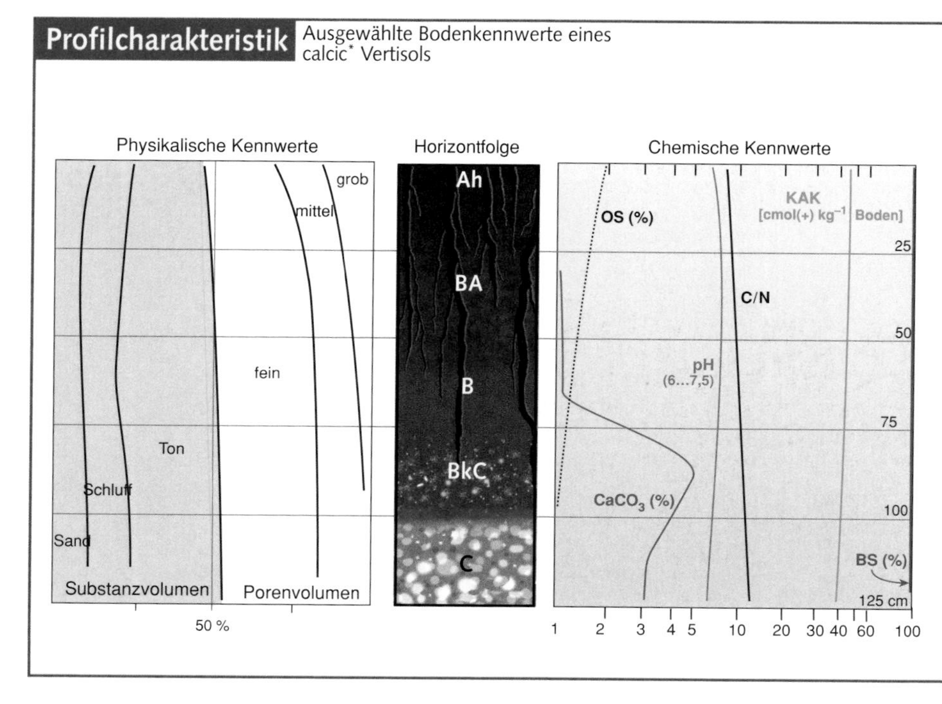

Diagnostische Merkmale:

Vertic Horizont** (= diagnostischer UBH)
- Tongehalt im gesamten Profil ≥ 30 Masse-%;
- Aggregatform: Prismen, Parallelepipede oder Säulen; Längsachse der Aggregate ist 10...60° gegen die Horizontale geneigt;
- glänzende Stresscutane (‚slickensides') auf den Aggregatoberflächen;
- Mächtigkeit ≥ 25 cm.

Trockenrisse (Schrumpfrisse)
Periodisch mit dem jährlichen Feuchtewechsel sich öffnende und wieder schließende Klüfte. Während der Trockenzeit z.T. ≥ 1 cm breit und ≥ 50 cm tief.

Calcic* Vertisol mit Trockenrissen aufgrund der Trockenzeit (Äthiopien).

Bodenbildende Prozesse

Peloturbation (Hydroturbation)

Saisonaler Wechsel zwischen ausgeprägten Trocken- und Regenzeiten induziert in diesen smectitreichen Böden den gefüge- und bodentypologischen Durchmischungsvorgang der Peloturbation (Hydroturbation). Die Smectite sind entweder im Ausgangsmaterial schon vorhanden oder sie entstehen autochthon durch Silicatverwitterung im Zusammenhang mit der Zufuhr von Ca und Mg durch Hangzugwasser (Interflow).
Zu Beginn der **Trockenzeit** geht mit der Entwässerung der aufweitbaren Smectite eine Schrumpfung des Bodensubstrats einher, demzufolge sich breite (≥ 1 cm) und tiefe (≥ 50 cm), leicht gekrümmte Trockenrisse öffnen. In diese Risse wird während der Trockenzeit durch Einwehung, zu Beginn der Regenzeit auch durch Einspülung humoses Oberflächenmaterial (vorwiegend fein verteilte Ton–Humus-Komplexe) eingetragen, das die sehr dunkle Farbe der Vertisole verursacht. Das starke Austrocknen fördert die Entstehung krümeliger oder subpolyedrischer Partikel, die dem Oberboden aufliegen (= surface mulch, Selbstmulcheffekt). Bei hohem Grundwasserspiegel kann es zu kapillarem Aufstieg von Grundwasser mit Carbonat- und Gipsausfällungen im Unterboden kommen.

Während der **Regenzeit** lagern die Smectite erneut Wasser in die Zwischenschichträume ein, weiten auf und lassen den Bodenkörper quellen. Durch die Volumenzunahme kommt es, begleitet von erheblichen Quellungsdrücken sowie lateralen und vertikalen Bewegungen, zur Bildung von glänzenden Scherflächen, die mit **Stresscutanen** (slicken sides) belegt sind.
Risse und Spalten schließen sich, und zwischen ihnen kommt es zu einer Hebung der Bodenoberfläche und zur Ausformung eines welligen **Gilgai**-Mikroreliefs aus Buckeln und Mulden.

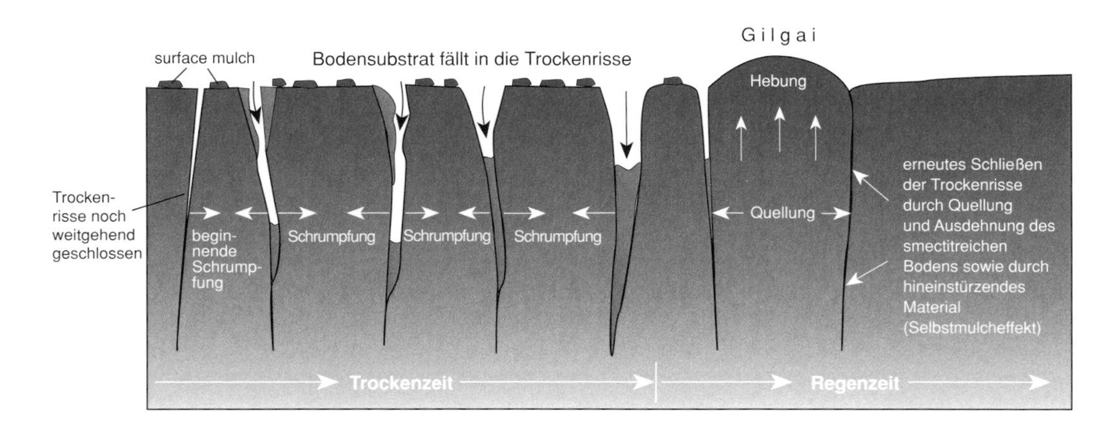

Grafik n. Bridges (1979)

G.4 Planosole (PL) [lat. planus = flach, eben]

DBG: z.T. Pelosol-Pseudogley
FAO: Planosols
ST: Albaqualf, Albaquults, Argialbolls

Definition

Periodisch stauwasserbeeinflusste Böden mit der Horizontfolge AEBC. Diagnostisches Merkmal ist der ausgeprägte Texturwechsel (abrupt textural change**) zwischen dem gebleichten OBH (E) und dem darunter liegenden B-Horizont. Der E-Horizont ist hellgrau bis weiß, an Ton verarmt und hat eine sand- und schluffbetonte Körnung, die reich an verwitterungsresistenten Mineralen ist. Typisch sind Rostflecken, z.T. auch Konkretionen, besonders an der Basis. Der B-Horizont ist tonreich und Wasser stauend. Seine Entstehung beruht auf Lessivierung (auch durch lateralen Transport) oder auf einer sedimentationsbedingten Schichtung (z.B. Sand über Ton). Der häufige Wechsel zwischen starker Austrocknung und periodischem Wasserstau führt wegen der Tonzerstörung im Wasser leitenden E-Horizont ebenfalls zu einem Korngrößenwechsel (sandig über tonig).
Von der Dynamik her besteht eine gewisse Ähnlichkeit der Planosole mit ausgeprägten, stark entwickelten Pseudo- und Stagnogleyen (DBG) aus feinkörnigem Substrat. Daraus leitet sich die Bezeichnung stagnic** Eigenschaften für Böden ab, die durch stagnierendes Wasser überprägt werden.

Physikalische Eigenschaften

- Hohe Bodendichte des tonreichen B-Horizont induziert
- schlechte Durchwurzelbarkeit;
- während der Regenzeit Neigung zu Wasserstau und Luftmangel; während der Trockenzeit dagegen Wasserstress.

Chemische Eigenschaften

- Nährstoffvorräte gering; bes. Mangel an N, P, S, K, Mg:
- pH-Werte (H_2O) < 5;
- latente Al-Toxizität;
- im E-Horizont erhöhte Anteile an Bodenchlorit und 1:1-Tonmineralen;
- BS < 50 %, KAK im Oberboden deutlich niedriger als im Unterboden;
- Mangel an Spurenelementen;
- OBH: niedriges Redoxpotenzial während der Regenzeit.

Biologische Eigenschaften

- Die biologische Aktivität ist am Höhepunkt der Nass- und Trockenphasen schwach.

Vorkommen und Verbreitung

Planosole entwickeln sich i.d.R. aus alluvialen oder kolluvialen tonigen Sedimenten, bevorzugt auf flachen Hängen oder in Plateaulagen oberhalb des Grundwasserniveaus (z.B. alte, hoch liegende Flussterrassen).
Weltweit nehmen Planosole eine Fläche von ca. 130 · 10^6 ha ein, vor allem in Südost-Brasilien, Paraguay und Nordost-Argentinien, in Afrika (Sahel-Gürtel, Süd- und Ostafrika), Süd- und Ost-Australien, vereinzelt auch in Süd- und Südost-Asien.

Nutzung und Gefährdung

Kaum ackerbauliche Nutzung aufgrund der ungünstigen physikalisch-chemischen Eigenschaften, auch als Waldstandort wenig geeignet, vorwiegend als extensive Weide genutzt. Bodenmelioration in Form von Dränung, Kalkung, Düngung mit Makro- und Mikronährelementen notwendig.

Lower level units*

Histic · vertic · thionic · endosalic · plinthic
gleyic · sodic · mollic · gypsic · calcic · alic
luvic · umbric · arenic · gelic · albic · geric
alcalic · alumic · ferric · calcaric · rhodic
chromic · dystric · eutric · haplic

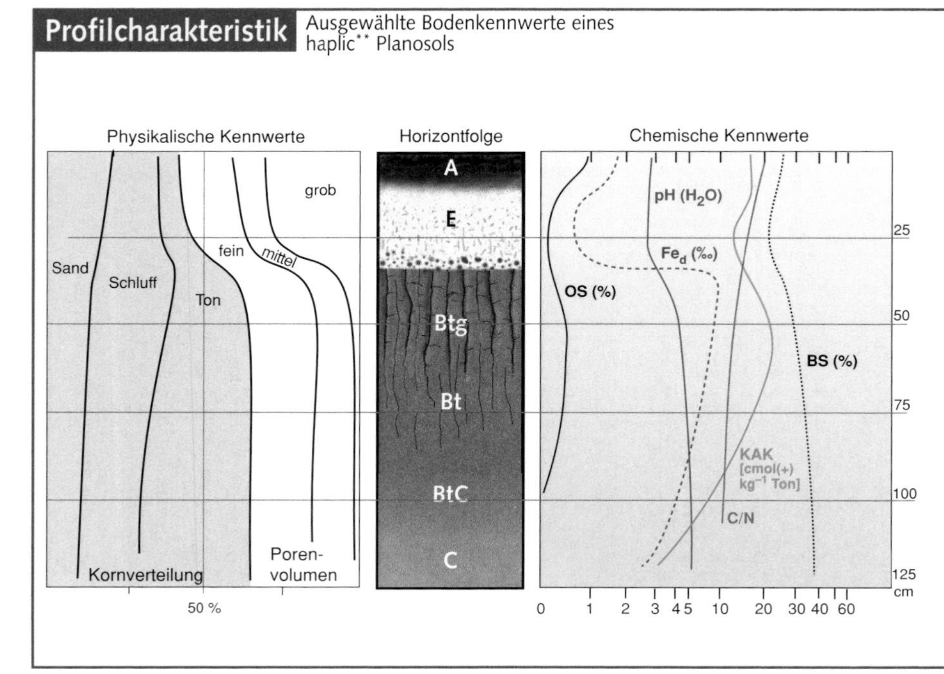

Diagnostische Merkmale:

Abrupter Texturwechsel (abrupt textural change**):

- Tongehalt verdoppelt sich innerhalb von 7,5 cm, sofern der oben liegende Horizont < 20 % Ton enthält; oder
- Tongehalt nimmt innerhalb von 7,5 cm um absolute 20 % zu, sofern der oben liegende Horizont ≥ 20 % Ton enthält und der darunter liegende mindestens doppelt so hohe Tongehalte aufweist wie der obere Horizont.

Stagnic Eigenschaften:**

- rH der Bodenlösung ≤ 19; oder
- freies Fe^{2+} auf feuchten, frisch gebrochenen Oberflächen, dokumentiert durch:
  a) dunkelblaue Farbe nach Einsprühen mit K-Ferricyanidlösung (1 %), oder
  b) kräftig rote Farben nach Einsprühen mit a,a-Dipyridyllösung (0,2 %) in 10 %-Essigsäure;
- albic** Horizont oder Marmorierung (‚stagnic colour pattern') entweder in > 50 Vol.-% des ungestörten Bodens oder in 100 Vol.-% bei gestörtem (bearbeitetem) Boden.

Dystric* Planosol (Äthiopien).

Bodenbildende Prozesse

Periodischer Wasserstau
Ferrolyse (= Tonmineralzerstörung, Al-Freisetzung)
Quell- und Schrumpfdynamik
geringe Humusbildung

Die wichtigsten bodenbildenden Prozesse der Planosole sind:

1. Schwache bis mittlere Humusanreicherung, A-Horizont meist als ochric** oder umbric** Horizont ausgebildet.
2. Abrupter Texturwechsel zwischen E- und B-Horizont bedingt durch:
   - geogene Sedimentschichtung (feinkörniges Material überlagert von grobkörnigem),
   - Tonverlagerung vom E- in den B-Horizont;
   - Ferrolyse: intensive Tonmineralzerstörung unter Freisetzung von Aluminium, ausgelöst durch den Wechsel von scharfer Austrocknung und häufigem Wasserstau; vereinfacht gilt:

   $$Fe(OH)_2 + H_2O \overset{Ox}{\underset{Red}{\Leftrightarrow}} Fe(OH)_3 + H^+ + e^- \quad \text{(H zerstört Tonstruktur)}$$

   $$\underset{Ton}{\equiv]\,Ca} + 2\,H^+ \rightarrow \underset{Ton}{\equiv]\,2\,H} + \underset{Auswaschung}{Ca^{2+}} \quad \text{sowie}$$

   $$\underset{Ton}{\equiv]\,Al} + 3\,H^+ \rightarrow \underset{Ton}{\equiv]\,3\,H} + \underset{Auswaschung}{Al^{3+}}$$

   An der Untergrenze des E-Horizonts sind häufig stagnic** Eigenschaften mit Rostflecken und Fe-/Mn-Konkretionen anzutreffen.
3. Während der Nassphase weist der Unterboden ein kohärentes, während der Trockenzeit ein polyedrisches bis prismatisches Gefüge auf.

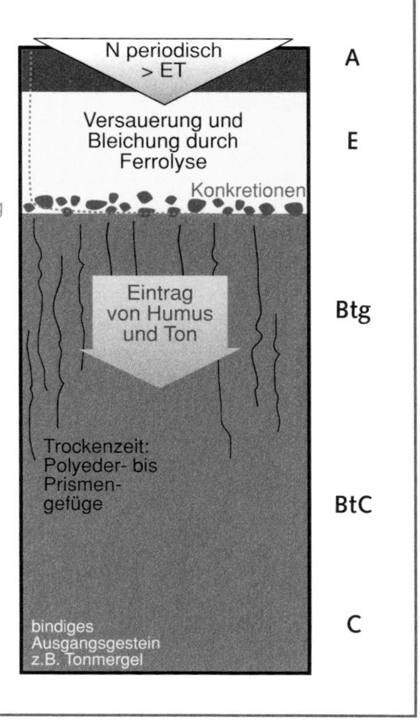

G Sommerfeuchte Tropen: Landschaften / Catenen

Nitisol-Landschaft (Teeplantage, SW-Äthiopien).

Erodierte Planosol-Landschaft (Äthiopien).

Vertisol-Landschaft: Die Nutzung der Vertisole ist schwierig, da die Böden reich an quellfähigen Tonen sind. Im so genannten Guie-System werden zunächst die Grassoden abgestochen, dann aufgehäuft und nach dem Trocknen abgebrannt. Die asche- und nährstoffreichen Rückstände werden anschließend ausgebreitet. Dann erst wird eingesät.

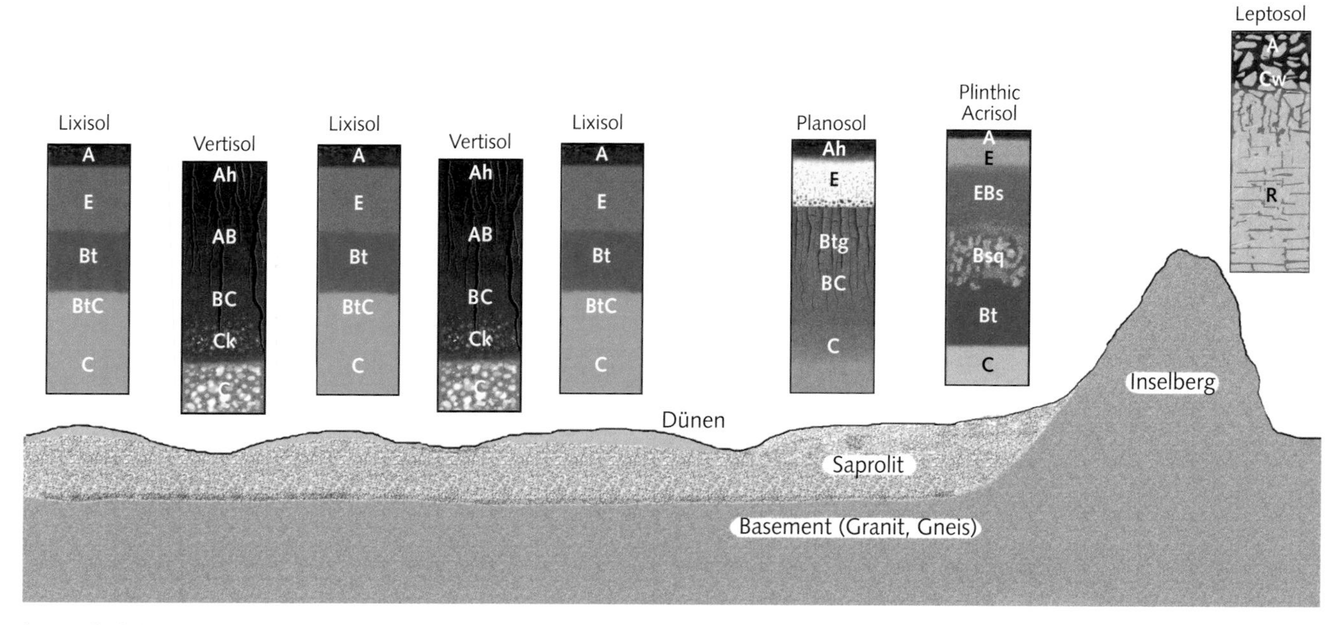

Bodengesellschaft in der Trockensavanne (z.B. Sahel): Auf der Rumpfläche haben sich äolische Decksedimente (Dünen) abgelagert

G Sommerfeuchte Tropen: Catenen

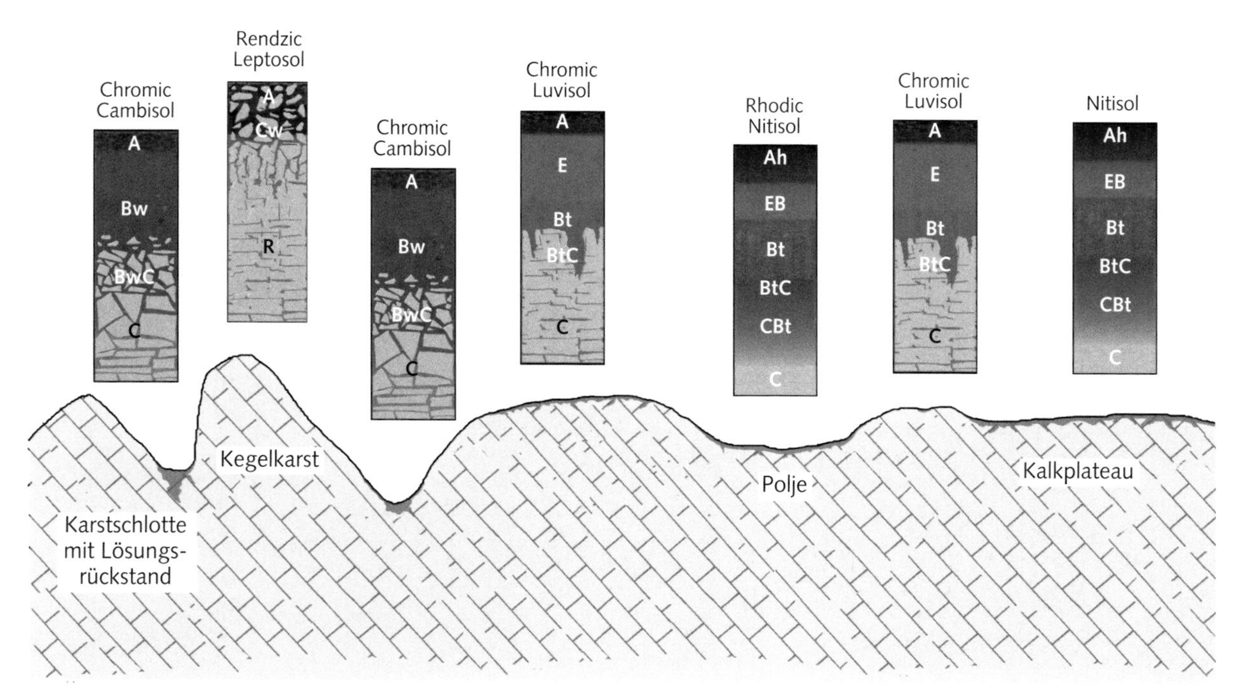

Bodengesellschaft in der Feuchtsavanne: Kegelkarst in Kuba

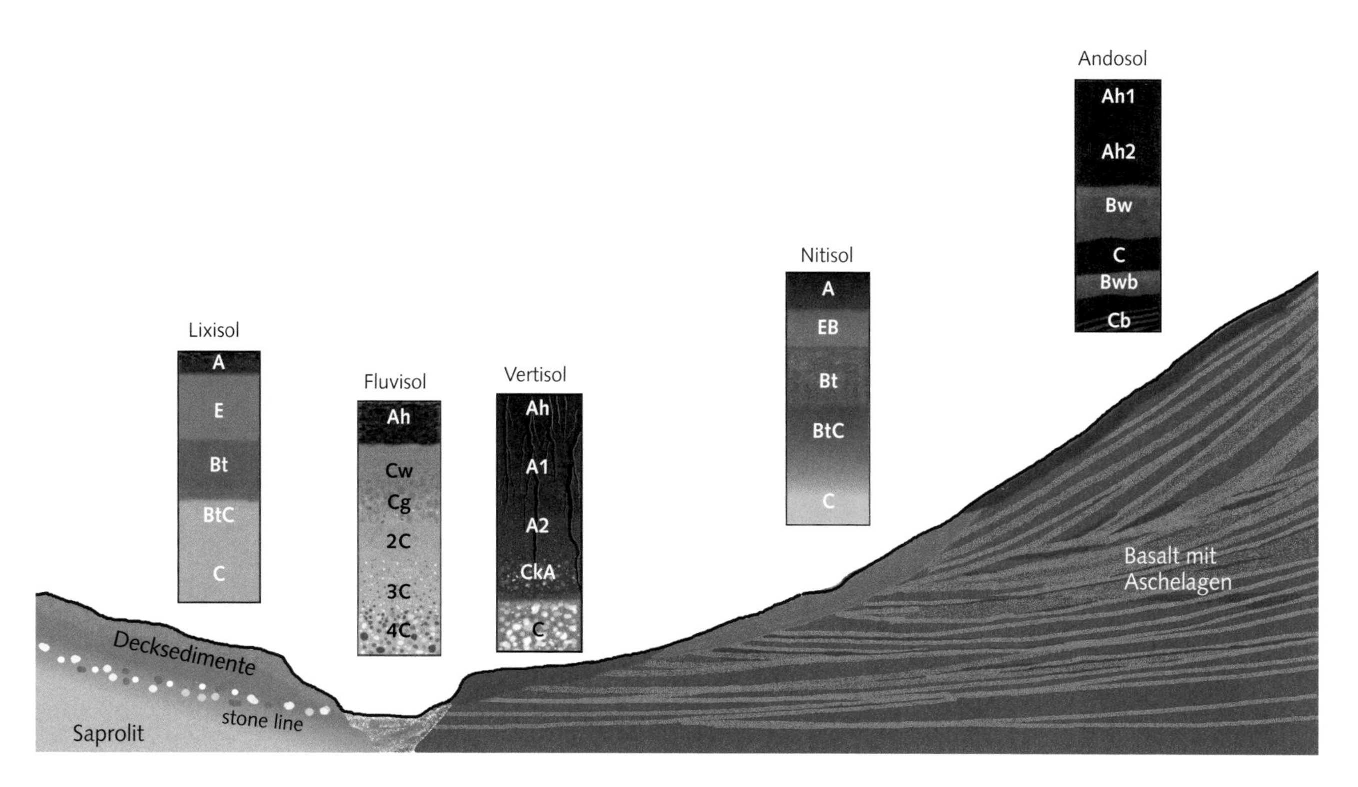

Bodengesellschaft in der Feuchtsavanne: Vulkangebiete Ostafrikas

H Immerfeuchte Subtropen: Lage, Klima, Vegetation

Lage

Die Immerfeuchten Subtropen sind ähnlich wie die Zone der Winterfeuchten Subtropen wenig zusammenhängend verteilt. Anders als Letztere liegen sie auf den Ostseiten der Kontinente, und zwar zwischen ca. 25° und 35° geografischer Breite.

Die Immerfeuchten Subtropen grenzen polwärts an die Feuchten Mittelbreiten, landeinwärts (nach Westen zu den kontinentalen Binnenländern) z.T. an die Trockenen Mittelbreiten, z.T. an die Trockenen (Sub)Tropen und äquatorwärts an die Sommerfeuchten (Trocken-, Feuchtsavanne) oder Immerfeuchten Tropen. Die Hauptverbreitungsgebiete sind:

Nordhalbkugel: Südost-USA, Zentral- und Ostchina, Südspitze Koreas, südliches Japan.

Südhalbkugel: Südöstliches Südamerika mit Südbrasilien, Pampa Nordost-Argentiniens und Uruguays, südöstliches Südafrika, Ost-Australien, Nordinsel Neuseelands.

Klima

Die ganzjährigen Niederschläge mit Maximum im Sommer sind für die geografische Breite dieser Zone, vor allem in Küstennähe, ungewöhnlich hoch. Grund ist der Einfluss sommerlicher monsunaler Tiefdruckgebiete, die vom Ozean heranziehen und durch Konvektionseffekte für die küstennahen Regenfälle verantwortlich sind.

Im Winter nehmen die Niederschläge ± deutlich ab, insbesondere zum Kontinentinneren hin, sodass sich zeitweise subhumide Bedingungen einstellen. Kaltlufteinbrüche bedingen im Winter verbreitet Frost.

Thermisches Jahreszeitenklima: Mindestens 4 Monate mit einer Durchschnittstemperatur von $T_m \geq 18$ °C, kältester Monat mit $T_m \geq 5$ (...2) °C. Niederschläge 2000 mm a^{-1} (Küsten) bis < 1000 mm a^{-1} (Kontinentinneres).

Vegetation

Die Vegetation der Immerfeuchten Subtropen folgt einer hygrischen Sukkession von den niederschlagsreichen Küstengebieten zu den subhumiden küstenfernen Gebieten: Von O nach W folgen deshalb auf üppige Regenwälder (Küsten) halbimmergrüne Feucht- und Lorbeerwälder, hartlaubige, im Winter Laub abwerfende Monsun- und Trockenwälder sowie Hochgrasfluren.

Wegen der großräumigen geographischen Verteilung ergeben sich für die einzelnen Zonen unterschiedliche Pflanzengesellschaften:

Südöstliches Nordamerika: Kaum noch ursprüngliche Vegetation; verbreitet Kiefern (*Pinus*) sowie Mischwälder mit *Quercus, Ilex, Magnolia, Fagus, Gordonia, Myrica, Persea*.

Südöstliches Südamerika: Araukarienwälder gemischt mit Lorbeerarten auf den Hochplateaus Südbrasiliens (Paraná, Río Grande do Sul); in der Pampa NE-Argentiniens und Uruguays vorwiegend Hochgräser (*Stipa*).

Südöstliches Südafrika: Mischwälder aus Lorbeergehölzen und tropischen Baumarten (z.B. *Podocarpus, Ocotea, Cunonia, Platylophus*); sekundäre Hartlaubgebüsche.

Zentral- und Ostchina, Südkorea, Südjapan: Die ursprünglichen Lorbeer- und immergrünen Laub- und Hartlaubwälder sind weitgehend abgeholzt, in den chinesischen Mittelgebirgen und japanischen Gebirgswäldern sind sie noch in artenreichen Restbeständen vorhanden. Nach Süden Übergang zu Regenwäldern.

Östliches Australien: Artenreiche Lorbeerwälder (z.B. *Ceratopetalum, Nothofagus*), dominiert von allgegenwärtigen Eukalyptus-Arten. In den Gebirgen auch Koniferen (z.B. *Podocarpus*).

Nordinsel Neuseelands: Nur noch in den unzugänglichen Gebirgsregionen Lorbeer-Koniferen-Wälder (z.B. *Podocarpus*), jedoch keine Eukalyptus-Arten. In Tälern des Regenschattens Pampa-artige Büschelgrasfluren (Schafzucht).

Vegetationszeit: Meist ganzjährig; Regenarmut oder winterliche Kälte können zu kurzzeitiger Vegetationsruhe führen.

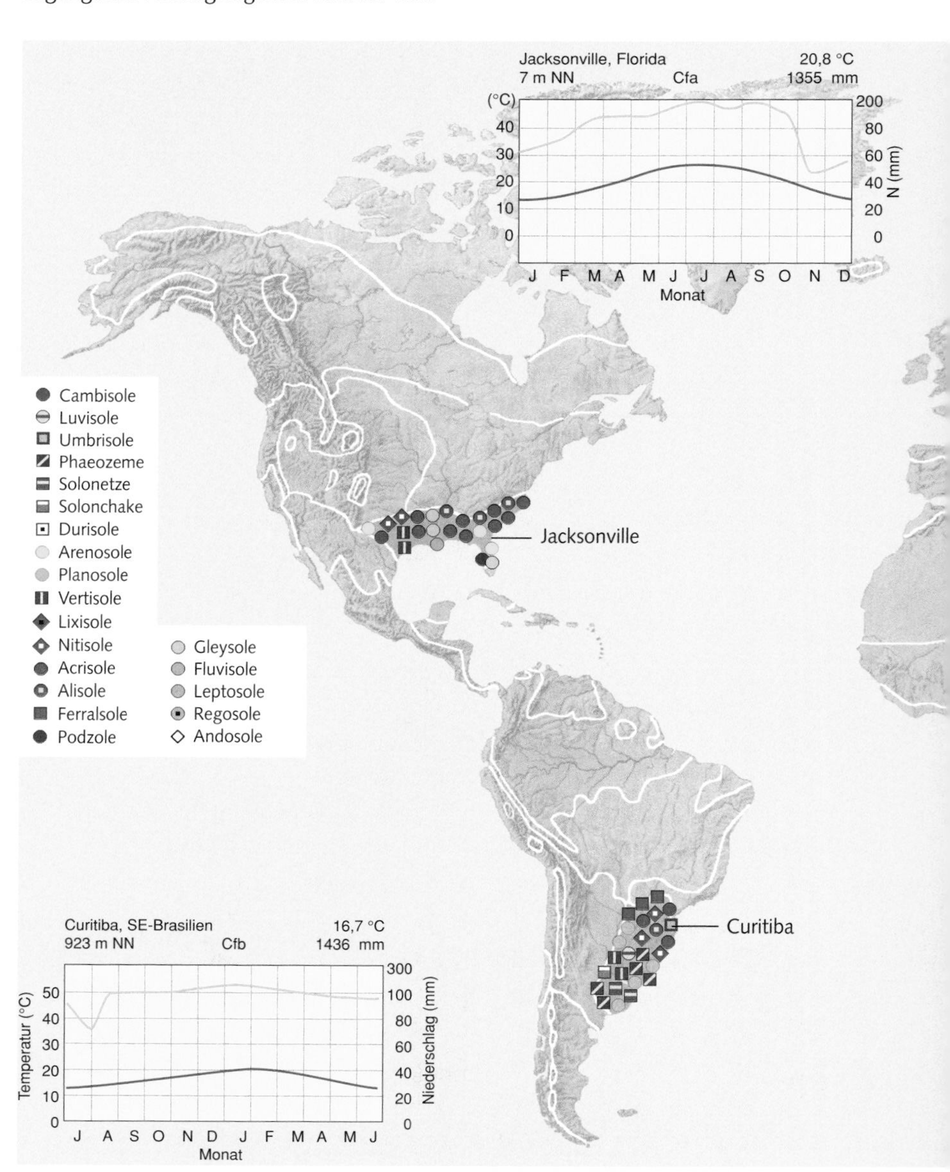

H Immerfeuchte Subtropen: Böden und ihre Verbreitung

Bodenbildung

Die Prozesse der Bodenbildung werden maßgeblich durch das feuchtwarme Klima gesteuert. Es bedingt tiefgründige chemische Verwitterung, die aber nicht so intensiv ist wie in den Immerfeuchten Tropen.

Wichtige bodenbildende Prozesse sind ausgeprägte Lessivierung, verbunden mit Basenauswaschung und starker Versauerung, beginnende Desilifizierung sowie die Entwicklung eines Tonanreicherungshorizonts. Die Folge sind intensive Verwitterung primärer Silicate (Schlufffraktion), Dominanz an Zweischichttonmineralen (low activity clays, LAC), relative Anreicherung von Sesquioxiden (bes. Gibbsit). Die A-Horizonte sind humusarm (ochric** Horizont) und oft versauert (umbric** Horizont). In ungestörten Profilen folgt unter dem A- ein Eluvialhorizont (E) und anschließend ein Tonanreicherungshorizont (Bt). Starkregen im Gefolge tropischer Wirbelstürme beschleunigen den Bodenabtrag.

Böden

Die typischen Böden der Sommerfeuchten Subtropen sind **Acrisole** und **Alisole**, z.T. auch **Nitisole**. Sie sind, in Abhängigkeit von Klima und Relief, mit einer Vielzahl weiterer Böden vergesellschaftet. In Richtung zu den feuchteren, wärmeren Klimaten hin treten Übergänge z.B. zu den **Ferralsolen** auf, während zu trockeneren Klimaten hin Vergesellschaftungen mit **Luvisolen**, **Planosolen** und **Vertisolen** vorkommen. In den Gebirgen der Sommerfeuchten Subtropen finden sich **Leptosole**, **Cambisole** und **Andosole**.

Im Südosten Nordamerikas finden sich in den Appalachen neben typischen Gebirgsböden (Leposole) im N noch Luvisole und dystric* **Cambisole** vor, die sich nach SW, S, SE und E zunehmend mit Alisolen vermischen. In Richtung auf die Küstenebenen (‚Costal plains') treten Acrisole in den Vordergrund. In den Niederungen des Mississippi gibt es verbreitet **Gleysole** und vereinzelt Planosole. Weiter westlich kommen Alisole und Acrisole vor, die noch weiter im W mit **Phaeozemen** (Einfluss der Prärien) sowie Vertisolen, Nitisolen und Luvisolen vergesellschaftet sind. In Florida treten auf sandigen Küstensedimenten gleyic* **Podzole** auf.

China und Südjapan werden großteils von Acrisol- und Alisol-Landschaften geprägt. Da beide Gebiete durchgehend mittelgebirgig sind, sind sie häufig mit ferralic* Cambisolen und Leptosolen vergesellschaftet: Eingeschaltet sind z.T. **Lixisole** (begünstigt durch Staubeinwehungen aus den innerasiatischen Wüsten), Vertisole (in fruchtbaren Tallagen), Gleysole sowie **Fluvisole**. Auf den japanischen Inseln treten durch den Vulkanismus bedingt verbreitet Andosole auf.

Das südöstliche Südamerika weist große klimatische Unterschiede und damit pedologische Vielfalt auf: im Norden kommt der feuchttropische Einfluss mit Ferralsolen, Acrisolen und Nitisolen zur Geltung, nach Süden hin das Klima der Pampa mit Luvisolen und Phaeozemen bis hin zu **Solonetzen** und **Solonchaken**; der Übergang zeichnet sich vor allem in den Niederungen durch Vertisole und Planosole aus.

In Südafrika ist die große Randstufe (Drakensberge) landschaftsprägend. Seewärts kommen auf den Vorbergen und dem Küstenstreifen in erster Linie chromic* Luvisole vor, im Gebirge selbst Leptosole neben chromic* Cambisolen und Luvisolen. Landeinwärts dacht die Randstufe zum Highveld hin sanft ab, auf dem vorwiegend lithomorphe Böden wie Planosole und Vertisole entwickelt sind. Im Übergang zur Halbwüste dominieren **Arenosole**.

In Südost-Australien existiert ein Nebeneinander von Luvisolen, Planosolen und Vertisolen, die besonders innerhalb und westlich der Randstufe (Great dividing range) verbreitet sind. Zur Küste hin und auf der Nordinsel Neuseelands mischen sich Cambisole, Leptosole und Andosole dazu. Im Übergang zur Halbwüste gewinnen auch **Durisole** an Bedeutung.

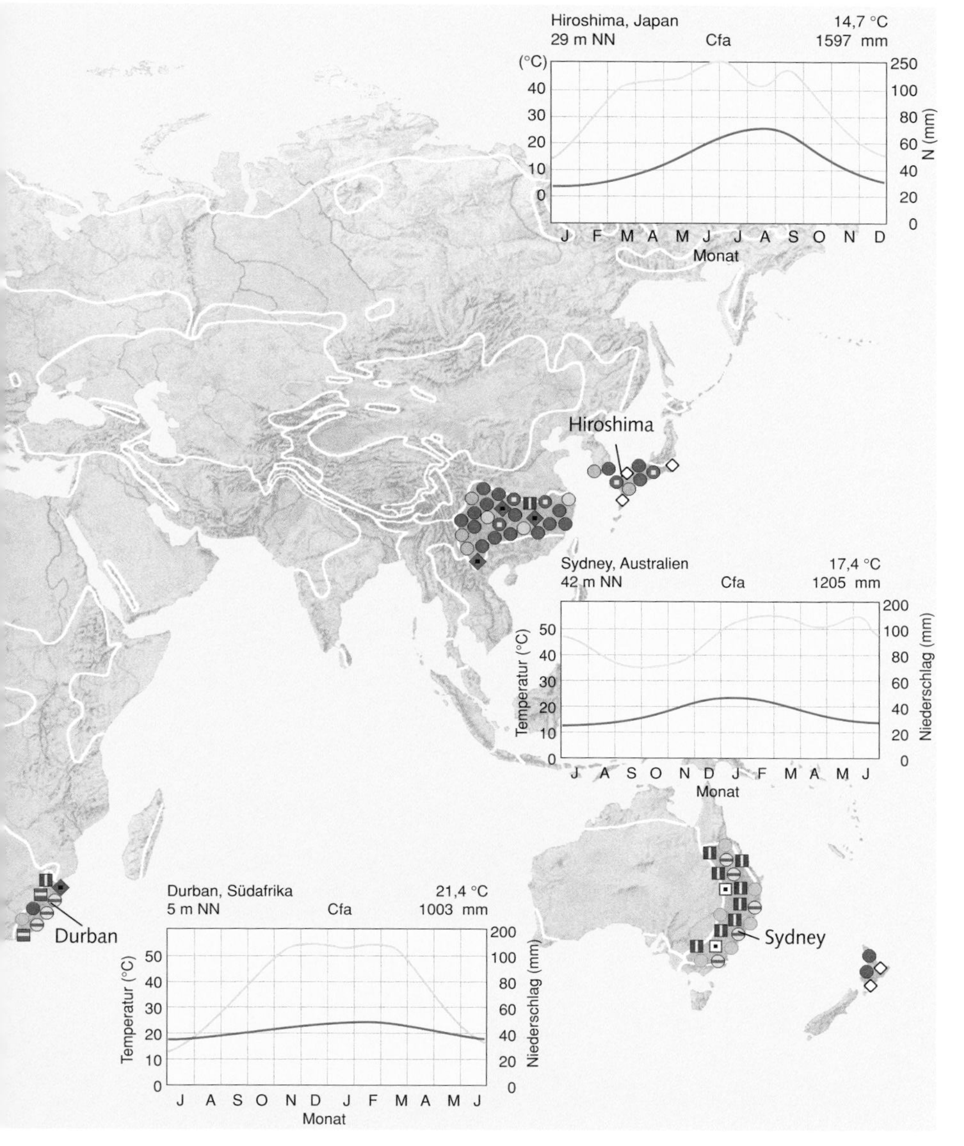

H.1 Acrisole (AC) [lat. acer = (stark) sauer]

DBG: z.T. Ferralite, Latosole[†]
FAO: Acrisols
ST: z.B. Kandiustults, Kandiplastults (früher: Red Yellow Podzolic Soils)

Definition

Saure Böden, die bevorzugt in den Humiden Subtropen und Tropen vorkommen, aber auch in subhumiden warmen Klimaten. Diagnostisch ist der innerhalb der oberen 125 cm des Profils vorkommende gelbrote, tonreiche argic[**] Horizont (Bt), der eine KAK (NH_4OAc) < 24 cmol(+) kg^{-1} Ton hat. Mindestens zwischen 25 und 100 cm u. GOF beträgt die BS < 50 % (NH_4OAc). Zwischen dem A- und dem Bt-Horizont liegt i.d.R. ein tonverarmter, aufgehellter Eluvialhorizont (E). Die Horizontfolge lautet dann AEBtC, oder, sofern der E fehlt, ABtC (= typisch für erodierte Profile). Die Tonminerale sind vom Typ der low activity clays (1:1-Tonminerale, vor allem Kaolinit).

Physikalische Eigenschaften

- Sofern Trockenperioden vorkommen, neigen die OBH zu Verhärtung (‚hard setting'); dies, ebenso wie tiefe pH-Werte, erschwert die Durchwurzelbarkeit;
- während der regenreichen Zeit Neigung zu Wasserstau oberhalb des dichten Bt;
- Instabilität des Oberbodens;
- Bt deutlich tonreicher als A- und E-Horizont.

Chemische Eigenschaften

- A-Horizont i.d.R. humusarm;
- weniger verwittert als Ferralsole, deshalb können noch primäre Silicate und Reste von Dreischichtmineralen in der Tonfraktion enthalten sein;
- Hauptmineral der Tonfraktion ist Kaolinit;
- Nährstoffvorräte gering (Nährstoffe sind in der Pflanzendecke gespeichert);
- pH-Werte (H_2O) um 5, im Oberboden oft darunter;
- hohe Al-Sättigung, häufig > 70 % (absolut ≈ 2cmol(+) · kg^{-1} Feinerde);
- P-Fixierung hoch;
- BS und KAK s. unter ‚Definition'.

Biologische Eigenschaften

- Nach Rodung des Waldes nimmt die biologische Aktivität des Bodens ab.

Vorkommen und Verbreitung

Acrisole entwickeln sich aus silicatarmen, quarzreichen Gesteinen (Granite, Quarzite, Sandsteine) alter Landoberflächen (Kratone, hoch liegende Terrassen), Piedmontgebiete und Schwemmfächer feuchtwarmer Klimate. Dort treten sie bevorzugt in Hanglagen auf, während die Ebenen von Ferralsolen eingenommen werden.
Weltweit nehmen Acrisole eine Fläche von ca. 1,0 · 10^9 ha ein, vor allem im SO der USA, Mittelamerika, auf dem Brasilianischen Schild, den Llanos, dem Westafrikanischen Schild, in Zentralafrika, Zentral- und Ostchina sowie Südostasien. Kleinere Vorkommen auch im Mittelmeerraum (Spanien).

Nutzung und Gefährdung

Nach Rodung geringe Bodenfruchtbarkeit, erosionsanfällig. Ackerbauliche Nutzung erfolgt traditionell durch shifting cultivation, der einzig nachhaltigen Bewirtschaftungsform dieser Böden.
Landwirtschaftliche Nutzung (z.B. Kaffee, Ölpalme, Cashew) erfordert Düngereinsatz und Kalkung (Grund: Al-Toxizität). Ertragsbegrenzend wirken: Nährstoffarmut, Al-Toxizität, starke P-Fixierung, Neigung zur Bildung von Verkrustungen, Humusschwund.
Nachhaltige Nutzung möglich durch Wechsel von Acker- und Weidewirtschaft. In den Llanos Kolumbiens wird z.B. für 2 bis 3 Jahre Al-toleranter Reis angebaut, dann N-bindende Futterpflanzen. Die Weideperiode kann bis 5 Jahre dauern, bis wieder Ackerbau folgt. Durch diesen Wechsel von Ackerbau und impovered pasture kommt es in Verbindung mit einer moderaten Düngung (P, Kalk) zu einer Intensivierung der Regenwurmtätigkeit und zu einem Anstieg der Humusgehalte.

Lower level units[*]

Leptic · plinthic · gleyic · andic · vitric umbric · arenic · stagnic · geric · albic · humic vetic · abruptic · profondic · lamellic · ferric alumic · hyperdystric · skeletic · rhodic chromic · hyperochric · haplic

N-bindende Pflanzen wie *Arachis pintoi* verbessern die Fruchtbarkeit von Acrisolen – man beachte die Regenwurmkrümel (Kolumbien).

Profilcharakteristik

Ausgewählte Bodenkennwerte eines Acrisols

Physikalische Kennwerte: Sand, Schluff, Ton (Kornverteilung); grob, mittel, fein (Porenvolumen); 50 %
Horizontfolge: A, E, Bt1, Bt2, C
Chemische Kennwerte: OS (%), C/N, Al_{austb} (%), pH ($CaCl_2$), Fe_d (%), KAK [cmol(+) kg^{-1} Ton]; 0 1 2 3 4 5 10 20 30 40 60
Tiefe: 25, 50, 75, 100, 125 cm

Diagnostische Merkmale:

argic[**] Horizont (= diagnostischer UBH, Definition s. unter Luvisole)

Für den Bt der Acrisole gilt: in Teilabschnitten ist die KAK (1 M NH_4OAc) < 24 cmol(+) kg^{-1} Ton, beginnend entweder innerhalb 100 cm u. GOF oder innerhalb 200 cm u. GOF, sofern der Bt von lehmigem Sand oder einer gröberen Textur überlagert wird.

Ferner gilt für Acrisole:
- BS < 50 % (1 M NH_4OAc) zwischen 25 und 100 cm u. GOF;
- Al dominiert i.d.R. mit > 70 %;
- low activity clays (v.a. Kaolinit, Halloysit) mit geringer negativer Ladung.

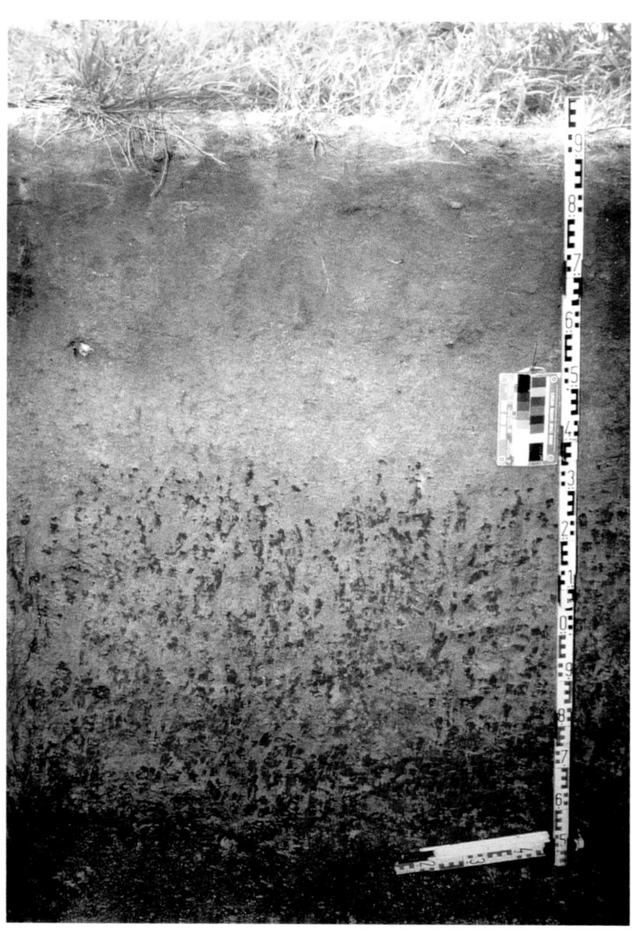

Ferric-stagnic* Acrisol mit Sesquioxidkonkretionen (Senegal).

Acrisol der Llanos (Kolumbien).

Bodenbildende Prozesse

Versauerung, Aluminisierung
Ferralisation + Tonverlagerung sowie geringe Humusbildung

Die wichtigsten Prozesse der Acrisole umfassen:

1. Rasche Zersetzung der Streu unter ganzjährig feuchtwarmen Klimabedingungen führt zusammen mit der schwachen Bioturbation i.d.R. zu geringer Humusanreicherung.
2. Auf den meist sauren Ausgangsgesteinen (Gneis, Quarzit, Granit, Sandstein) ist die chemische Verwitterung (bes. Hydrolyse) bereits weiter entwickelt als bei Lixisolen und Nitisolen, jedoch weniger weit als in Ferralsolen. Acrisole weisen also **Ferralisation** auf. Die damit verbundene chemische Zerstörung der verwitterbaren primären Minerale, die Auswaschung basisch wirkender Kationen, die Verlagerung der Sesquioxide und die Abfuhr der Kieselsäure (= Desilifizierung) haben eine durchgreifende Versauerung des gesamten Solums zur Folge. Diese äußert sich u.a. in der hohen Al-Sättigung an den Austauschern (= Aluminisierung).
3. Ton aus dem Oberboden wird in den Unterboden durch **Lessivierung** verlagert, weshalb der Oberboden an Ton verarmt und aufgehellt ist. Er geht mit scharfem Übergang in den tonakkumulierten Unterboden über; dort Dominanz von Zweischicht-Tonmineralen (LAC, bes. Kaolinit, Halloysit).
   Bedingt durch die Tonanreicherung kann sich während der regenreichen Zeit Wasserstau ausbilden. Dies fördert die Nassbleichung, die Farbaufhellung des E-Horizonts sowie die Verlagerung von Sesquioxiden. Während trockenerer Wetterperioden nimmt das Gefüge polyedrisch-prismatische Formen an.

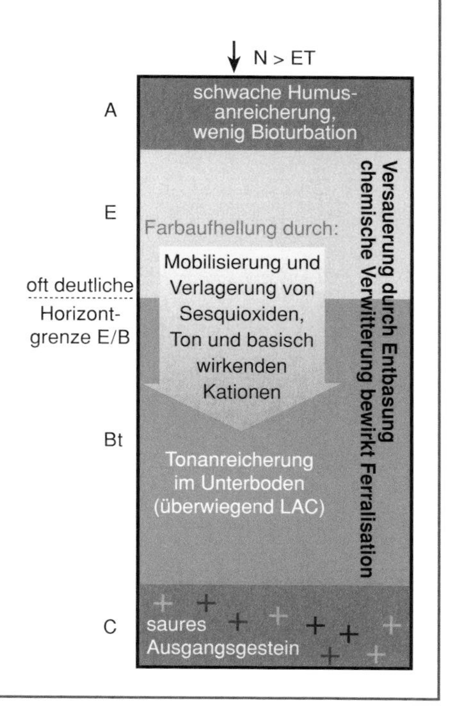

H.2 Alisole (AL) [lat. alumen = Aluminium]

DBG: Fersiallite
FAO: Alisols
ST: z.B. Haplohumults, Haploudults

Definition

Saure Al-reiche Böden der Humiden Subtropen, sie kommen aber auch in den Humiden bis Subhumiden Tropen vor. Kennzeichnend ist ein tonreicher dichter UBH (= argic** Bt), der von einem humusarmen (ochric**) oder sauren, humosen (= umbric**) OBH überlagert wird. Im Gegensatz zu den Acrisolen enthält der Bt-Horizont der Alisole Dreischichttonminerale (high activity clays, HAC); seine KAK ist deshalb > 24 cmol(+) kg^{-1} Ton, die BS beträgt jedoch wie jener der Acrisole < 50 %. Die obersten 25 bis 100 cm des Solums sind reich an austauschbarem Aluminium (= alic** Eigenschaften – s. chemische Eigenschaften unten).

Physikalische Eigenschaften

- In subhumiden Klimaten tritt während der Trockenzeit Wasserstress auf; es kommt zur Bildung von Schrumpfungsrissen (wegen des Schrumpfens der HAC); Ausbildung von Polyedern und Prismen;
- während der Regenzeit Neigung zu Wasserstau aufgrund des dichten Bt; dann Kohärentgefüge;
- Oberbodengefüge instabil (Erosionsgefahr);
- geringe Durchwurzelung wegen hoher Al-Gehalte im Oberboden.

Chemische Eigenschaften

- Weniger stark verwittert als Acrisole, dennoch ist ein Großteil der verwitterbaren primären Silicate bereits zerstört;
- geringe Nährstoffvorräte;
- in der Tonfraktion vorwiegend HAC: Illite, Vermiculite, Smectite und sekundäre Chlorite, neben Kaolinit und Halloysit;
- diese Dreischichttonminerale bewirken eine erhöhte KAK;
- das mineralische Bodenmaterial der Alisole weist sog. alic** Eigenschaften auf. Dazu zählen tiefe pH-Werte, eine hohe Al-Sättigung der Austauscher bei gleichzeitig hohen Gehalten an austauschbaren und nicht austauschbaren mineralisch gebundenen Ca-, Mg-, K- und N-Gehalten.

Biologische Eigenschaften

- Geringe Bioturbation, da zu sauer.

Vorkommen und Verbreitung

Alisole entwickeln sich aus unterschiedlichen basenreichen Gesteinen feuchtwarmer Klimagebiete.
Weltweit nehmen Alisole mit ca. $100 \cdot 10^6$ ha eine relativ kleine Fläche ein, vor allem im Südosten der USA, in Mittel- und Südamerika, Westafrika, Ostafrika, Indien, China und Indonesien.

Nutzung und Gefährdung

Landwirtschaftliche Nutzung (z.B. Tee, Kaffee, Zuckerrohr, Gummiplantagen, Ölpalmen, Cashew) liefert nach Düngung und Kalkung gute Erträge. Ertragsbegrenzend wirken Nährstoffarmut und Wasserstress in subhumiden Regionen; Al-Toxizität im Oberboden schädigt die Wurzeln, dadurch erhöhter Wasserstress, P-Fixierung; der Oberboden ist erosionsanfällig.

Lower level units*

Vertic · plinthic · gleyic · andic · nitric
umbric · arenic · stagnic · albic · humic
abruptic · profondic · lamellic · ferric
hyperdystric · skeletic · rhodic · chromic
haplic

Auf Alisolen erhöht Phosphordüngung die Bohnenerträge (Rwanda).

Profilcharakteristik

Ausgewählte Bodenkennwerte eines haplic* Alisols

Physikalische Kennwerte: Sand, Schluff, Ton, fein, mittel, grob; Kornverteilung, Porenvolumen; 50 %

Horizontfolge: A, E, EBt, Bt, BtC, C

Chemische Kennwerte: Fe_d (%), pH ($CaCl_2$), OS (%), C/N, BS (%), $Al_{austb.}$(%), KAK [cmol(+) kg^{-1} Ton], 50 %, 95 %; 25, 50, 75, 100, 125 cm; 1, 2, 3, 4, 5, 10, 20, 30, 40, 60

Diagnostische Merkmale:
argic Horizont** (= diagnostischer UBH, Definition s. unter Luvisole),
alic Eigenschaften**

Für den Bt der Alisole gilt:
KAK (1 M NH_4OAc) ≥ 24 cmol(+) kg^{-1} Ton, beginnend entweder innerhalb 100 cm u. GOF oder innerhalb 200 cm u. GOF, sofern der Bt von lehmigem Sand oder gröberkörnigem Substrat überlagert wird.

Außerdem haben Alisole:

- Alic** Eigenschaften, vorherrschend zwischen 25 und 100 cm u. GOF:
  $TRB_{Ton} \geq TRB_{Feinboden}$,
  Schluff/Ton-Verhältnis ≤ 0,60,
  pH (KCl) ≤ 4,0,
  mit KCl extrahierbares Al ≥ 12 cmol(+) kg^{-1} Ton sowie ein mit KCl extrahierbares Al/KAK_{Ton}-Verhältnis von ≥ 0,35 und eine Al-Sättigung der Austauscher ≥ 60 %.
- Alisole haben keine anderen diagnostischen Horizonte außer einem ochric**, umbric**, albic**, andic**, ferric**, nitic**, plinthic** oder vertic** Horizont.

Rhodic* Alisol (Costa Rica).

Bodenbildende Prozesse

Versauerung, Aluminisierung
Tonverlagerung
geringe Humusbildung
Quell-/Schrumpfdynamik auf subhumiden Standorten

Die wichtigsten Prozesse der Alisole umfassen:

1. Rasche Zersetzung der Streu unter ganzjährig feuchtwarmen Klimabedingungen führt zusammen mit der schwachen Bioturbation i.d.R. zu geringer Humusanreicherung.
2. Auf den meist basischen Ausgangsgesteinen (Basalt, silicatreiche Sande, Kalksedimente) befindet sich die chemische Verwitterung (bes. Hydrolyse) in einem Stadium, in dem die Mehrzahl der primären Silicatminerale bereits zerstört ist; im Unterschied zu den Acrisolen enthalten Alisole jedoch noch deutliche Anteile an Dreischicht-Tonmineralen sowie sekundäre Chlorite. Die Mineralzerstörung setzt große Mengen an Al frei ($Al_{austb.}$ > 60 %).
3. Die intensive Perkolation begünstigt die Auswaschung basisch wirkender Kationen sowie die Verlagerung von Ton, der Sesquioxide und der Kieselsäure.
4. Im Wechsel von Trocken- und Regenzeit spielen wegen der Gehalte an quellfähigen high activity clays Quell- und Schrumpfprozesse eine Rolle: während der Trockenzeit öffnen sich Trockenrisse, die Bodenstruktur ist dann polyedrisch bis prismatisch; während der Regenzeit kann wegen der gequollenen HAC im E-Horizont Wasserstau auftreten.

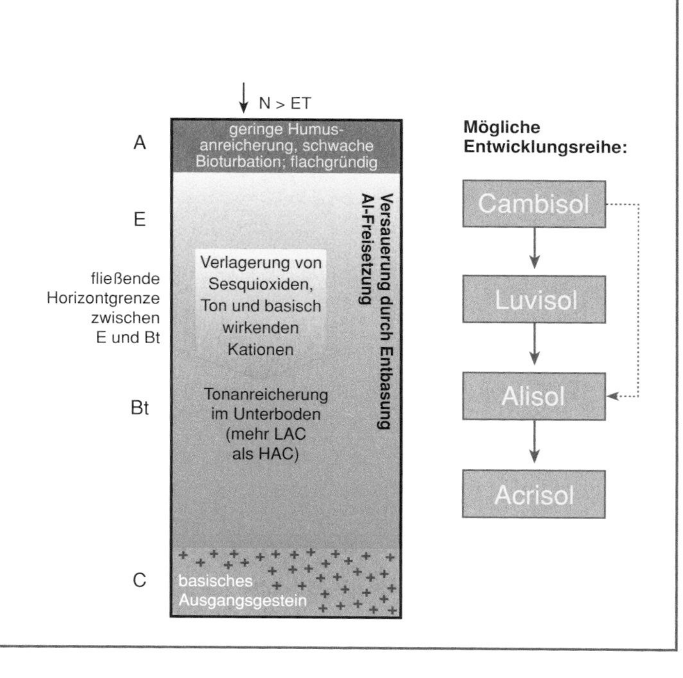

H Immerfeuchte Subtropen: Landschaften

Acrisol-Landschaft: Die Acrisole der Llanos in NW-Südamerika werden überwiegend weidewirtschaftlich genutzt. Nach Phosphorgaben und Kalkung gedeiht auf diesen Böden auch Trockenreis. In Rotation mit Stickstoff bindenden Futterpflanzen scheint eine nachhaltige Nutzung möglich (Kolumbien).

Alisol-Landschaft: Alisole sind relativ fruchtbare Böden mit hoher KAK. Ihre niedrige Basensättigung erhöht sich durch shifting cultivation (engl. Wanderfeldbau; Kilimanjaro, Tansania).

H Immerfeuchte Subtropen: Catenen

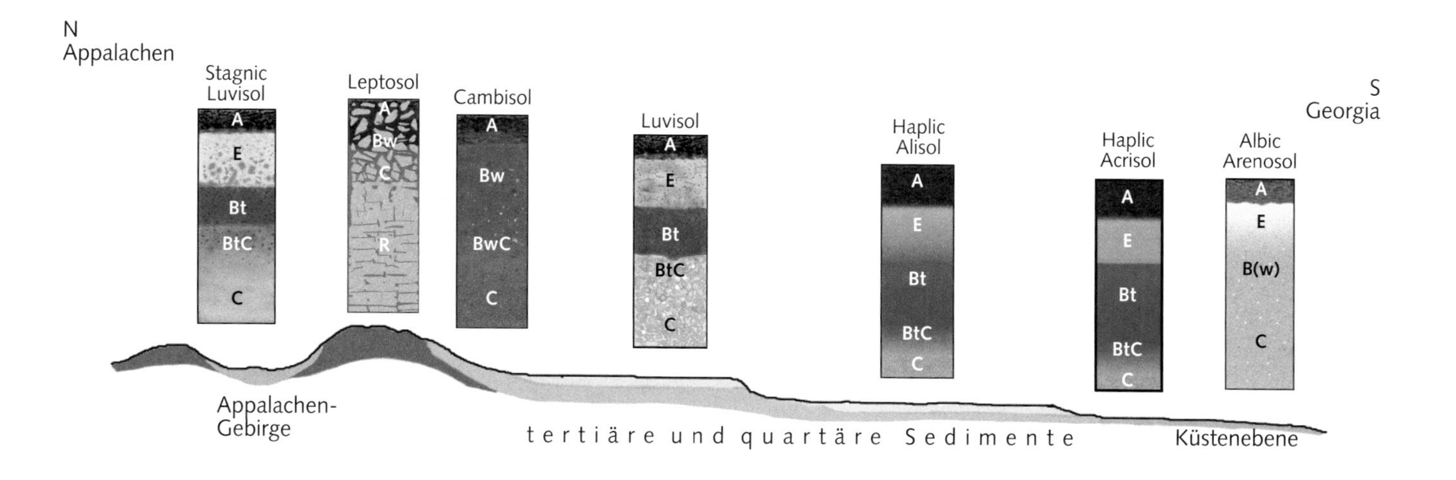

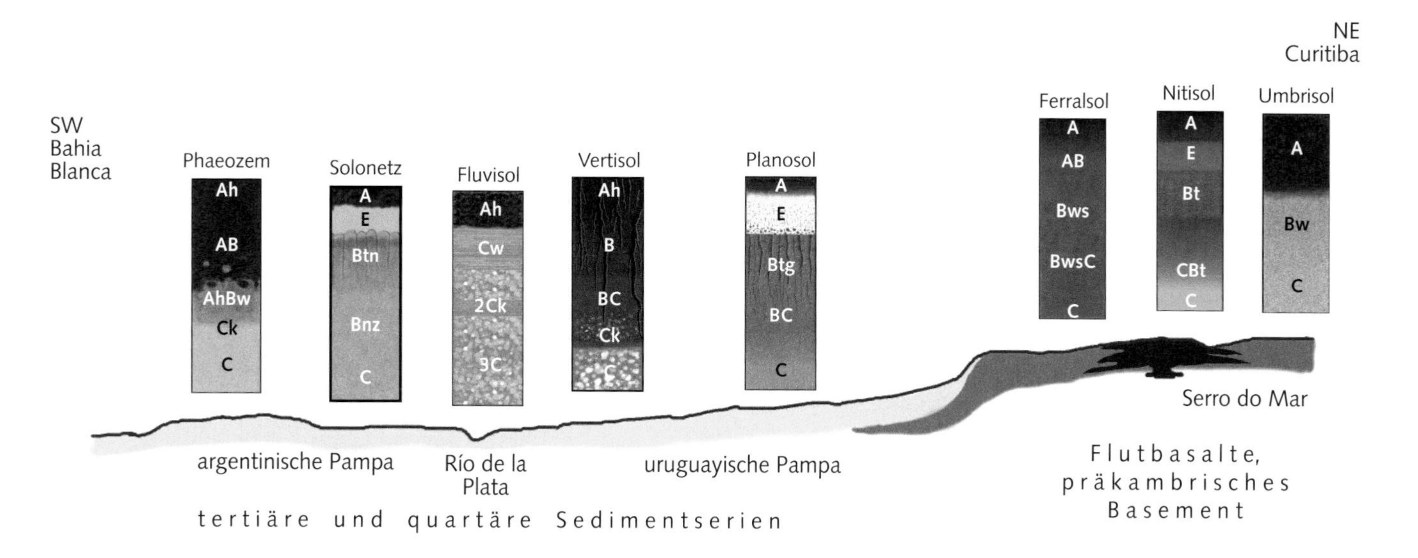

Bodengesellschaften typischer Ostseitenklimate: Südöstliche USA (oben), Südöstliches Südamerika (unten).
Ein weiteres Profil dieser Ökozone aus dem Südosten Chinas ist in der Catena auf Seite 113 abgebildet.

I Immerfeuchte Tropen: Lage, Klima, Vegetation

Lage
Die Immerfeuchten Tropen erstrecken sich beiderseits des Äquators zwischen ca. 25° N und 25° S geografischer Breite, wobei sich die größten zusammenhängenden Flächen direkt um den Äquator gruppieren. Sie grenzen polwärts an die Feuchtsavannen der Sommerfeuchten Tropen, mit denen sie oft zu den sog. Feuchttropen zusammengefasst werden. Die Hauptverbreitungsgebiete sind:
Nordhalbkugel: Östliches Mittelamerika, Teile der Karibik, NW-Südamerika, westafrikanisches Küstenbergland (Liberia), (nord)östliches Kongobecken, Ostindien, Westküste Hinterindiens, südostasiatische Inselwelt.
Südhalbkugel: Amazonien, östliches Südamerika, Ostküste von Madagaskar, südostasiatische Inselwelt.

Klima
Einzige Klimazone ohne wechselnde Jahreszeiten: **Tageszeitenklima**. Hier ist die tägliche Temperaturschwankung höher als die jährliche. Die nahezu ganzjährigen Niederschläge weisen zwei schwache Maxima auf, und zwar zu den beiden Tagundnachtgleichen. Die Wolkenbildung ist konvektioneller Natur (heftige Gewitterschauer) und wird von der Innertropischen Konvergenz (ITC) gesteuert. Der intensive Deckungsgrad der Vegetation bedingt eine hohe Interzeption, wodurch etwa die Hälfte der Niederschläge verdunstet. Folglich herrscht das ganze Jahr über ein ‚Treibhausklima' mit stetig hoher Luftfeuchte.
Nach der Humidität unterscheidet man zwischen a) perhumid (N_{Monat} > 100 mm, N_{Jahr} 4000...> 8000 mm), b) euhumid (N_{Jahr} 1600...3000 mm) und c) subhumid (2 Monate regenarm, dto.). Mittlere Tagestemperatur: T_m = 25...27 °C.

Vegetation
Das dominierende Vegetationselement der Immerfeuchten Tropen ist der immergrüne **tropische Regenwald** (‚Hyläa'). Als Normaltyp ist er durch verschieden alte Baumgenerationen in mehrere Stockwerke gegliedert, deren höchstes von 30...50 m (...80 m =‚Überbäume') hohen Baumriesen gebildet wird. Sehr artenreiches Laubgehölzspektrum, es überwiegen Leguminosen. Bedeutsam sind Epiphyten (u.a. zahlreiche Orchideen-Arten) und Lianen. Die Bäume zeichnen sich durch schlanke Stämme, Brettwurzeln, Kauliflorie (Blütenaustrieb am Stamm), fehlende Jahrringe und geringes Lebensalter (ca. 100 a) aus. Mangels Lichteinfall ist eine Krautschicht kaum entwickelt.
In Amazonien lassen sich in Abhängigkeit von den geomorphologischen Gegebenheiten und dem Wasserregime folgende Waldformationen unterscheiden:
Auf der **Terra firme** (z.B. bei Manaus) stockt der Prototyp eines immergrünen tropischen Regenwaldes auf tiefgründigen Ferralsolen, die auch bei Hochwasser nicht überflutet werden. Die tiefer liegenden Alluvialgebiete werden dagegen bis zu 5 Monate im Jahr überschwemmt, was auf der **Várcea** einhergeht mit der Ablagerung nährstoffreicher, aus den Anden stammender Sedimente. Darauf wachsen z.B. Dikotylen und Flaschenbäume. Im Mündungsbereich des Amazonas gehen die immergrünen Regenwälder in die **Mangrove** über. Sie weist eine artenarme Waldformation aus salztoleranten Gehölzen (z.B. *Avicennia, Ceriops*) im Einflussbereich von Tidenhub und Salz-/Brackwasser, besonders in Buchten und Flussmündungen; Luftwurzeln (*Rhizophora*) dienen der verbesserten Sauerstoffversorgung. Die Mangrovenwälder der Neuen Welt sind artenärmer als die der Alten Welt, häufig verhindern kalte Meeresströmungen deren Entwicklung.

Sekundärwald: Die traditionelle Form der Landnutzung ist der Wanderfeldbau durch Brandrodung (shifting cultvation). Dabei werden kurzzeitig Nährstoffe aus der verbrannten Biomasse mobilisiert sowie der pH-Wert erhöht, was einige Jahre Feldbau ermöglicht. Anschließend degradieren jedoch die Böden innerhalb weniger Jahre, sodass die Menschen neue Flächen niederbrennen müssen (‚slash and burn'). Auf den aufgelassenen Flächen stellt sich Wiederbewaldung durch Sekundärformationen (Pioniergehölze, Krautpflanzen) ein.

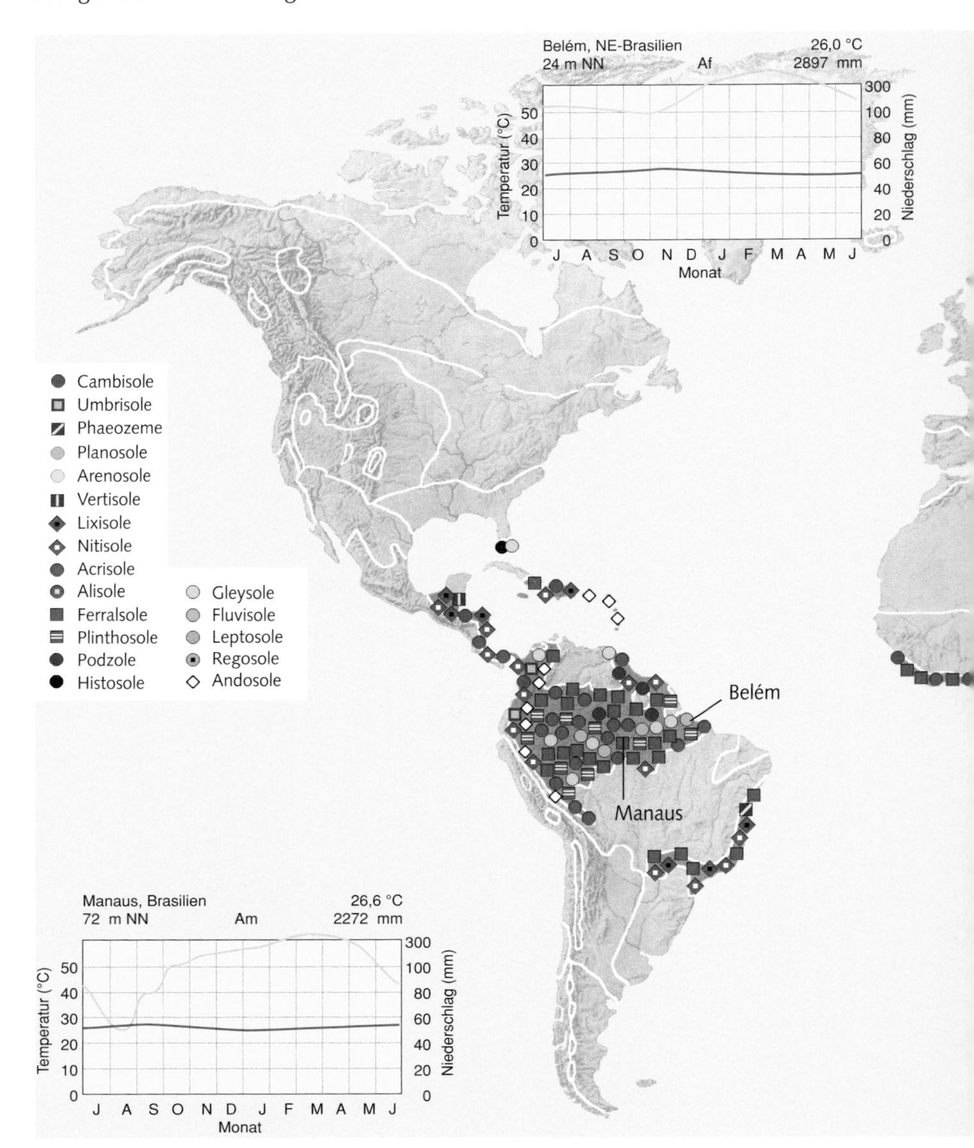

I Immerfeuchte Tropen: Böden und ihre Verbreitung

Bodenbildung

Das warmfeuchte Klima der Immerfeuchten Tropen steuert maßgeblich die Intensität und Richtung der Pedogenese. Es bedingt die tiefgründige chemische Verwitterung der Gesteine, vorwiegend durch Hydrolyse. Vielerorts ist die Verwitterungsdecke (‚Regolith') mehrere Dekameter mächtig (z.T. bis > 80 m).

Die charakteristischen bodenbildenden Prozesse sind **Ferralisation** und **Plinthisation**. Bei gleichbleibend hoher mittlerer Jahrestemperatur werden die anfallenden Verwitterungsprodukte (z.B. basisch wirkende Kationen, Kieselsäure) infolge der hohen Niederschläge und der guten Wasserdurchlässigkeit der Böden stark ausgewaschen. Dies führt zu Versauerung und Desilifizierung des Solums. Die Böden enthalten nur noch geringe Mengen an verwitterbaren primären Silicaten in der Schlufffraktion; in der Tonfraktion sind es fast ausschließlich low activity clays (1:1) wie Kaolinit. Im Solum reichern sich Sesquioxide (Hämatit, Goethit, Gibbsit) residual an. Sie verkitten die Tone, wodurch sog. ‚Pseudosand' und ‚Pseudoschluff' entstehen. Diese mit relativer Sesquioxidanreicherung verbundenen Prozesse werden mit dem Begriff **Ferralisation** umschrieben.

Absolute Sesquioxidanreicherung findet bei der **Plinthisation** statt; sie ist typisch für Senken, Unterhänge, Plateaus. Unter Stau- und/oder Grundwassereinfluss werden bei niedrigem Redoxpotenzial Sesquioxide mobilisiert und an Stellen höheren Redoxpotenzials (z.B. an Hangkanten, im durchlüftetem Teil des Kapillarsaums hydromorpher Böden) in weicher, toniger, quarzreicher Matrix als **Plinthit** wieder ausgeschieden. Er kann z.B. nach Reliefumkehr verhärten, wodurch Petroplinthit (früher: Laterit; engl. iron pan) entsteht.

Trotz des hohen Laubstreuanfalls sind die A-Horizonte nicht übermäßig humusreich, da die Streu rasch mineralisiert sowie von Termiten und Ameisen gefressen wird. Der dichte Filz vielfach mykorrhizierter Wurzeln sorgt für rasche Assimilation der freigesetzten Nähr-Ionen. Unter dem geschlossenen Kronendach des Regenwaldes fehlt Flächenspülung im Gegensatz zur Savanne.

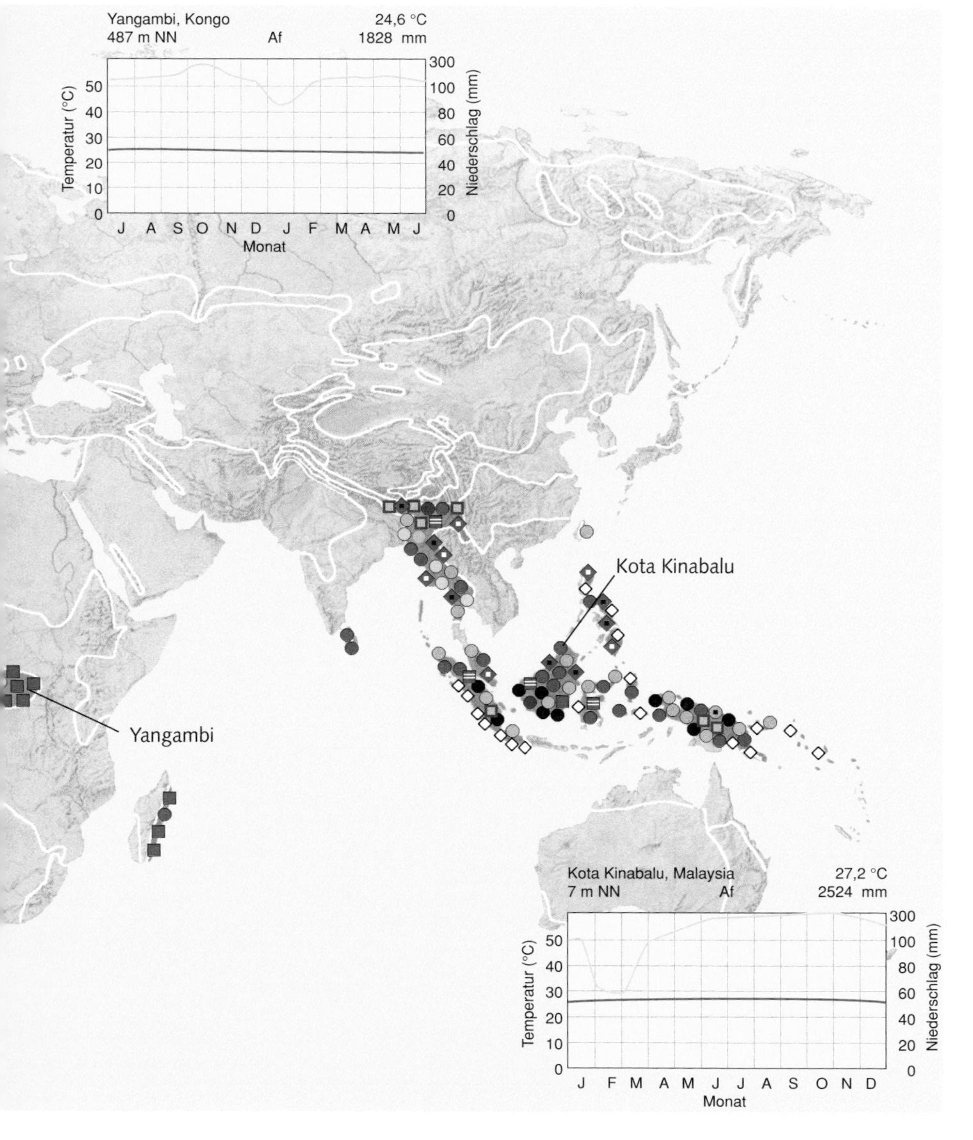

Böden

Art und Alter der Oberflächengesteine sowie das Grundwasserregime haben großen Einfluss auf die Entwicklung der Böden in den Immerfeuchten Tropen. Große Teile dieser Regionen gehören zu alten geologischen Schilden aus metamorphen und plutonischen Gesteinen mit dazwischen liegenden Becken (Amazonien, Kongo-Becken).

Auf den alten, z.T. kreide- und tertiärzeitlichen saprolithischen Verwitterungdecken sowie auf Quarzsandsteinen sind vorwiegend **Ferralsole**, **Plinthosole**, **Acrisole**, aber auch **Arenosole** und **Podzole** entstanden, z.B. auf der Terra firme und Terra alta Brasiliens (Río-Negro-Gebiet, Roraima-Berge). In den flussnahen Auengebieten können auch **Histosole** vorkommen, die zusammen mit den Podzolen den Schwarzwasserflüssen ihre Farbe und ihren niedrigen Säuregrad verleihen. Am Ostrand der Anden wird durch die Weißwasserflüsse geologisch junger und glimmerreicher Detritus abgelagert; aus ihm entwickeln sich unter den Várcea-Wäldern **Gleysole** und **Fluvisole**. Ähnliche Bodenverhältnisse herrschen auch im Kongo-Becken.

Anders ist die Situation in SO-Asien, wo großteils aktive tektonische Zonen mit tätigem Vulkanismus das Landschaftsbild bestimmen. Hier dominieren junge Bodenbildungen, z.B. an den Hängen **Andosole** und **Cambisole**, **Nitisole**, **Lixisole** sowie **Alisole** und **Acrisole**. In den Flussniederungen wird auf Gleysolen Reis angepflanzt.

Eine Ausnahme davon sind die gebirgsfernen Küstentiefländer von S-Borneo und O-Sumatra, wo nährstoffarme Sedimente (z.B. Quarzsande) vorliegen, denen sog. Padangs aufliegen – das sind anspruchslose tropische Heide- und Hochmoorlandschaften mit Podzolen, Arenosolen, Histosolen und Gleysolen bzw. Fluvisolen. Im Innern dieser Inseln dominieren dagegen Acrisole und Ferralsole. In den Bergnebelwäldern Neuguineas sind **Umbrisole** verbreitet.

I.1 Ferralsole (FR) [lat. ferrum, alumen = Eisen, Aluminium]

DBG: Ferrallite
FAO: Ferralsols
ST: Oxisols

Definition

Rote bis gelbe (je nach Wasserregime), tiefgründige, intensiv verwitterte Böden der Humiden Tropen mit einem ferralic** Horizont (B) zwischen 25 und 200 cm u. GOF. Hohe Jahrestemperaturen und -niederschläge bedingen intensive chemische Verwitterung der primären Minerale, beschleunigte Lösung der Kieselsäure und ihre Abfuhr sowie eine Akkumulation von Sesquioxiden. Daraus resultiert ein mächtiges ABwsC-Profil mit diffusen Horizontgrenzen. Der Bws-Horizont ist der diagnostische Horizont der Ferralsole.

Physikalische Eigenschaften

- Stabiles Mikro- und Makrogefüge (Pseudosand);
- enges Schluff/Ton-Verhältnis, da die Schlufffraktion infolge der intensiven Verwitterung zu Ton zerfällt;
- geringe Lagerungsdichte, hohes PV;
- gute Wasserleitfähigkeit, hohe Infiltrationsrate;
- trotz hoher Tongehalte geringes Wasserhaltevermögen; Wasserstress kann Biomasseproduktion vorübergehend hemmen;
- gute Durchwurzelbarkeit.

Chemische Eigenschaften

- Kaum primäre verwitterbare Minerale; hoher Anteil an Sesquioxiden (Goethit, Hämatit, Gibbsit); Tonfraktion: low activity clays (1:1-Tonminerale, v.a. Kaolinit, Halloysit);
- niedrige pH-Werte (H_2O) um 5 im UBH; im A-Horizont unter Wald 6,5 (wegen des Basenpumpeneffekts der Bäume);
- Bws-Horizont:
  Tonfraktion besteht vorwiegend aus LAC (Kaolinit), Schluff- und Sandfraktion enthält verwitterungsresistente Minerale (Fe-, Al-, Mn-, Ti-Oxide);
  BS niedrig, auch die KAK (in 1 M NH4OAc, pH 7) $\leq$ 16 cmol(+) kg^{-1} Ton (pH-abhängige variable Ladung infolge der Sesquioxide);
  $\Sigma\ Ca_{t+a} + Mg_{t+a} + K_{t+a} + Na_{t+a} \leq 25$ cmol(+) kg^{-1} Feinerde;
  $Al_{ox} + \frac{1}{2}\ Fe_{ox} < 0{,}4$ % FE (d.h. kein andic** Horizont);
  $Fe_{ox} < 0{,}2$ % FE (d.h. kein nitic** Horizont);
  hohe P-Fixierungskapazität (> 85 %);
  Al-, Mn-, Fe-Toxizität möglich.

Biologische Eigenschaften

- Unter Wald hohe mikrobielle Aktivität.

Vorkommen und Verbreitung

Ferralsole sind unter tropischen Regenwäldern sowie in der Feuchtsavanne weit verbreitet. Sie entwickeln sich oft aus Deckschichten umgelagerter Sedimente auf sehr alten reliefarmen Landoberflächen ohne jüngere Orogenese und ohne ehemals vergletscherte Gebiete. Die Entwicklung des ferralic** Horizonts schreitet auf basischen Gesteinen rascher voran als auf sauren.
Weltweit nehmen Ferralsole eine Fläche von ca. $750 \cdot 10^6$ ha ein, die sich vor allem auf die äquatorialen Regenwaldgebiete Südamerikas (Amazonien), Zentralafrikas und z.T. Südostasiens erstreckt.
Ferralsole sind oft mit Acrisolen, Nitisolen, ferralic** Cambisolen und Plinthosolen vergesellschaftet.

Nutzung und Gefährdung

Im Regenwald geschlossener Stoffkreislauf (Streufall, Streuzersetzung, Nährstofffreisetzung, rasche Nährstoffentnahme aus den Auflage- und Oberbodenhorizonten); kaum Nährstoffauswaschung. Tiefwurzler nutzen die Nährstoffe der tiefen Bodenlagen. Nach Waldrodung starker Humusschwund und Nährstoffverluste, auch Verdichtung. Nutzung in Form von **shifting cultivation** ist ökologisch sinnvoller als Rodung mit schweren Maschinen (mechanized clearing). Brachezeiten von ca. 10...20 Jahren sind nötig, um die Fruchtbarkeit der Böden wiederherzustellen.
Nutzungspotenzial gekennzeichnet durch gute physikalische, jedoch ungünstige chemische Eigenschaften. Sorgfältige Humuswirtschaft notwendig, da Nährstoffe bevorzugt an Huminstoffe adsorbiert vor rascher Auswaschung geschützt werden. Nachhaltige Nutzung erfordert einen hohen Input (Kalk, bes. P neben N, K und Spurenelementen; Pestizide). Nutzungswechsel (Acker/Weide) mit N-bindenden Futterpflanzen fördert den Humusaufbau. Minimum oder zero tillage wirken der Erosion entgegen. **Agroforstwirtschaft** erweist sich als vielversprechend. Man unterscheidet zwischen *Simultanbrache* (Anteil annueller Pflanzen unter Bäumen und Sträuchern) und *Intensivbrache* (Wechsel zwischen Ackernutzung und rasch wachsenden bodenverbessernden Baumkulturen).
Wegen der stabilen Struktur ist die Erosionsgefahr relativ gering.

Lower level units*

Plinthic · gleyic · andic · acric · lixic · arenic · gibbsic · geric · humic · histic · mollic umbric · endostagnic · vetic · posic · ferric alumic · hyperdystric · hypereutric · rhodic xanthic · haplic

Profilcharakteristik

Ausgewählte Bodenkennwerte eines haplic** Ferralsols unter Regenwald

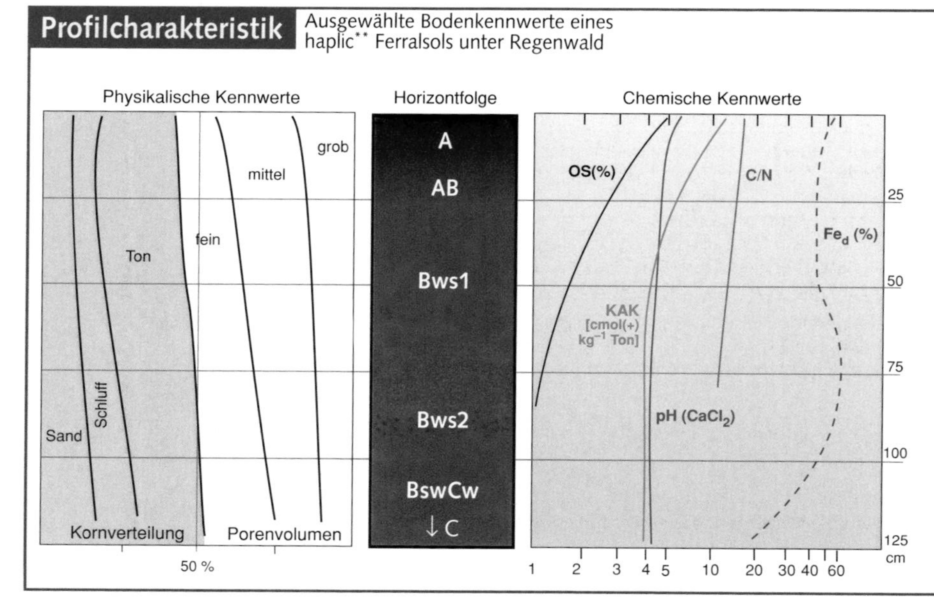

Diagnostische Merkmale:
ferralic Horizont** (= diagnostischer UBH)

- Sandiger Lehm oder feinkörniger, < 90 Masse-% Skelett (Kies, Steine, Fe-/Mn-Konkretionen = Petroplinthit);
- < 10 Masse-% wasserdispergierbarer Ton, sofern keine geric** Eigenschaften oder > 1,4 % C_{org} vorliegen;
- < 10 Masse-% verwitterbare Minerale in der 50...200 µm Fraktion;
- KAK (1 M NH_4OAc) $\leq$ 16 cmol(+) kg^{-1} Ton sowie KAK_{eff} (Σ der austauschbaren basisch wirkenden Kationen + Austauschacidität in 1 M KCl) < 12 cmol(+) kg^{-1} Ton;
- keine diagnostischen Anhaltspunkte für einen andic** Horizont;
- Mächtigkeit $\geq$ 30 cm.

Innerhalb 100 cm u. GOF kein nitic** Horizont; kein argic** Horizont. Typisch ist die auffällige Pseudosand-Textur.

Rhodic** Ferralsol (Cerrados, Brasilien).

Ferralsole sitzen in der Regel einem tiefgründigen Gesteinszersatzhorizont auf (S-Thailand).

Bodenbildende Prozesse

Ferralisation
rascher Abbau der Streu
Ausbildung einer Pseudosandstruktur
häufig Rubefizierung

Die wichtigsten profilbildenden Prozesse der Ferralsole sind:

1. Unter immergrünem Regenwald wird reichlich Streu angeliefert, die jedoch durch die in dem feuchtwarmen Milieu optimal gedeihenden Mikroorganismen rasch abgebaut wird. Termiten und Ameisen fördern ebenfalls den Abbau. Unter Wald gleicht der hohe Streuanfall jedoch den beschleunigten Streuabbau wieder aus. Erst nach Rodung kommt es zu starkem Humusschwund, da die Zweischichttonminerale die organische Substanz wenig stabilisieren. A-Horizonte bewaldeter Ferralsole haben wegen des Basenpumpeneffekts pH-Werte von 6...6,5. Darunter versteht man die Anreicherung basisch wirkender Kationen durch den Streufall.
2. Der profilprägende Prozess der Ferralsole ist die **Ferralisation**, der zur Entwicklung des diagnostischen ferralic** Horizonts führt; sie umfasst folgende Einzelprozesse:
   a) Zerstörung der verwitterbaren Silicate durch Hydrolyse.
   b) Intensive Auswaschung der Bruchstücke bzw. Ionen Si (= Desilifizierung), Ca, Mg, K, Na.
   c) Relative Anreicherung von Sesquioxiden (Fe-, Al-Oxide und -Oxihydroxide) sowie von verwitterungsresistenten Oxiden wie Zirkon, Turmalin, Anatas, Rutil.
   d) Neubildung von LAC (Kaolinit, Halloysit).
3. Die charakteristische **Pseudosandstruktur** der Ferralsole beruht auf der Reaktion zwischen negativ geladenen LAC und positiv geladenen Oxiden. Trotz hoher Tongehalte ergibt die Fingerprobe eine schluffig-sandige Textur.
4. Ferralsole sind oft rubefiziert. Darunter versteht man die durch Hämatit (α-Fe_2O_3) und seine Vorstufen hervorgerufene Rotfärbung. Hämatit entsteht bei hohen Bodentemperaturen.

Im tieferen Unterboden kann sich Nitrat (NO_3^-) anreichern, da bei niedrigen pH-Werten Oxide positive Ladungen haben:

$$NO_3^- \; + \; \overset{+}{\underset{+\;+}{\text{Oxid}}} \quad (= \text{Anionensorption})$$

Tief wurzelnde Bäume sind in der Lage, diesen Stickstoff zu nutzen.

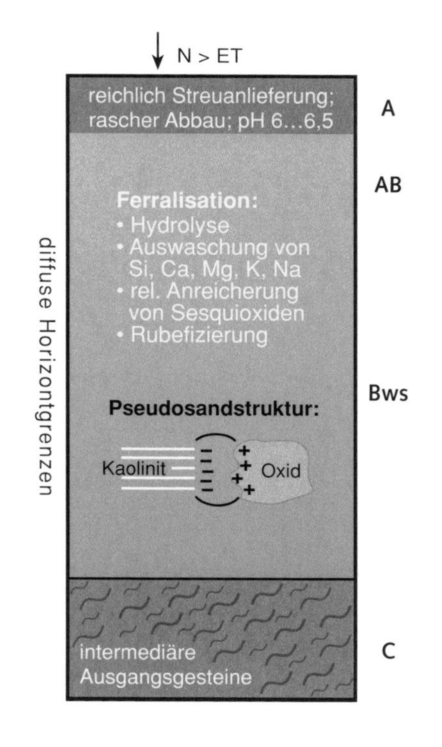

I.2 Plinthosole (PT) [gr. plinthós = Ziegel(stein)]

DBG: –
FAO: Plinthosols
ST: Plinth...ox, z.B. Plinthaquox

Definition

Intensiv verwitterte Böden der Immer- und Wechselfeuchten Tropen, die innerhalb 50 cm u. GOF entweder einen plinthic** Horizont (grabbare, humusarme, aber Fe-reiche Lage aus Kaolinit und Quarz) oder einen verhärteten petroplinthic** Horizont (Fe_2O_3-zementierte, humusarme Lage z.T. mit nicht verhärteten Anteilen) aufweisen. Sofern gebleichte OBHe vorkommen, muss sich der plinthic** Horizont innerhalb 100 cm u. GOF befinden. Beide Horizonte können diffus in nicht plinthitisches Material eingebettet sein; überwiegt plinthitisches Material, so spricht man von ‚sesquimottled material' (Horizontsymbol sq, s = reich an Sesquioxiden, q = reich an Quarz), überwiegt petroplinthitisches Substrat, spricht man von ‚sesquiskeletal material' (Horizontsymbol msq, m = massiv). Charakteristische Horizontfolgen sind AB(m)sqC oder AEB(m)sqC.

Physikalische Eigenschaften

- Petric** Plinthosol: verhärtete Lage, gelbrostbraun, nicht mit Spaten grabbar; Struktur plattig bis säulig; wasserstauend.
- Nicht verhärteter Plinthosol: dicht gelagert, rot gefleckt, kohärente Struktur, mit Spaten grabbar; wasserstauend.

Chemische Eigenschaften

- Kaum primäre verwitterbare Minerale, hoher Anteil an Sesquioxiden (Goethit, Hämatit, Gibbsit) und low activity clays (1:1-Tonminerale: Kaolinit);
- niedrige pH-Werte (H_2O) um 5;
- BS im Oberboden niedrig, im (petro)plinthic** Horizont sehr niedrig;
- KAK (1 M NH_4OAc) niedrig (< 16 cmol(+) kg^{-1} Ton; pH-abhängige variable Ladung wegen des Sesquioxid-Reichtums);
- hohe P-Fixierungskapazität (> 85 %);
- Al-Toxizität möglich.

Biologische Eigenschaften

- Kaum aktive Bodenfauna;
- schwer oder nicht durchwurzelbar.

Vorkommen und Verbreitung

Plinthosole konzentrieren sich auf morphologisch eng begrenzte Landschaftselemente. Petric* Plinthosole bilden häufig Krusten auf Vollformen der Rumpfflächenlandschaften. Da sie ursprünglich in stau- oder grundwasserbeeinflussten Ebenen, Senken oder in Unterhanglagen gebildet wurden, weist ihr Vorkommen auf den Vollformen auf Reliefumkehr hin. Die nicht verhärteten Plinthosole verteilen sich auf Ebenen und Senken mit Wasserstau.
Weltweit nehmen Plinthosole ca. $60 \cdot 10^6$ ha Bodenfläche ein, die sich auf die Regenwaldgebiete und besonders auf Savannen Südamerikas (Randgebiete Amazoniens), Westafrikas (Sahel, Sudan), Zentralindiens, Südostasiens (Thailand, Indonesien) und Nordaustraliens erstreckt.

Nutzung und Gefährdung

Wegen ihrer Nährstoffarmut eignen sich Plinthosole nicht für den Ackerbau. Bei Vorliegen eines petroplintic** Horizonts leidet darüber hinaus die Durchwurzelbarkeit des Solums. Plinthosole werden deshalb oft als extensive Weide genutzt.
Skelettreiche oder verhärtete Plinthosole liefern Material für den Straßenbau, weiche Plinthosole eignen sich zur Herstellung von Mauerziegeln.

Lower level units*

Petric · alic · acric · umbric · albic · stagnic endoeutric · geric · humic · endoduric vetic · alumic · abruptic · pachic · glossic ferric · haplic

Plinthit ist im nassen Zustand weich und kann in Form von Ziegeln aus dem Plinthosol herausgegraben werden. An der Luft härten sie aus und dienen als Baumaterial (Vietnam).

Profilcharakteristik

Ausgewählte Bodenkennwerte eines haplic** Plinthosols

Physikalische Kennwerte: Sand, Schluff, Ton, Skelett (Kornverteilung); grob, mittel, fein (Porenvolumen); 50 %

Horizontfolge: A, E, Bsq1, Bsq2, Cw, ↓C

Chemische Kennwerte: OS (%), pH ($CaCl_2$), KAK [cmol(+) kg^{-1} Ton], Fe_d (%), $Al_{austb.}$ (%); 0 1 2 3 4 5 10 20 30 40 60; Tiefe 25, 50, 75, 100, 125 cm

Diagnostische Merkmale:

Plinthic Horizont** (diagnostischer UBH):
- ≥ 25 Vol.-% humusarme, Fe-reiche Kaolinit–Quarz-Mischung, die sich freiliegend bei wechselndem Trocknen/Vernässen und unter Zutritt von Luftsauerstoff irreversibel zu ungleichmäßig geformten Aggregaten oder zu einer verhärteten Lage entwickelt;
- ≥ 2,5 Masse-% Fe_d in der Feinerde, insbesondere im oberen Teil des Horizonts oder 10 Masse-% Fe_d innerhalb der Flecken oder Konkretionen;
- Fe_o (pH 3) : Fe_d < 0,10;
- < 0,6 Masse-% C_{org};
- Mächtigkeit ≥ 15 cm.

Petroplinthic Horizont** (diagnostischer UBH):
- enthält ≥ 10 Masse-% Fe_d, insbesondere im oberen Teil des Horizonts;
- Fe_o (pH 3) : Fe_d < 0,10;
- zementiert; trockene Fragmente sind nicht durchwurzelbar und lassen sich nicht mehr aufschlämmen;
- < 0,6 Masse-% C_{org};
- Mächtigkeit ≥ 10 cm.

Petric** Plinthosol mit verhärtetem petroplinthic Horizont ab ~25 cm Bodentiefe (Senegal).

Plinthit: humusarmes, sesquioxidreiches Gemenge aus Quarz und Ton, mit Staunässemerkmalen.

Bodenbildende Prozesse

Plinthisation
Ferralisation
rascher Streuabbau

Die bodenbildenden Prozesse, die zur Entwicklung von Plinthosolen führen, ähneln zunächst denen, wie sie auch bei Ferralsolen anzutreffen sind:

1. Da Plinthosole ungünstige Standorte sind, sind Biomasseproduktion und damit Streuanfall niedrig. Der Abbau erfolgt jedoch relativ rasch, bes. durch Termiten und Ameisen, was zu humusarmen A-Horizonten führt; die B-Horizonte sind vielfach humusfrei.
2. **Ferralisation**: a) Zerstörung der verwitterbaren Silicate durch Hydrolyse. b) Intensive Auswaschung der Bruchstücke bzw. Ionen Si, Ca, Mg, K, Na. c) Relative Anreicherung von Sesquioxiden (Fe-, Al-Oxide und -Oxihydroxide) sowie von verwitterungsresistenten Oxiden wie Zirkon, Turmalin, Anatas, Rutil. d) Neubildung von LAC (Kaolinit, Halloysit).
3. **Plinthisation:** Im Stau- und Grundwasserbereich von Ebenen und Senken sowie in Unterhanglagen kann es durch laterale und/oder aszendente Zufuhr (Pseudogley-/Gley-Dynamik) zu einer absoluten Anreicherung von Sesquioxiden kommen. Solange die Anreicherungen grabbar sind, spricht man von **Plinthit**; nach Luftzutritt und Austrocknung tritt irreversible Verhärtung ein. So entstehen im Lauf der Zeit harte, nicht mehr grabbare Krusten, die **Petroplinthite**. Beide wirken als Wasserstauer, sodass sich darüber durch Nassbleichung ein E-Horizont bilden kann.

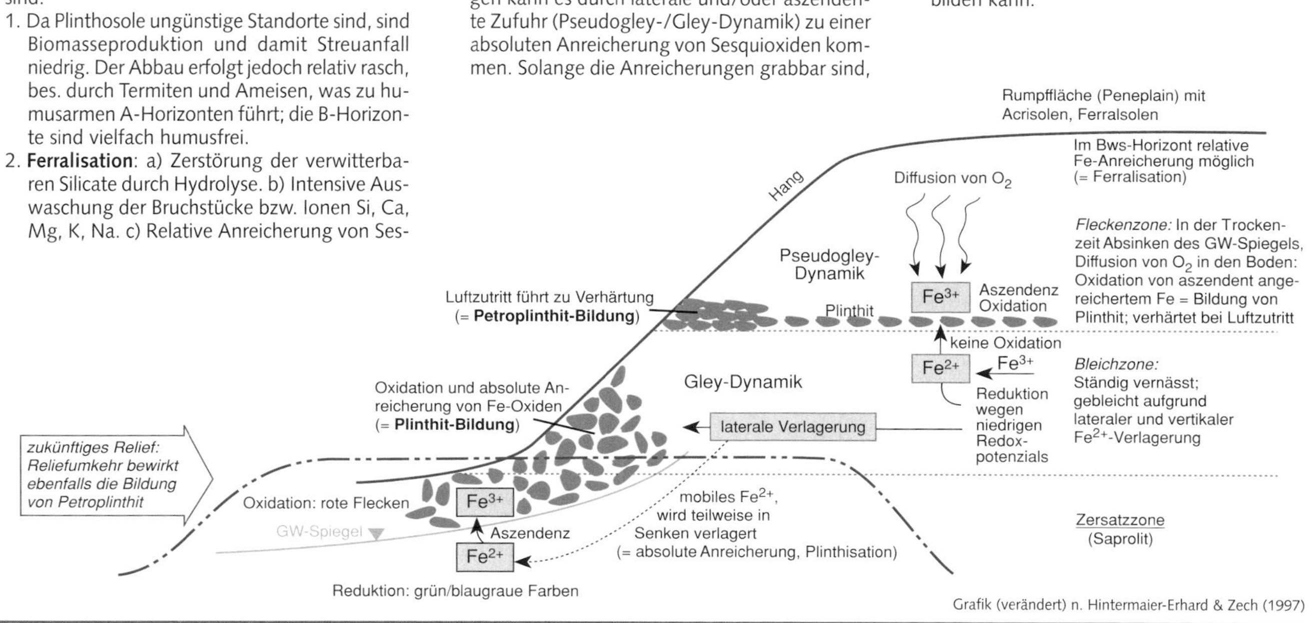

Grafik (verändert) n. Hintermaier-Erhard & Zech (1997)

I Immerfeuchte Tropen: Landschaften

Ferralsol-Kulturlandschaft I: Brandgerodete Fläche als Folge traditioneller Landnutzung des Tropenwaldes in Form von shifting cultivation (engl.: Wanderfeldbau; Brasilien).

Erodierter Plinthosol: Der Plinthit ist zu einer eisenreichen Kruste (petroplintic Horizont) verhärtet. Darunter folgt die so genannte ‚Fleckenzone' (nördliches Thailand).

Ferralsol-Kulturlandschaft II: Die intensive Bewirtschaftung der Ferralsole erfordert Kalkung, Mineraldüngereinsatz und je nach Klimaverhältnissen auch Bewässerung (Cerrados, Brasilien).

Plinthosol-Landschaft (Ost-Gambia).

I Immerfeuchte Tropen: Catenen

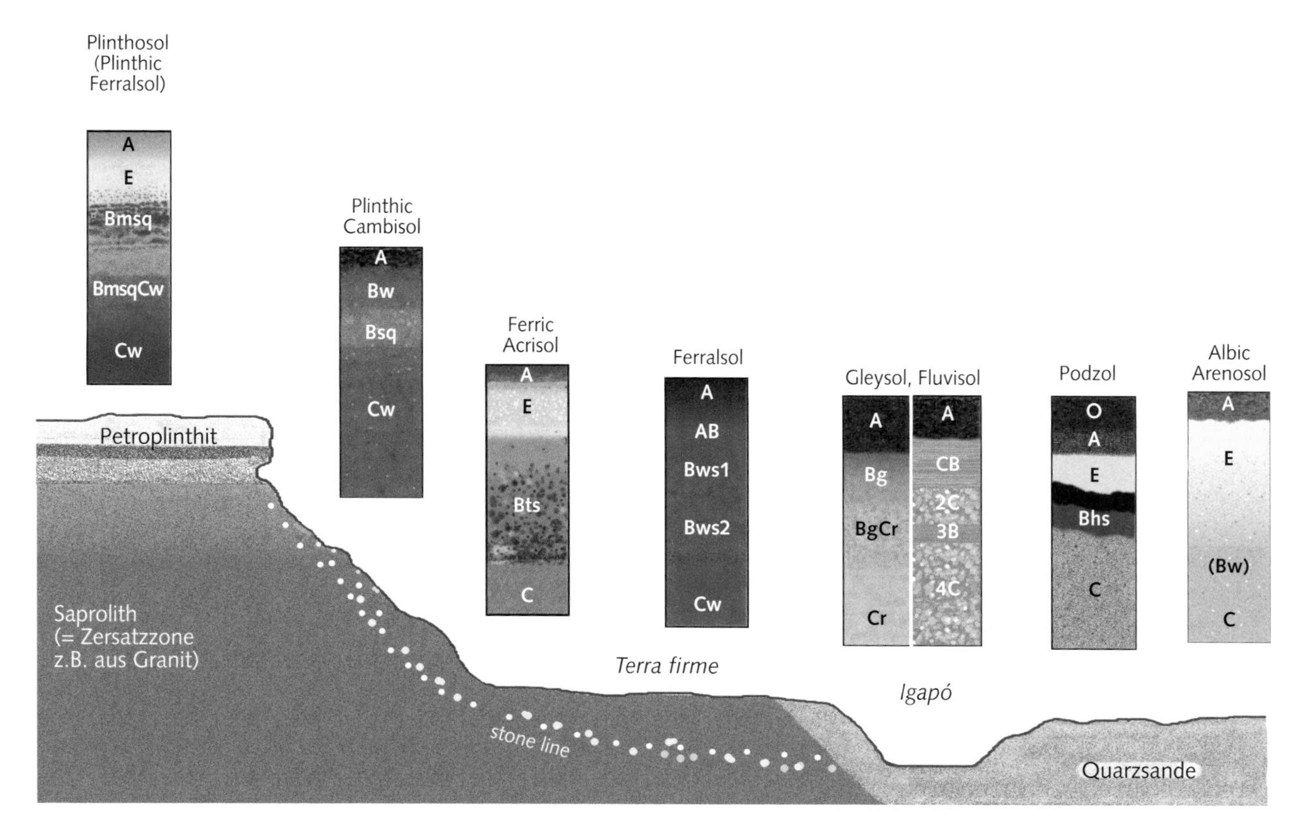

Bodengesellschaft im Regenwaldgebiet des Río Negro (nördliches Amazonien)

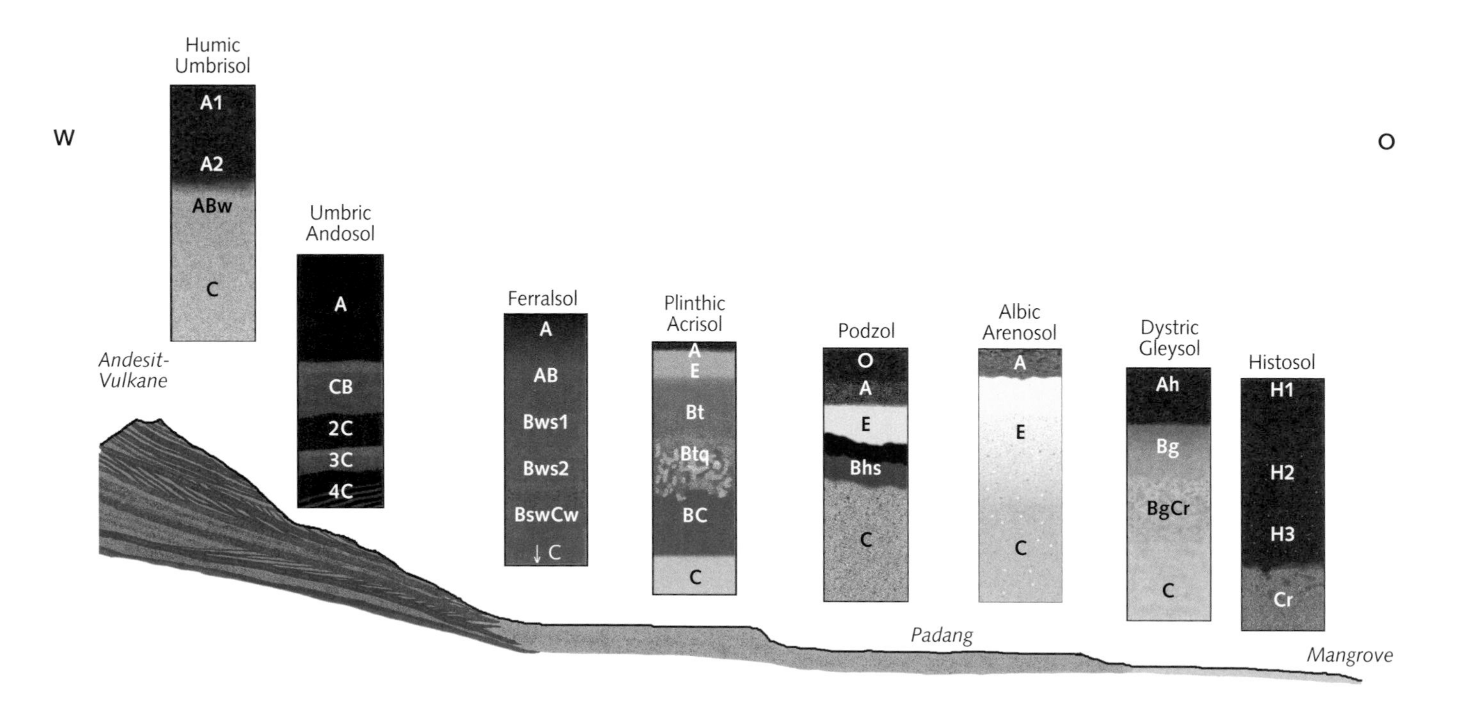

Bodenabfolge entlang eines West–Ost-Profils durch das Regenwaldgebiet der Insel Sumatra (W-Indonesien)

J Gebirgsregionen: Lage, Klima, Vegetation

Lage

Die Gebirge der Erde sind durch ihre geodynamische Entstehung an ehemalige und rezente Plattengrenzen gebunden. Wegen deren linearer Form und überregionalen Ausdehnung weisen die meisten Orogene eine langgestreckte schmale Gestalt auf und erstrecken sich oft über ganze Kontinente hinweg. Die bedeutendsten Gebirge sind:

Nordamerika: Küstenkordillere, Sierra Nevada, Rocky Mountains, Appalachen.
Mittelamerika: Sierra Madre, zirkumpazifische Vulkanketten.
Südamerika: Anden, Serra do Mar.
Europa: Alpen, Pyrenäen, Karpaten, Apennin, Balkan, norwegische Fjälls, Ural, Taurus.
Asien: Kaukasus, Elburs, Zagros, mittel- und ostsibirisches Bergland, Pamir, Tien Schan, Altai, Himalaja, Hindukusch, Kun Lun, zirkumpazifische Vulkanketten.
Afrika: Atlas, Hoggar, Tibesti, Äthiopisches Hochland, ostafrikanische Vulkanketten, Kapgebirge, Drakensberge, Madagaskar.
Australien, Ozeanien: Australische und Neuseeländische Alpen, Zentralgebirge von Neuguinea.

Im Gegensatz zur horizontalen Gliederung der Erde in Ökozonen werden die Gebirge in vertikaler Richtung in Form von Höhenstufen unterteilt. Wegen ihres plurizonalen Charakters, d.h. der Zugehörigkeit zu verschiedenen Ökozonen, weisen sie je nach Lage unterschiedliche physische Merkmale auf.

Klima

Allen Gebirgen ist gemeinsam, dass je nach Höhenstufe und Exposition unterschiedliche Klimaverhältnisse bestehen. Generell gilt, dass mit zunehmender Höhe UV- und direkte Sonneneinstrahlung ansteigen, Wasserdampf, atmosphärische Dichte, Luft- und O_2-Partialdruck sowie Temperatur nehmen dagegen ab (0,5...0,7 °C 100 m^{-1}). Weiterhin gilt:

- Hohe Temperaturgegensätze zwischen Tag und Nacht, Sommer und Winter, Tal und Berg, Sonn- und Schattseite;
- Schneegrenze steigt von den polaren zu den tropischen Gebirgen stetig an (Meeresniveau bis ca. 6000 m in Gebirgen der ariden Tropen);
- Lee/Luv-Effekte, bes. bei quer zur Hauptluftströmung angeordneten Gebirgszügen (Luv > N durch Kondensation, Wolkenstau, Steigungsregen; Lee < N z.B. durch Föhn);
- Berg/Tal-Winde (warmer Tagwind auf-, kühler Nachtwind absteigend);
- häufige, erosionsfördernde Starkniederschläge.

Außertropische Gebirge
- Jahreszeitenklima (Tagesamplitude der Lufttemperatur < Jahresamplitude);
- Niederschlag steigt mit der Höhe kontinuierlich an (advektiver Typ).

Vergleich klimatischer Parameter zwischen gemäßigt-alpinen (z.B. Alpen) und tropisch-alpinen (z.B. Kilimandjaro) Gebirgen während der Sommermonate (veränd. n. Schroeder 1998).

	Vegetationsperiode	Tageslänge	Sonnenstand	Sonneneinstrahlung	Temperaturschwankung	Frostwechsel
Gemäßigt-alpin	≈ 4 Monate	≥ 16 h	hoch	stark	stark	häufig
Tropisch-alpin	12 Monate	≥ 16 h	senkrecht	sehr stark	sehr stark	fast täglich

Tropische Gebirge
- Tageszeitenklima (Tagesamplitude der Lufttemperatur > Jahresamplitude);
- Höhenstufe(n) mit Niederschlagsmaximum (konvektiver Typ), häufig in Form von Nebel. Gipfelregionen oft arid.

Vegetation

Der Vegetationsverteilung in den Gebirgen liegt die Gliederung nach Höhenstufen zugrunde. Je nach geographischer Breite des Gebirges sind diese sehr unterschiedlich ausgebildet. Der Einfachheit halber wird der Unterschied an zwei typischen Beispielen aufgezeigt.

Außertropische Gebirge (Beispiel Alpen)
Colline Stufe (bis ca. 700 m): Laubmischwald mit vorwiegend Buchen, Tannen und Fichten, im Süden mit Edelkastanie; z.T. Wein, Obst; Weidewirtschaft.
Montane Stufe (700...1800 m): vorwiegend Fichte mit Buche und Tanne, schließt nach oben mit der Laubwaldgrenze ab.
Subalpine Stufe (1800...2200 m): vorwiegend Fichtenwald mit Föhre, nach oben mischt sich zunehmend Lärche und an der Obergrenze schließlich Arve hinzu, welche die Waldgrenze bildet.
Alpine Stufe (2200...2800 m): an der Untergrenze mit Krummholz und Zwergsträuchern (hier auch die Baumgrenze), geht nach oben über in die Mattenregion.
Nivale Stufe (> 2800 m): Vegetationsdecke nur noch fragmentartig, wird abgelöst durch Schuttdecken, Fels, Firnfelder, Gletscher. Letztere bedeutende Wasserspeicher, die jedoch in fast allen Hochgebirgen zurückgehen.

Tropische Gebirge (Beispiel Anden)
Tierra caliente (bis ca. 1000 m): Tropischer Regenwald des Tieflands (Amazonasbecken).
Tierra templada (ca. 1000...2200 m): Tropisch-montaner Regenwald (‚Yungas'), weitgehend durch Terrassenanbau verändert.
Tierra fria (ca. 2200...3300 m): oreotropischer Wald = tropisch temperierte Bergwaldstufe, bes. im Lee-Bereich Nebelwälder (‚Ceja', Kondensationsniveau ≈ 2300... 2900 m) mit Lorbeergewächsen, Bambus, *Podocarpus*. Darüber geht der Wald allmählich in die Buschformen der alpinen Stufe der *Tierra helada* (3300... 4400 m) über:
Paramo: wechselfeucht; Schopfrosettenpflanzen, Büschelgräser;
Puna: (halb)trocken; Polsterpflanzen, Zwergsträucher, Xerophyten.
Tierra nevada (> 4400 m): entspricht der nivalen Stufe in den Alpen.

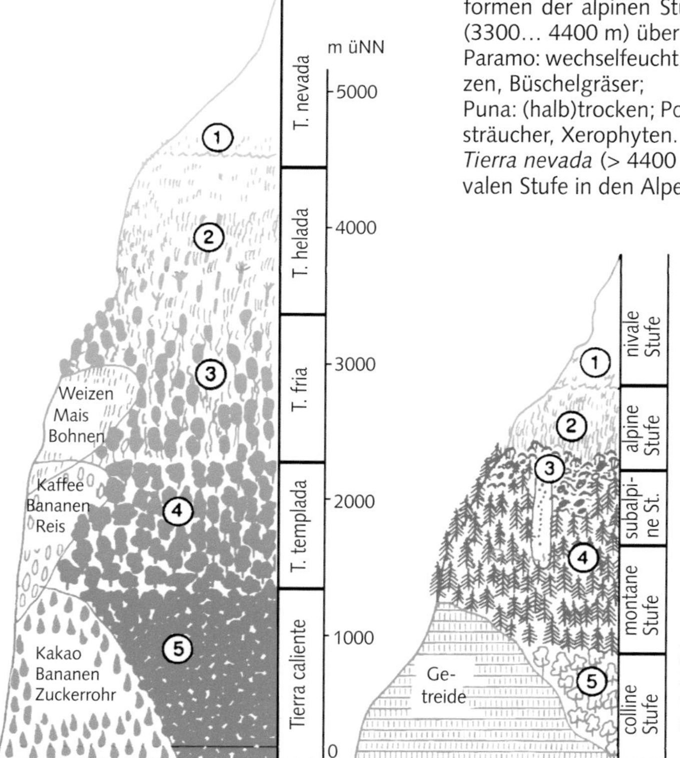

Hochgebirge der Tropen (links):
1 Pioniervegetation
2 Puna (oberer), Paramo (unterer Teil)
3 oreotropischer Wald (mit Nebelwald)
4 Tropisch-montaner Regenwald
5 Tropischer Regenwald

Hochgebirge der Feuchten Mittelbreiten (rechts):
1 Pioniervegetation
2 Matten
3 Krummholz
4 Bergwald
5 Sommergrüner Wald
(aus H. Leser 1994)

J Gebirgsregionen: Böden und ihre Verbreitung

Bodenbildung

Gemeinsames Merkmal der Gebirgsböden ist die Veränderung (‚hypsographischer Wandel') der bodenbildenden Faktoren (Klima, z.T. Relief, Vegetation). Mit zunehmender Höhe nehmen Profildifferenzierung und Klimaxgrad kontinuierlich ab. Für die staulastigen Luvseiten mit hohen Niederschlägen (z.B. Nordseite der Alpen, Ostseite der Anden, Südseite des Himalaja) können sich mächtige organische Auflagen (z.B. Tangelhumus) bilden; oft sind die Böden auch hydromorph überprägt. Die trockeneren Leelagen weisen dagegen Böden mit geringmächtigeren Humusauflagen auf.

Gleichen die Böden im Bereich des Vorgebirges (colline Stufe) noch weitgehend jenen des umgebenden Flach- und Hügellandes, so ähneln sie mit steigender Höhe in Annäherung an die höchsten Gipfel immer mehr den Böden der Polargebiete. Auch gewinnt die physikalische Verwitterung zunehmende Bedeutung gegenüber der chemischen (hohe Temperaturunterschiede, Frostsprengung, Cryoturbation, Solifluktion). In der alpinen Stufe ist das Ausgangssubstrat daher vorwiegend durch physikalische Verwitterungsprozesse beeinflusst, es reicht von skelettreichen Deckschichten bis zum nackten Fels. Frostmuster- und Strukturböden sind häufig, in ganzjährig beschatteten Gebieten auch Permafrostböden (**Cryosole**).

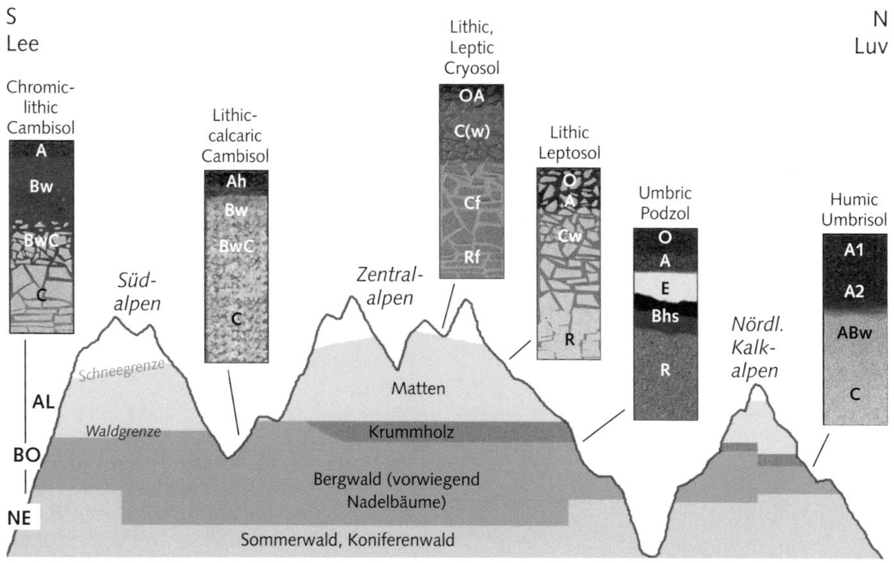

Nord–Süd-Profil durch die Alpen mit Vegetationsstufen und den wichtigsten Böden (AL = alpine, subalpine Stufe, BO = boreale oder montane Stufe, NE = nemorale oder colline Stufe der Feuchten Mittelbreiten; oberhalb der Schneegrenze: nivale Stufe).

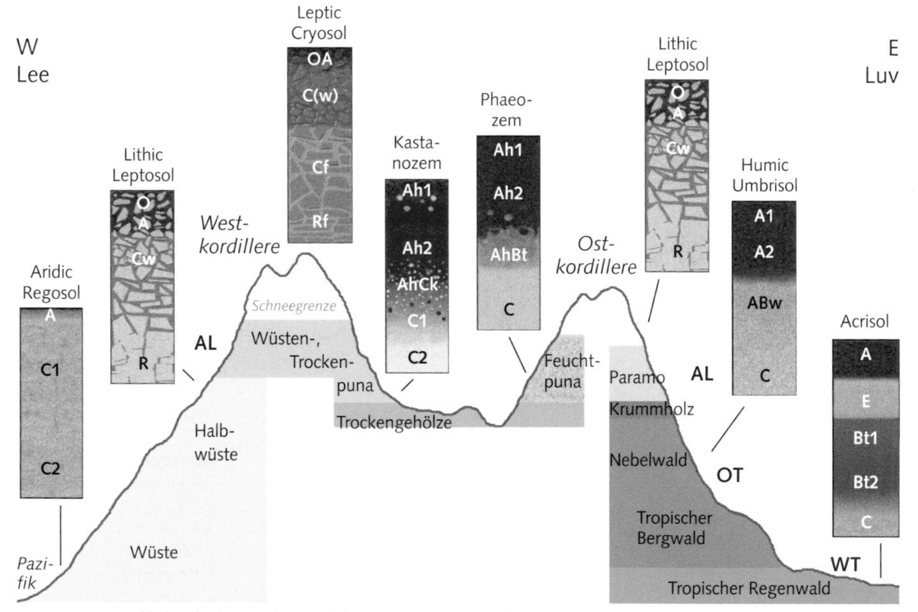

West–Ost-Profil durch die Anden auf der Breite von Ecuador mit Vegetationsstufen und den wichtigsten Böden (AL = alpine, subalpine Stufe, OT = oreotropische Stufe, WT = warmtropische Stufe.

Böden

Alpen: In den Nördlichen Kalkalpen sind im unteren Teil des Bergwalds **Cambisole, Luvisole** und rendzic* Leptosole vorherrschend. Auf mergelreichen Gesteinen der Almen finden sich auch **Gleysole**. In den höheren Lagen kommen südseitig rendzic Leptosole und nordseitig folic* Histosole (= Tagelrendzinen, Fels- und Skeletthumusböden, n. DBG) vor. Die Zentralalpen werden von dystric* Cambisolen und Podzolen beherrscht, in der nivalen Zone im Bereich des Permafrosts kommen **Cryosole** vor. – In den Zentral- wie in den Kalkalpen gibt es in glazialen Hohlformen auch Moore.

Auf der Alpensüdseite sind unter dem zunehmenden Einfluss des Mittelmeerklimas auf unteren Talhängen bereits chromic* Cambisole/ **Luvisole** (DBG: Terra fusca) anzutreffen.

Anden: Die Nord–Süd streichenden Anden durchlaufen mehrere Ökozonen, von den (wechsel)feuchten Tropen im Norden bis zu den Feuchten Mittelbreiten im Süden. Das folgende Beispiel beschreibt die Bodenabfolge auf den ostexponierten humiden Hängen der ecuadorianischen Anden.

In den Regenwäldern (*Tierra caliente*) der Anden-Ostabdachung herrschen **Ferralsole** und **Acrisole** vor. Im tropisch-montanen Bergwald (*Tierra templada*) dominieren lessivierte Böden, z.B. **Acrisole**, **Alisole** und auch **Nitisole** (je nach Ausgangsgestein). Darüber in der Stufe des oreotropischen und perhumiden Nebelwaldes (*Tierra fria*) folgen hygrisch betonte humic* Cambisole, **Umbrisole**, umbric* **Gleysole** und **Histosole**. Im Bereich der *Paramo* und schließlich der *Puna* werden die Böden immer flachgründiger und skelettreicher. Leptosole dominieren neben (skeletic*) **Andosolen**, sofern Vulkanaschen vorliegen.

Im Bereich des *Altiplano*, des innerandinen Hochplateaus mit trockenem Leeseitenklima, kommen auf Feinsedimenten (Aschen, Stäube) typische Steppenböden wie **Kastanozeme** vor, in der Feuchtpuna auch andic* oder tephric* **Phaeozeme**, die nach oben Cambisolen und Leptosolen weichen. Die Talalluvionen werden von **Fluvisolen** ausgefüllt.

Die pazifische Leeseite der Anden ist sehr trocken, weshalb hier schwach entwickelte Böden bestimmend sind. Es handelt sich meist um leptic*, skeletic*, aridic* oder andic* **Cambisole** sowie um Leptosole und **Regosole**.

J.1 Leptosole (LP) [gr. leptos = dünn]

DBG: Ranker, Rendzina, Pararendzina
FAO: Leptosols
ST: Entisols, z.B. Orthent

Definition

Schwach entwickelte, flachgründige, meist skelettreiche Böden aus Festgestein mit der Horizontfolge A(B)C oder A(B)R. Die OBHe können basenreich (mollic** Horizont), sauer (umbric** Horizont) oder humusarm (ochric** Horizont) sein. Sie repräsentieren Initialphasen der Bodenbildung oder erosionsbedingte Degradationsstadien. Das Solum ist zur Tiefe hin begrenzt durch einen kompakten, nicht grabbaren Gesteinsverband (R-Horizont) oder durch carbonatreiches Gestein mit einem $CaCO_3$-Äquivalentgehalt von > 40 %, stets innerhalb 25 cm u. GOF, oder es enthält innerhalb 75 cm u. GOF < 10 Masse-% Feinerde.

Physikalische Eigenschaften

- Skelettreich;
- geringe Wasserspeicherkapazität.

Chemische Eigenschaften

- Nährstoffvorräte sind im durchwurzelbaren Raum niedrig, da flachgründig;
- pH-Werte werden stark vom Ausgangsgestein geprägt;
- Leptosole aus Kalkgestein (rendzic* LP) begünstigen Kalkchlorose (Gelbfärbung und Absterben der Pflanzen wegen Fe-/Mn-Mangel).

Biologische Eigenschaften

- Sehr unterschiedlich, je nach pH-Wert, Mikroklima, Streuqualität;
- auch von der Makrofauna (Enchyträen, Arthropoden, Regenwürmer) besiedelt.

Vorkommen und Verbreitung

Vorwiegend in Gebirgsregionen, häufig an Hängen mit anhaltender Erosion. Auf Kalkschottern geologisch junger Flussterrassen. Leptosole kommen in allen Erdteilen und Höhenlagen vor und nehmen weltweit eine Fläche von ca. 2,3 $\cdot 10^9$ ha ein, davon 0,9 $\cdot 10^9$ ha in den Tropen und Subtropen. Besonders ausgedehnte und häufige Vorkommen finden sich auf dem Kanadischen und Skandinavischen Schild, in den Hoch- und Mittelgebirgen sowie im Bereich der Felswüsten.

Nutzung und Gefährdung

Stark eingeschränkte Nutzungsmöglichkeiten, da zu flachgründig und zu steinreich; im steilen Gelände sind Erosionsschutzmaßnahmen wie Terrassierung, Konturpflügen etc. notwendig.
Für Ackerbau wenig geeignet, eher für forstliche oder weidewirtschaftliche Nutzungen.

Lower level units*

Lithic · gleyic · rendzic · umbric · yermic
aricic · vertic · gelic · hyperskeletic · mollic
humic · gypsiric · calcaric · dystric · eutric
haplic

Profilcharakteristik

Ausgewählte Bodenkennwerte eines rendzic* Leptosols

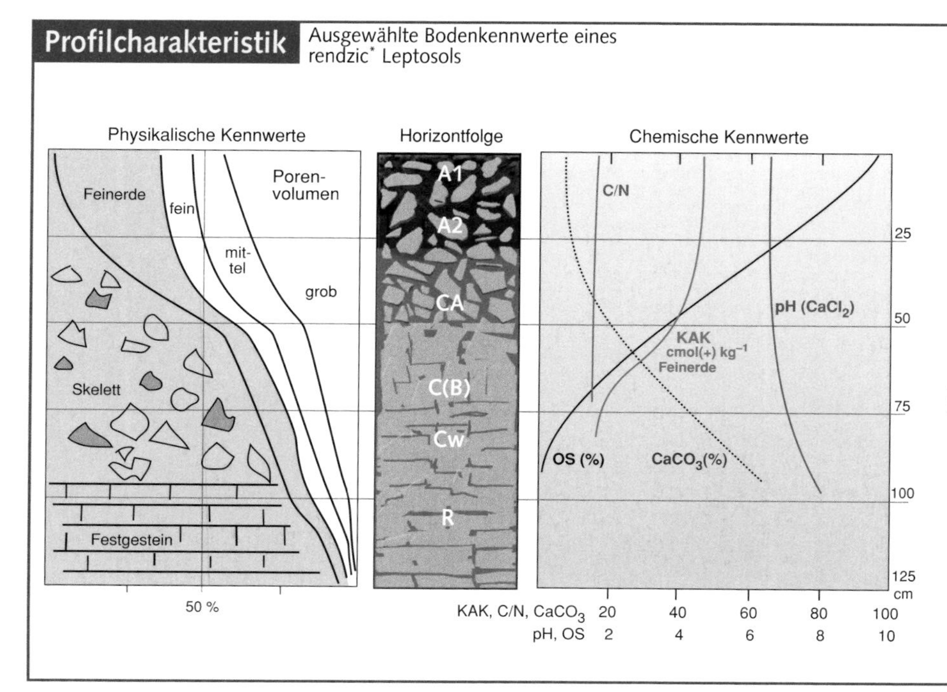

Diagnostische Merkmale:

- Begrenzte Solummächtigkeit durch anstehendes Festgestein innerhalb 25 cm u. GOF; oder
- Solum liegt einem Gestein innerhalb 25 cm u. GOF auf, das einem $CaCO_3$-Äquivalentgehalt von > 40 % entspricht; oder
- Solum enthält < 10 Masse-% Feinerde bis in ≥ 75 cm Tiefe u. GOF.

Es kommen keine anderen diagnostischen Horizonte außer einem mollic**, ochric**, umbic**, yermic** oder vertic** Horizont vor.

Rendzic* Leptosol (DBG: Rendzina) mit der Humusform Mull aus Wettersteinkalk (Chiemgauer Alpen, Bayern).

Dystric* Leptosol (DBG: Ranker) mit der Humusform Moder aus Gneiszersatz (Schwarzwald, Baden-Württemberg).

Bodenbildende Prozesse

Initiale Bodenentwicklung aus Festgesteinen

Die wichtigsten initialen profilbildenden Prozesse, die zur Entwicklung von Leptosolen führen, sind:

1. Die Humusakkumulation hängt ab von der Standortqualität. Auf basenreichen, humiden Standorten entstehen biologisch aktive Mull-Humusformen, auf saureren Ausgangsgesteinen bilden sich unter Wald Moder bis Rohhumus aus. Trockene Standorte sind humusarm.
2. Die physikalische und chemische Verwitterung (z.B. Entbasung) fördert die Desintegration des Gesteinsverbandes. Die Feinerde zwischen dem Bodenskelett kann humos sein (Übergang C/A) oder verbraunt und verlehmt (Übergang C/Bw), ohne aber schon die diagnostischen Merkmale eines cambic** Horizonts aufzuweisen.

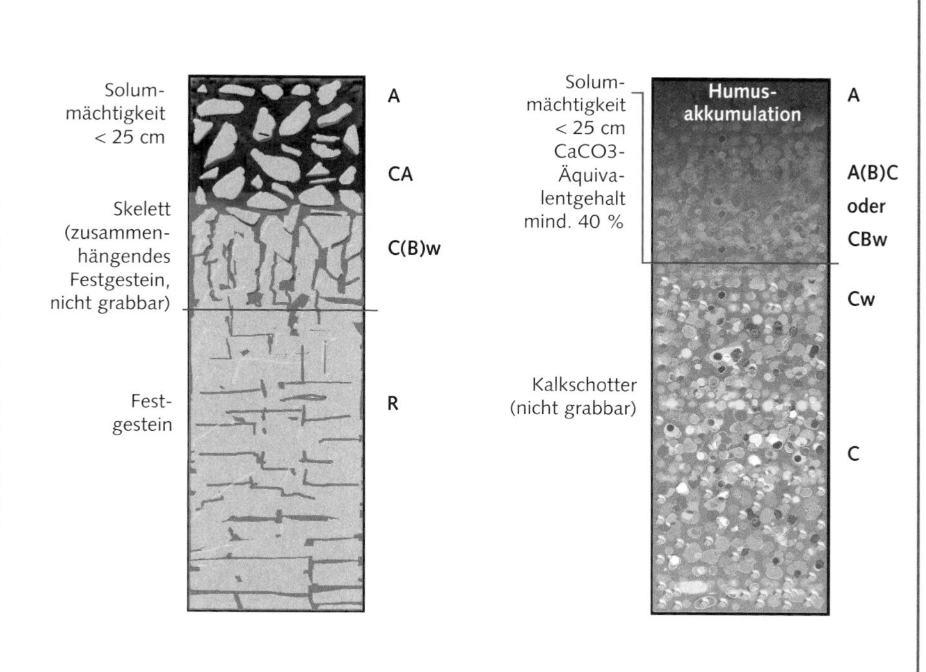

J.2 Regosole (RG) [gr. rhegós = Decke]

DBG: Regosole
FAO: Regosols
ST: z.T. Entisols (z.B. Psamment)

Definition

Junge, schwach entwickelte, mitunter jedoch tiefgründige mineralische AC-Böden mit schwach ausgeprägter Profildifferenzierung. Sie bestehen aus mittel- bis feinkörnigen Lockersubstraten oder Gesteinsgrus und haben außer einem ochric** Horizont keinerlei diagnostische Merkmale, die auf andere Böden des WRB-Systems zutreffen würden.

Regosole dürfen nicht mit den Arenosolen verwechselt werden, die ebenfalls aus grabbaren Lockersedimenten entstehen, deren Textur jedoch aus lehmigem Sand bis Grobsand besteht (s. dort). Böden aus geschichtetem Material (= fluvic** Bodenmaterial) fluviatiler, mariner oder lakustriner Genese zählen nicht zu den Regosolen, sie werden vielmehr als Fluvisole klassifiziert (s. dort).

Physikalische Eigenschaften

- Textur feinsandig bis schluffig;
- hohe Wasserdurchlässigkeit, wenn sandig, dann
- häufig geringe nutzbare Wasserspeicherkapazität;
- gute Durchwurzelbarkeit.

Chemische Eigenschaften

- Chemismus maßgeblich vom Ausgangsgestein beeinflusst;
- Nährstoffvorräte meist niedrig;
- pH-Werte 4...7;
- BS in weiten Grenzen schwankend.

Biologische Eigenschaften

Eingeschränktes, jedoch aktives Bodenleben; biologische Aktivität hängt ab von den Standorteigenschaften: sie ist hoch, wenn das Substrat basenreich ist und humide Bedingungen herrschen, sie ist niedrig, wenn das Substrat basenarm ist und trockene Bedingungen vorliegen.

Vorkommen und Verbreitung

Regosole entwickeln sich aus mittel- bis feinkörnigen Lockergesteinen, die sowohl carbonatreich (Löss) wie auch carbonatarm bis carbonatfrei sein können (SiO_2-reiche Sande). Weltweit nehmen Regosole eine Gesamtfläche von ca. $500 \cdot 10^6$ ha ein, vor allem in den vegetationsarmen Gebieten der Erde. Davon in den Tundren und borealen Gebieten ca. 50 %, den Gebirgen ca. 7 %, den ariden Tropen und Subtropen ca. 33 % und in den semiariden Tropen und Subtropen ca. 10 %.

Nutzung und Gefährdung

Kolluviale Regosole der Lösslandschaften sind potenziell sehr fruchtbar, in (semi)ariden Gebieten ist jedoch Bewässerung nötig.
Erheblich erosionsgefährdet (Wind- und Wassererosion), deshalb sind Erosionsschutzmaßnahmen dringend erforderlich. Im Gebirge forstliche und weidewirtschaftliche Nutzung.

Lower level units*

Gelic · leptic · gleyic · thaptoandic
thaptovitric · arenic · takyric · yermic
aridic · gelistagnic · stagnic · anthropic
aric · garbic · reductic · spolic · urbic
humic · vermic · hyposalic · hyposodic
gypsiric · calcaric · tephric · skeletic
hyperochric · dystric · eutric · haplic

Profilcharakteristik

Ausgewählte Bodenkennwerte eines calcaric* Regosols

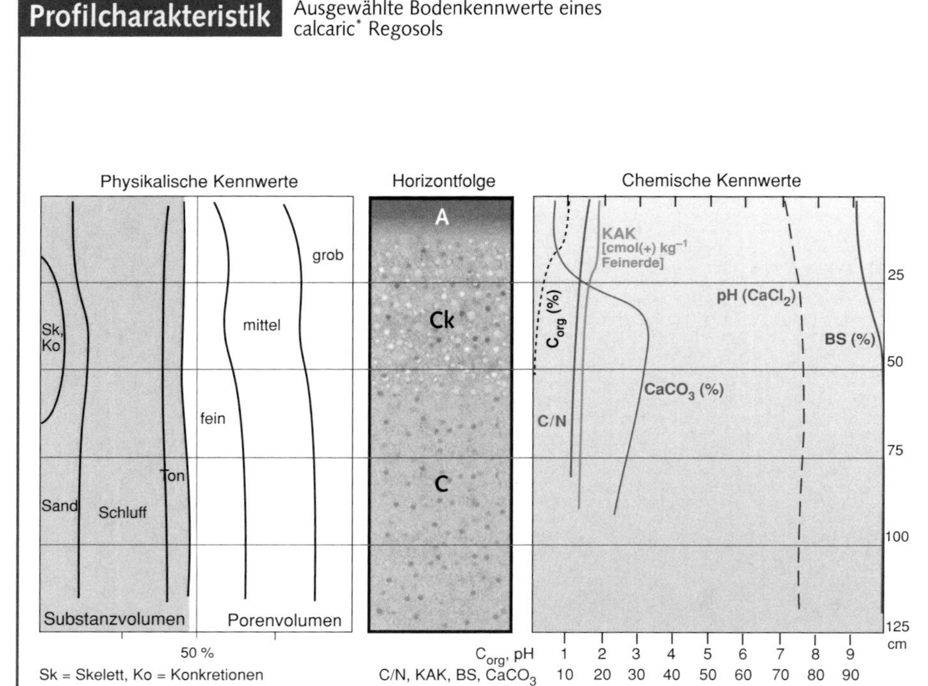

Diagnostische Merkmale:

- ochric** Horizont: flachgründiger hellfarbener OBH mit niedrigen Gehalten an organischem Kohlenstoff (C_{org}). Er zeichnet sich durch eine oder mehrere der folgenden Eigenschaften aus:
  massiv und hart, wenn trocken; klobige Prismen (> 30 cm ⌀); oder
  zerbrochene Proben haben ein chroma von ≥ 3,5 (feucht) oder 5,5 (trocken); bei Anwesenheit von > 40 % feinverteiltem Kalk ist der value > 5; oder
  C_{org} < 0,6 % (entspr. < 1 % OS), gemessen über die gesamte vermischte Lage; bei > 40 % feinverteiltem Kalk muss der C_{org}-Gehalt < 2,5 % sein; oder
  die Mächtigkeit ist a) < 10 cm, wenn er direkt einem petrocalcic**, petroduric** oder petrogypsic** Horizont aufliegt oder ein cryic** Horizont darüber liegt; oder b) ≤ 20 cm oder < $^1/_3$ der Solummächtigkeit, wenn das Solum < 75 cm mächtig ist; oder c) < 25 cm, wenn das Solum > 75 cm mächtig ist;
- kaum sichtbare Horizontdifferenzierung
- gut durchlässiges Bodenmaterial
- Solum überwiegend vom Gestein geprägt

calcaric RG:
kalkreiches Substrat mind. zwischen 20 und 50 cm u. GOF.

Calcaric Regosol aus Mergelgestein (Taurus, Anatolien).

Regosol aus sandigem Moränenmaterial (Tienshan, 3360 m üNN).

Bodenbildende Prozesse

Initiale Bodenentwicklung aus Lockergesteinen

Die wichtigsten initialen profilbildenden Prozesse, die zur Entwicklung von Regosolen führen, sind:

1. Die Humusakkumulation ist auf trockenen, basenarmen Standorten gering (ochric** Horizont), auf feuchten, basenreichen Standorten jedoch höher. Dies gilt auch für die biologische Aktivität (s. Schema rechts).
2. Der Übergang zwischen A- und C-Horizont (CA) zeigt beginnende chemische Verwitterung; er ist gut durchwurzelbar.
3. Die Weiterentwicklung hängt in hohem Maße vom Gestein und vom Relief ab. Aus Löss bilden sich z.B. im Laufe der Zeit durch Verbraunung und Tonverlagerung Cambisole sowie Luvisole.

haplic Regosol → haplic Cambisol → haplic Luvisol

haplic Regosol: schwache Humusakkumulation (A); beginnende chemische Verwitterung (CA); fein- bis mittelkörniges Lockermaterial (z.B. Löss, Dünensande) (C)

haplic Cambisol: Humusakkumulation (A); Verbraunung (BW); BwC; C

haplic Luvisol: A; ↓ Tonverlagerung ↓ (E); Bt; BtC; C

J.3 Andosole (AN) [japan. an = schwarz, do = Boden]

DBG: –
FAO: Andosols
ST: Andisols

Definition

Meist junge Böden aus Pyroklastiten mit dunklem, stark humosem OBH; er ist stets sehr locker. Die Horizontfolge ist A(B)C. Man unterscheidet einen relativ unverwitterten, glasreichen vitric** von einem andic** Horizont, der sich durch Allophanreichtum oder Al-Humus-Komplexe auszeichnet. Der Oberboden ist stark humos (5...20 % OS) und kann als histic**, mollic** oder umbric** Horizont ausgebildet sein. Die Eigenschaften der Andosole werden maßgeblich durch die Kolloidfraktion im andic** Horizont bestimmt. Sie enthält – je nach Verwitterungsgrad – mehr oder weniger hohe Anteile vulkanischer Gläser und deren parakristalline Tonmineralprodukte sowie im fortgeschrittenen Verwitterungsstadium stabile Al-Humus-Komplexe (Chelate).

Physikalische Eigenschaften

- Hohe Stabilität der Mikroaggregate, die zu Polyaggregaten verbunden sind (mehlige Struktur); feucht schmierige Konsistenz;
- geringe Dispersionsneigung der Kolloide;
- sehr lockere Lagerung der Bodenteilchen:
  a) vitric** Horizont: > 0,9 g cm^{-3};
  b) andic Horizont: < 0,9 g cm^{-3};
- Grobporosität ausgeprägt im Oberboden, deutlich geringer im Unterboden;
- hohes Wasserhaltevermögen, gute Dräneigenschaften, hohe Wasserleitfähigkeit;
- hohes Feinporenvolumen mit 60...90 %;
- bei Trockenheit Gefahr der Vermulmung.

Chemische Eigenschaften

- Stark pH-abhängige variable Ladung,
- dadurch bei hohen pH-Werten (vitric Horizont) hohe KAK (bis 100 cmol[+] kg^{-1} Boden) und bei niedrigem pH (alu-andic Horizont) starke P-Fixierung (> 85 %);
- bei tiefem pH oft hohe Gehalte an austauschbarem Al (Al^{3+} > 2 cmol[+] kg^{-1} Boden);
- BS i.d.R niedrig (< 50 %).

Biologische Eigenschaften

- Aktive Mesofauna;
- hohe Durchwurzelungsdichte.

Vorkommen und Verbreitung

Andosole entwickeln sich bevorzugt aus locker gelagerten Pyroklastiten unterschiedlicher chemischer Zusammensetzung (vulkanische Aschen); daneben aus Tuffen und Ignimbriten, mitunter aber auch aus nicht vulkanischen Substraten (z.B. Löss, ferralitische Verwitterungsprodukte). Andosole kommen in allen Ökozonen vor.
Weltweit nehmen Andosole eine Fläche von ca. 100 · 10^6 ha ein, vor allem in den rezent aktiven Stratovulkangebieten mit regelmäßiger Ascheproduktion.

Nutzung und Gefährdung

Im Allgemeinen sehr günstige ackerbauliche Eignung, wenig erosionsanfällig (Ausnahme: Gefahr der Winderosion während Trockenperioden). Ertragsmindernd sind jedoch die hohe P-Fixierung (erforderliche P-Zufuhr: 2...4 g P_2O_5 kg^{-1} Boden) und die Al-Toxizität, besonders der alic* Andosole. Als nachteilig erweist sich auch die geringe Turnover-Rate der OS. Vitric* Andosole weisen Ähnlichkeit mit der Nutzung von Sandböden auf.

Lower level units*

Vitric · alic · eutrisilic · silic · gleyic · melanic fulvic · hydric · pachic · histic · mollic · duric umbric · luvic · leptic · acroxic · vetic calcaric · arenic · sodic · skeletic · dystric eutric · haplic

P-Mangel auf Andosol-Standorten, hervorgerufen durch spez. Sorption von P an Allophan.

Profilcharakteristik

Ausgewählte Bodenkennwerte eines Andosols

Diagnostische Merkmale:

Andic Horizont**
Mäßig verwitterter OBH aus pyroklastischen Ablagerungen, aber nicht zwingend (auch aus Löss, tonigen oder ferralitisch verwitterten Substraten).
- Lagerungdichte des Bodens (bei Feldkapazität) < 0,9 g cm^{-3};
- Tongehalt ≥ 10 Masse-%;
- Feinerde:
  Al_{ox} + $^1/_2$ Fe_{ox} (oxalatlösl.) ≥ 2%,
  < 10 Masse-% vulkanische Gläser;
- P-Fixierung ≥ 70 %;
- Mächtigkeit ≥ 30 cm.

Der andic** Horizont unterscheidet sich in:

*Sil-andic** Horizont:*
saure bis neutrale Reaktion
Si_{ox} (oxalatlöslich) ≥ 0,6 %

*Alu-andic** Horizont:*
saure bis stark saure Reaktion
Si_{ox} (oxalatlöslich) < 0,6 %

Vitric Horizont**
Ein OBH mit vorherrschend vulkanischen Glasanteilen oder anderen Mineralen pyroklastischen Ursprungs. Folgende Eigenschaften gelten:
- Anteil vulkanischer Gläser und anderer primärer vulkanischer Minerale in der Feinerde ≥ 10 Masse-%;
- entweder < 10 Masse-% Ton in der Feinerde oder
- Lagerungsdichte > 0,9 g cm^{-3} oder
- Al_{ox} + $^1/_2$ Fe_{ox} (oxalatlöslich) > 0,4 % oder
- P-Fixierung > 25 %;
- Mächtigkeit ≥ 30 cm.

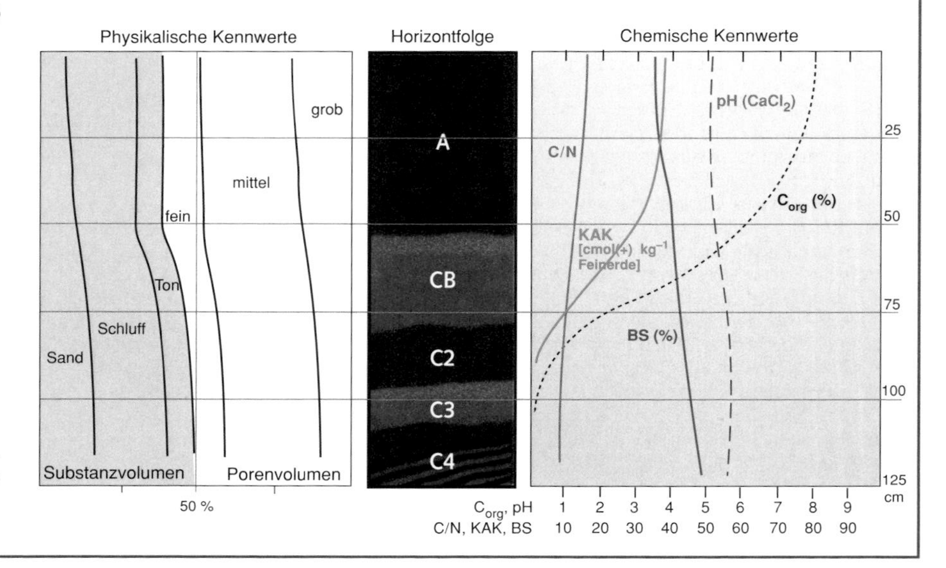

Andosol (Kamtschatka, O-Sibirien).

Andosol aus Ascheschichten (Kamtschatka, O-Sibirien).

Bodenbildende Prozesse

Entwicklung des diagnostischen vitric** und andic** Horizonts

Frische vulkanische Ascheablagerungen bestehen aus einem polymineralischen Gemenge mit den Hauptkomponenten vulkanisches Glas (SiO_2), Sanidin, Pyroxen, Hornblende und Nebengemengteile. Andosole mit kaum verwittertem Solum, noch hohem Glasanteil und wenig Sekundärmineralen (Allophan) haben einen vitric** Horizont.

Unter warmhumiden Klimabedingungen bilden sich durch Hydrolyse in schwach saurem bis schwach alkalischem (pH 5,5…8) Milieu rasch so genannte parakristalline Minerale wie Allophan, Imogolit, Hisingerit oder Ferrihydrit. Dieser Prozess findet vorwiegend in (sub)tropischen und mediterranen Gebieten statt und bringt schwach saure bis neutrale Andosole (pH > 5) mit einem sil-andic** Horizont hervor.

Unter kühlhumiden Klimabedingungen hingegen erfolgt die Mineraltransformation erst in nennenswertem Umfang bei pH 3,5…5, was die Bildung von immobilen, Al-gesättigten Humus-Sesquioxid-Komplexen (= Chelate) begünstigt und zur Entwicklung stark saurer Andosole (pH < 4,5) mit einem alu-andic** Horizont führt. Dieser Prozess findet vorzugsweise auf sauer wirkenden Substraten statt (z.B. Rhyolith, ältere Tuffe, Ignimbrite, Laven), ja selbst auf nicht vulkanischen Substraten (Argillite).

Andosole haben bei tieferen pH-Werten eine hohe AAK und sorbieren deshalb organische Anionen (DOM) oder Phosphat-Anionen sehr gut.

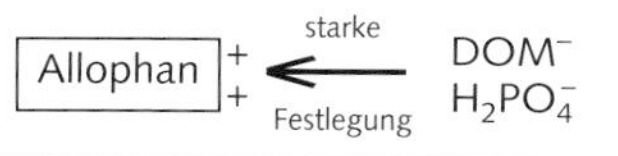

junge z.T. rezente Pyroklastite (Aschen)

beginnende Verwitterungsprozesse

junge Andosole:
- kaum verwittert
- hoher Glasanteil
- geringer Allophananteil

Diagnostischer Horizont: vitric** Horizont

Mineralverwitterung unter warmhumidem, (sub)tropischem Klima; gute Dränbedingungen (pH 5,5…8)

schwach saure bis neutrale Andosole:
- Primärminerale verwittert
- parakristalline Minerale (Allophan, Imogolit u.a.)
- Adsorption von org. Anionen (DOM)

Diagnostischer Horizont: sil-andic** Horizont

Mineralverwitterung unter kühlhumidem, borealem Klima und saurem Bodenmilieu (pH 3,5…5)

stark saure Andosole:
- Primärminerale verwittert
- Bildung immobiler Humus-Sesquioxid-Komplexe

Diagnostischer Horizont: alu-andic** Horizont

J Gebirgsregionen: Landschaften

Leptosol-Landschaft: Durch abgleitenden Schnee wird der 10...20 cm mächtige A-Horizont zerstört und das carbonatreiche Ausgangsgestein wird bloßgelegt (Kalkalpen).

Regosol-Landschaft im Gletscher-Vorfeld (Tienshan, 3370 m NN).

Andosol-Landschaft (Vulkan Arenal, Costa Rica).

J Gebirgsregionen: Catenen

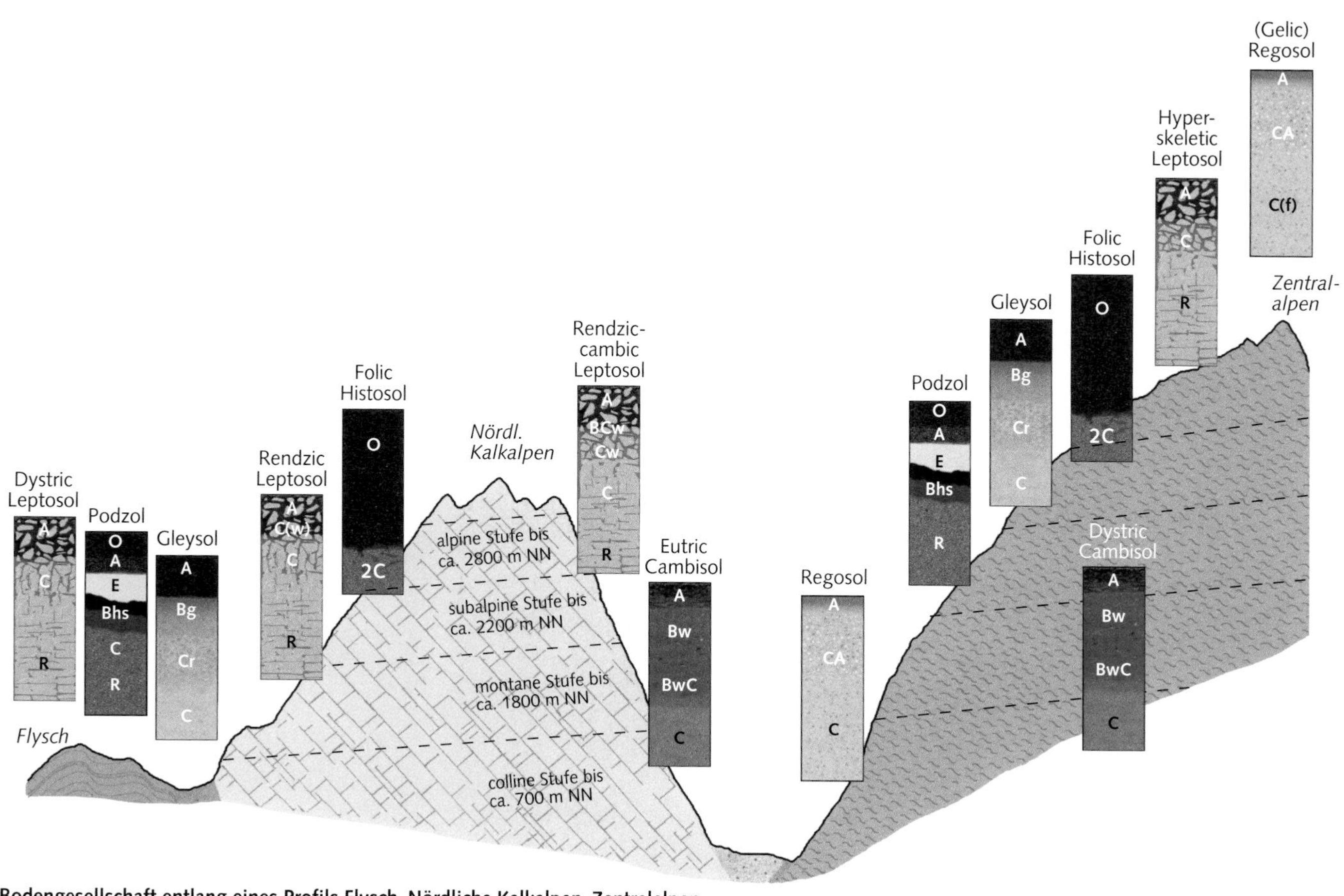

Bodengesellschaft entlang eines Profils Flysch–Nördliche Kalkalpen–Zentralalpen

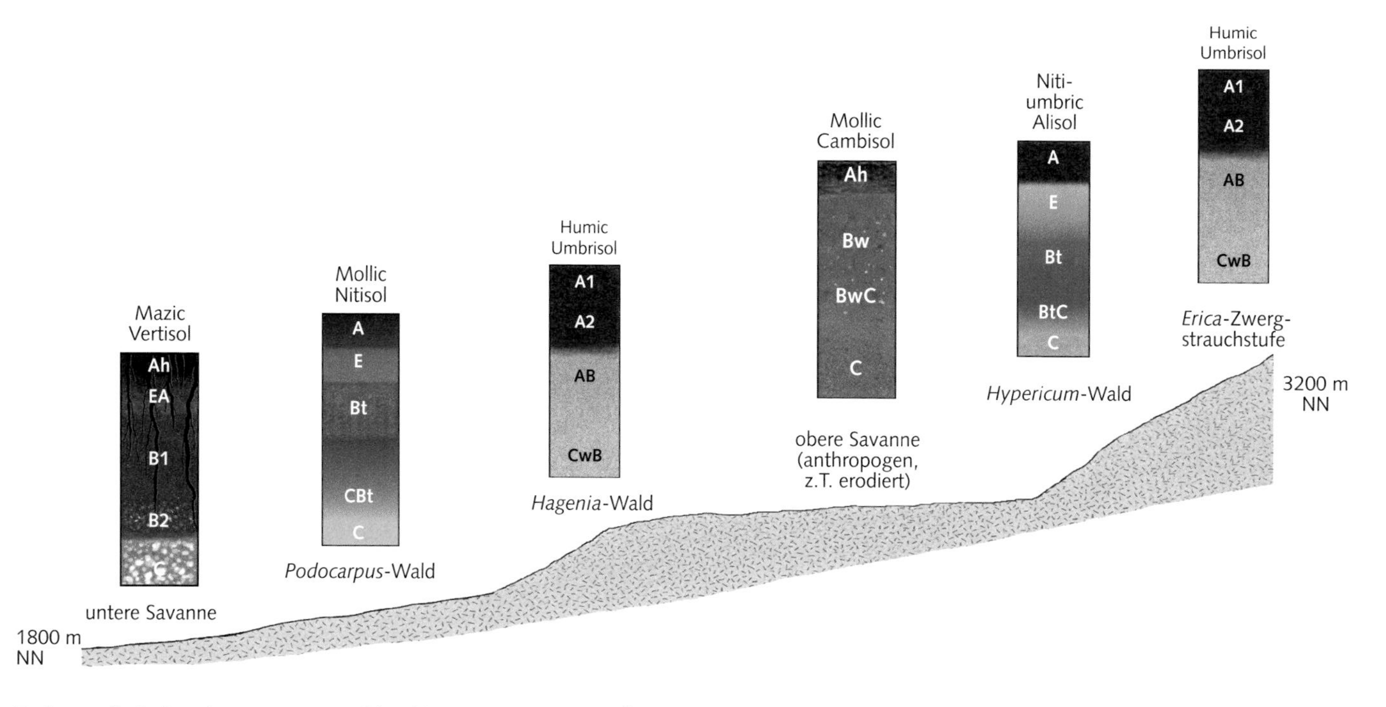

Bodengesellschaft entlang eines Bergwaldprofils (Munessa-Forest) in Äthiopien (n. Fritsche, unveröff.)

K Weltweit verstreut auftretende Böden

Dieser Abschnitt enthält keine Informationen zu Lage, Klima, Vegetation und Bodenverbreitung, da die hier besprochenen Böden in (fast) allen Ökozonen vorkommen können.

K.1 Fluvisole (FL) [lat. fluvius = Fluss]

DBG: Auenböden, Marschen
FAO: Fluvisols
ST: z.B. Fluvents

Definition
Böden aus fluviatilen, marinen oder lakustrinen Sedimenten. Ohne Eindeichung werden sie regelmäßig überflutet, wobei frisches Sediment abgelagert wird. Sie sind gekennzeichnet durch fein geschichtetes, so genanntes fluvic** Bodenmaterial, das innerhalb der obersten 25 cm eines Bodenprofils beginnt und sich bis mindestens 50 cm u. GOF erstreckt. Außerdem weist es variierende Humusgehalte in Abhängigkeit vom Eintrag an OS bzw. wegen Überdeckung aufgewachsener Ah-Horizonte auf. Die Profildifferenzierung ist i.d.R. schwach, es dominieren A- und C-Horizonte, z.T. beeinflusst durch Kalk-, Salz- oder Sulfidanreicherungen. Der UBH neigt zur Verbraunung, d.h. zur Ausbildung eines cambic** Bw-Horizonts.
Die meisten Fluvisole sind zumindest in einem Teil des Profils wasserbeeinflusst (‚Rostflecken'), weshalb sie zu den hydromorphen Böden zählen.

Physikalische Eigenschaften
- Die wiederholte Ablagerung von Sedimenten unterschiedlicher Körnung im Zusammenhang mit Überflutungen bewirkt eine plattige bis geschichtete Struktur;
- tonige Fluvisole haben eine geringe Wasserleitfähigkeit;
- wenn Fluvisole ‚unreif' sind, ist die Tragfähigkeit für schwere Maschinen nicht gegeben;
- Probleme wegen Überflutung bzw. Trockenfallen.

Chemische Eigenschaften
- Stark schwankend, je nach dem Chemismus des abgelagerten Materials;
- oft günstige Nährstoffnachlieferung;
- thionic* Fluvisol nach Trockenlegung stark sauer (pH < 3,5; S-Gehalte > 0,75 %; niedriges Redoxpotenzial).

Biologische Eigenschaften
- Durchwurzelungstiefe wird von Grundwasserstand, Salz- und Sulfidgehalten eingeschränkt.

Vorkommen und Verbreitung
Fluvisole entstehen weltweit im Tide- und Überschwemmungsbereich der Küsten- und Uferstreifen von Meeren, Flüssen und Seen, wo Sedimentation dominiert. An vielen tropischen Küsten sind sie mit Mangrovenwäldern bestockt.
Weltweit nehmen Fluvisole ca. $350 \cdot 10^6$ ha Fläche ein. Größere zusammenhängende Areale kommen im Deltabereich großer Ströme (Mississippi, Nil, Ganges, Brahamaputra, Mekong, Yangtse u.a.) sowie entlang der Mangrovezonen vor.

Nutzung und Gefährdung
Das Nutzungspotenzial der Fluvisole variiert in Abhängigkeit vom sedimentierten Material, vom Chemismus des Grundwassers sowie dessen Schwankungen.
Viele Fluvisole werden seit langem z.B. für Reis-, aber auch für Gemüseanbau genutzt. In den Tropen bietet sich Agroforstwirtschaft an. Sofern Fluvisole sulfidreich sind, treten nach Trockenlegung tiefe pH-Werte zusammen mit Al-Toxizität auf. Auf schwach salzhaltigen Fluvisolen können Kokosnussplantagen betrieben werden.

Lower level units*
Histic · thionic · salic · gleyic · mollic umbric · arenic · takyric · yermic · aridic gelic · stagnic · humic · gypsiric · calcaric sodic · tephric · skeletic · dystric · eutric haplic

Profilcharakteristik Ausgewählte Bodenkennwerte eines calcaric* Fluvisols

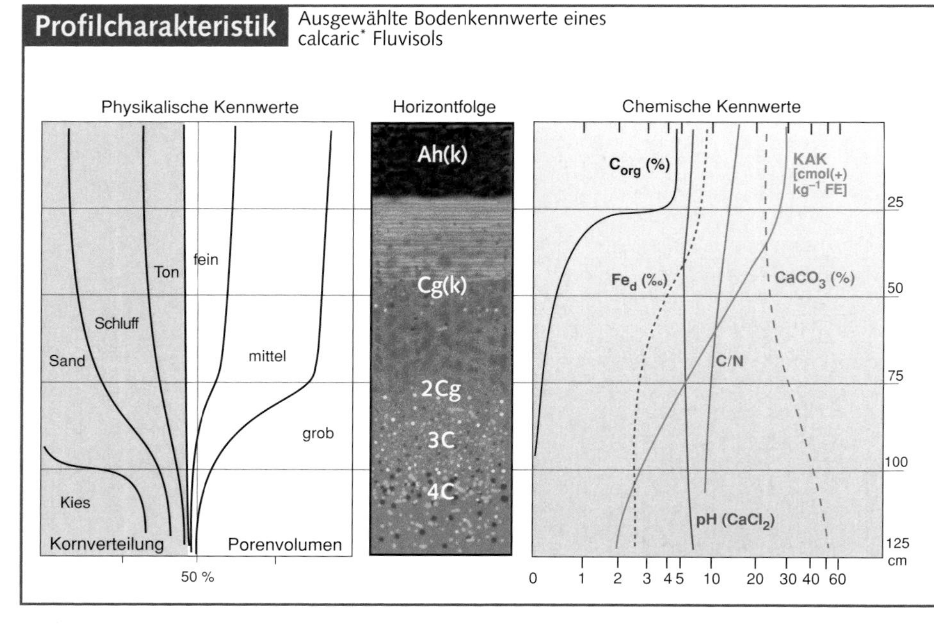

Diagnostische Merkmale:
fluvic Bodenmaterial** (fluvic** soil material)

- Fluviales Bodensubstrat zeigt aufgrund der fluviatilen, marinen oder lakustrinen Genese eine ablagerungsbedingte Schichtung, die durch ± Beimischung von OS, die unregelmäßig mit der Profiltiefe abnimmt, betont wird;
- es beginnt innerhalb 25 cm u. GOF und reicht bis mindestens in eine Tiefe von 50 cm u. GOF;
- es kommen keine anderen diagnostischen Horizonte außer einem histic**, mollic**, ochric**, takyric**, umbric**, yermic**, salic** oder sulfuric** Horizont vor.

Eutric* Fluvisol (Maintal bei Bamberg, Bayern).

Aridic* Fluvisol in einem Wadi (Tunesien).

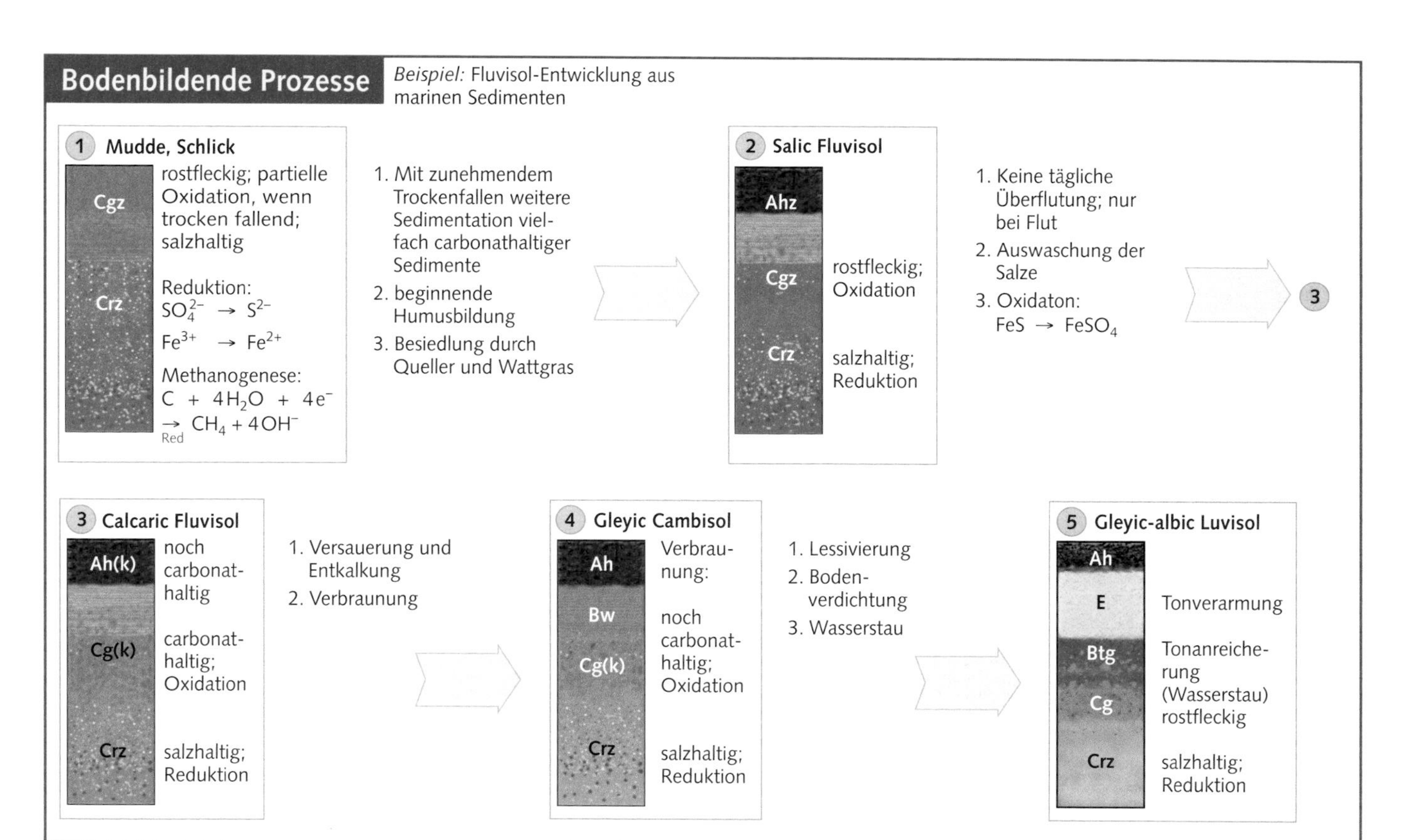

K.2 Anthrosole (AT) [griech. ánthropos = Mensch]

DBG: Anthropogene Böden (Kultosole)
FAO: Anthrosols
ST: z.B. Plaggepts, Agrudalfs

Definition

Böden, deren OBHe durch die Tätigkeit des Menschen geprägt und verändert sind, sodass der ursprüngliche Charakter des Profils verloren gegangen oder nur noch begraben erhalten geblieben ist. Dazu zählen im Wesentlichen Eingriffe wie Tiefumbruch, intensive (an)organische Düngung (z.B. Kompost), Auftrag z.B. von Plaggen, Abwasserverrieselung oder Reisanbau.

Anthrosole haben einen anthropedogenetic** Horizont von mindestens 50 cm Mächtigkeit, der entweder a) als terric**, irragric**, plaggic** oder hortic** Horizont s.o. ausgebildet ist oder b) einen anthraquic** über einem hydragric** Horizont aufweist, die beide zusammen mind. 50 cm mächtig sind (s. diagn. Merkmale rechts unten).

Die Eigenschaften der Anthrosole können stark variieren; sie gelten für die OBHe, während die UBHe noch die Merkmale der ursprünglichen Bodentypen aufweisen können (Ausnahme: hydragric Horizont, s. rechts unten).

Physikalische Eigenschaften

Beispiel plaggic** Horizont:

- hohes Porenvolumen, hohe Luftkapazität;
- gute Wasserleitfähigkeit;
- stabiles Bodengefüge;
- rasche Erwärmung wegen der dunklen Farbe des Oberbodens;
- oft mit Ziegelstein- und Keramikresten.

Chemische Eigenschaften

- Nährstoffvorräte und -verfügbarkeit gut bis sehr gut; hohe P-Gehalte;
- mittlere bis hohe C_{org}-Werte (Ausnahme: irragric** Anthrosol);
- enges C/N-Verhältnis (≤ 10);
- günstige pH-Werte (5...7); pH-Wert sandiger Plaggenhorizonte oft < 5;
- BS- und KAK-Werte i.d.R. günstig.

Biologische Eigenschaften

- Oft hohe mikrobielle Aktivität; reichlicher Regenwurmbesatz (z.T. > 25 % Röhrenvolumen) (gilt nicht f. hydromorphe AT);
- i.d.R. gut durchwurzelbar.

Vorkommen und Verbreitung

Kennzeichnend für Gebiete, die seit langem von Menschen besiedelt und genutzt werden. Dazu zählen z.B. die Plaggenböden in den Niederlanden, Belgien, NW-Deutschland, die Reisanbaugebiete in SO-Asien (z.B. China, Thailand, Indien, Indonesien usw.), ebenso wie die an Holzkohle reichen Indianerschwarzerden Amazoniens. Als ‚Ausgangsböden' kommen alle möglichen Bodentypen in Betracht. – Weltweit nehmen Anthrosole eine Fläche von ca. 0,5 · 10^6 ha ein.

Nutzung und Gefährdung

Anthrosole sind i.d.R. fruchtbar, Anbau von Kartoffeln, Hafer, Gerste, Futterpflanzen, Blumen, Gemüse etc. ist möglich. In den Tropen und Subtropen wird bevorzugt Nassreis auf Anthrosolen angebaut.

Lower level units*

Hydragric · irragric · terric · plaggic · hortic
gleyic · stagnic · spodic · ferralic · luvic
arenic · regic

Profilcharakteristik

Ausgewählte Bodenkennwerte zweier Anthrosole:
a) hortic* AT, b) plaggic* AT

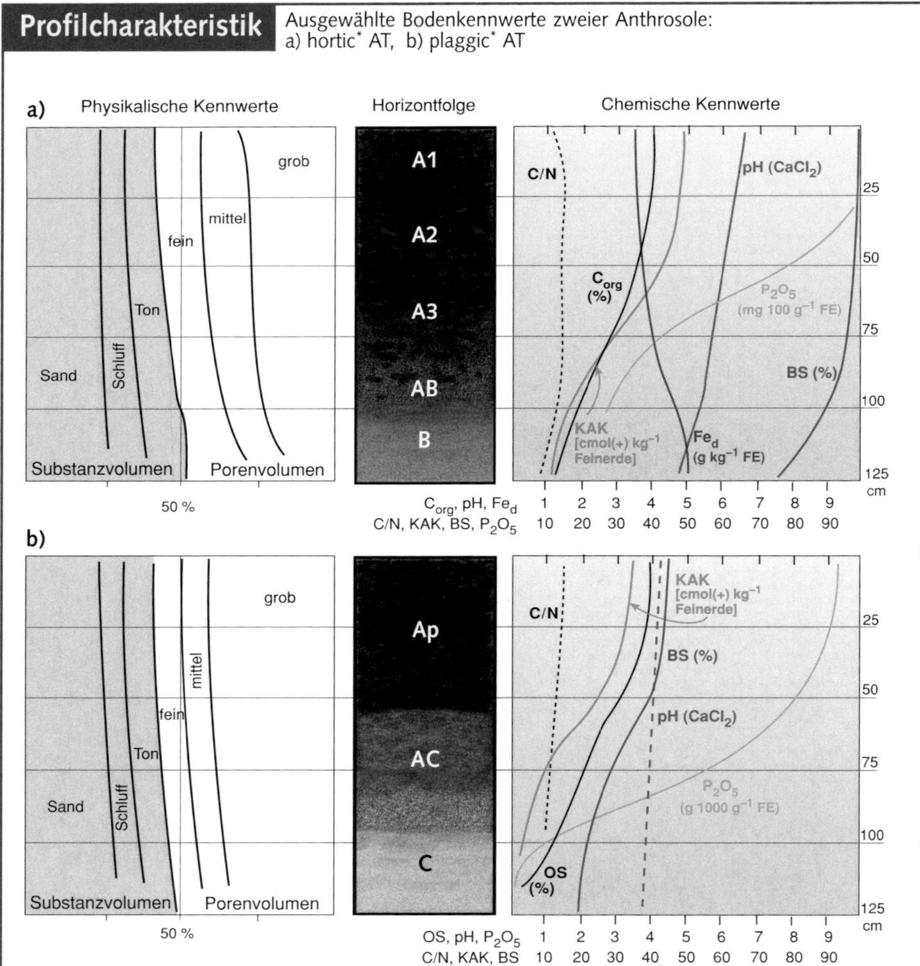

Diagnostische Merkmale:

1. Terric, irragric**, plaggic**, hortic** Horizont**

- **Terric** Horizont:** mächtiger, uneinheitlich texturierter OBH, durch langjährigen Auftrag von OS (Kompost, Mist) entstanden; BS > 50 %;
- **Irragric** Horizont:** einheitlich texturierter humusarmer OBH; im Mittel < 0,5 % C_{org}, zur Horizontuntergrenze auf maximal 0,3 % abnehmend; durch langjährige Bewässerung entstanden; OBH tonreicher als UBH;
- **Plaggic** Horizont:** einheitlich texturiert (Sand/lehmiger Sand), C_{org} > 0,6 % (gewogenes Mittel), BS (1M NH_4OAc) < 50 %; die oberen 20 cm sind P-reich (mind. 0,025 %, vielfach >1 % in 1 M-Zitronensäure löslichem P_2O_5;
- **Hortic** Horizont:** dunkler organ. Horizont (value und chroma ≤ 3), C_{org} ≥ 1 %, BS ≥ 50 %; mit 0,5 M $NaHCO_3$ extrahierbares P_2O_5 >100 mg kg^{-1} FE innerhalb 25 cm u. GOF.

2. Anthraquic/hydragric** Horizont**
(typisch für Nassreisböden)

- **Anthraquic** Horizont:** besteht aus einer durch Nasspflügen entstandenen, homogenisierten oberen Lage über einer kompakten Pflugsohle mit plattiger Struktur und geringer Durchlässigkeit; gelb- oder rotbraune Rostflecken und Fe/Mn-Cutane auf Aggregatoberflächen (z.B. Wurzelbahnen), unter Wasserstau niedriges Redoxpotenzial; Pflugsohle > 20 % dichter mit 10...30 % niedrigerem Porenvolumen als die homogene Oberlage;
- **Hydragric** Horizont:** mind. 10 cm mächtiger, redoximorpher UBH, mit Fe/Mn-Cutanen an Porenwänden, Ton-Humus-Cutane auf Aggregatoberflächen; extrahierbares Fe_d doppelt bzw. Mn_d mindestens viermal so hoch wie im darüber liegenden Solum.

Anthrosol mit ferralic** Eigenschaften, d.h. Eisen- und Aluminiumanreicherungen (Amazonien).

Anthrosol (NW-Argentinien).

Bodenbildende Prozesse

Terrestrische Anthrosole

Bodenauftrag
Aufbringung von Boden-, Erd- oder Sedimentmaterial in Form gedüngter Erdsoden (= Plaggenwirtschaft), Hafenbeckenschlämme, Strandsande etc.

Tiefumbruch
Bodenumbruch, der tiefer reicht als normales Pflügen (z.T. bis 60 cm Bodentiefe).

Intensive Düngerapplikationen
Ständige Gaben an (an)organischen Düngern ohne nennenswerte Gehalte an mineralischen Komponenten (Mist, Gülle, Küchenabfälle, Kompost).

Bodenberieselung
Langjährige Bewässerung mit sedimenthaltigen Wässern (incl. Düngern, löslichen Salzen, organischen Stoffen).

Hydragric Anthrosol

anthraquic Horizont: Apg1, Apg2

hydragric Horizont: Bg, z.B. 2 C oder 2 Bw, 2 Bt

Hydromorphe Anthrosole

Nassreiskulturen

Apg1: Puddled layer = durch Nasspflügen homogenisierte obere Lage, tonärmer als UBH, humusarm, schwach rostfleckig; während der Nassphase Denitrifikation, Methanbildung und -freisetzung, pH-Anstieg

Apg2: Pflugsohle (Plough layer), durch Pflügen verdichtet, niedriges Porenvolumen, geringes Infiltrationsvermögen

Bg: an der Obergrenze Fe-/Mn-Akkumulation, da während der Nassphase das Redoxpotenzial höher ist als im Apg-Horizont

z.B. 2 C oder 2 Bw, 2 Bt: ursprünglicher Boden: z.B. Alisol, Acrisol, Cambisol, Vertisol, Gleysol, Fluvisol

K Weltweit vorkommende Böden: Landschaften

Anthrosol-Landschaft: Anbau von Nassreis auf Paddy soils (China).

Fluvisol-Landschaft: Auch die Mangrovenböden gehören zu den Fluvisolen. Nach Trockenlegung versauern diese Böden stark (= Barren flats, acid sulfate soils; Gambia).

K Weltweit vorkommende Böden: Catenen

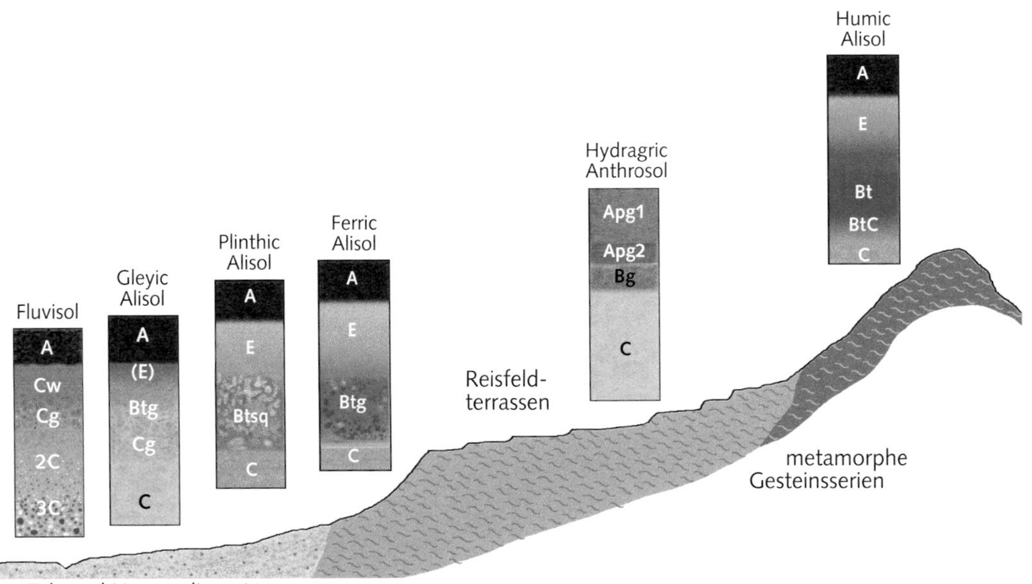

Bodenabfolge entlang eines Hangprofils mit Nassreis-Terrassen in Südostchina

Lower level units*

abruptic: mit abruptem Texturwechsel
Acrisol, Albeluvisol, Alisol, Gleysol, Lixisol, Phaeozem, Plinthosol

aceric: pH-Wert (1:1 in H_2O) zwischen 3,5 und 5 und Jarositflecken innerhalb 100 cm u. GOF
nur Solonchak

acric: mit einem ferralic Horizont, der die Tonzunahmekriterien eines argic Horizonts erfüllt; BS (1 M Nh_4OAc) < 50 % zumindest in einem Teil des B-Horizonts innerhalb 100 cm u. GOF
Ferralsol, Plinthosol

acroxic: < 2 cmol(+) austauschbare Basen kg^{-1} FE sowie 1 M KCl austauschbares Al^{3+} in einem oder mehreren Horizonten mit einer Gesamtmächtigkeit von ≥ 30 cm innerhalb 100 cm u. GOF
nur Andosol

albic: mit albic Horizont innerhalb 100 cm u. GOF
Acrisol, Alisol, Arenosol, Lixisol, Luvisol, Phaeozem, Planosol, Plinthosol, Solonetz, Umbrisol

alcalic: mit einem pH-Wert (1:1 in H_2O) von ≥ 8,5 innerhalb 50 cm u.GOF
Gleysol, Histosol, Planosol

alic: mit einem argic Horizont mit einer KAK ≥ 24 cmol(+) kg^{-1} Ton, einem Schluff/Ton-Verhältnis von < 0,6 und einer Al-Sättigung von ≥ 50 %
Albeluvisol, Nitisol, Planosol, Plinthosol, Vertisol

alumic: Al-Sättigung von ≥ 50 % in mindestens einem Teil des B-Horizonts zwischen 50 und 100 cm u. GOF
Acrisol, Albeluvisol, Ferralsol, Gleysol, Nitisol, Planosol, Plinthosol

andic: mit einem andic Horizont innerhalb 100 cm u. GOF
Acrisol, Alisol, Cambisol, Cryosol, Ferralsol, Gleysol, Lixisol, Luvisol, Nitisol, Phaeozem

anthraquic: mit einem anthraquic Horizont
nur Gleysol

anthric: mit Anzeichen anthropogener Beeinflussung durch kulturelle Aktivitäten
Kastanozem, Podzole, Umbrisol

anthropic: besteht aus anthropogeomorphischem Bodenmaterial oder zeigt deutliche Anzeichen einer Bodenbearbeitung, die aber nicht auf kulturelle Aktivitäten zurückgehen
nur Regosol

arenic: mit lehmig-feinsandiger Textur innerhalb der obersten 50 cm des Profils
Acrisol, Albeluvisol, Alisol, Andosol, Durisol, Ferralsol, Fluvisol, Gleysol, Lixisol, Luvisol, Planosol, Regosol, Umbrisol

aric: enthält nur noch Reste diagnostischer Horizonte infolge wiederholten Pflügens
nur Regosol

aridic: mit aridic Eigenschaften, jedoch ohne einen takyric oder yermic Horizont
Anthrosol, Arenosol, Calcisol, Cambisol, Cryosol, Durisol, Fluvisol, Gypsisol, Leptosol, Regosol, Solonchak, Solonetz

arzic: mit sulfatreichem Grundwasser innerhalb 50 cm u. GOF (in den meisten Jahren irgendwann während des Jahres) und ≥ 15 % Gips, gemittelt über 100 cm u. GOF
nur Gypsisol

calcaric: kalkhaltig mindestens zwischen 20 und 50 cm u. GOf
Andosol, Arenosol, Cambisol, Fluvisol, Gleysol, Leptosol, Phaeozem, Planosol, Regosol

calcic: mit einem calcic Horizont oder sekundären Kalkanreicherungen zwischen 50 und 100 cm u. GOF
Chernozem, Cryosol, Durisol, Gleysol, Gypsisol, Kastanozem, Lixisol, Luvisol, Planosol, Solonchak, Solonetz, Vertisol

carbic: mit verfestigtem spodic Horizont, dessen Fe_{ox}-Gehalt nicht ausreicht, um die Rotfärbung bei Erhitzen des Horizontsubstrats zu verstärken
nur Podzol

carbonatic: Bodenlösung mit einem pH-Wert > 8,5 (1:1 in H_2O) sowie $HCO_3^- > SO_4^{2-} >> Cl^-$
nur Solonchak

chernic: mit einem chernic Horizont
nur Chernozem

chloridic: Bodenlösung (1:1 in H_2O) enthält $Cl^- >> SO_4^{2-} > HCO_3^-$
nur Solonchak

chromic: B-Horizont, der großteils ein hue von 7,5 YR und ein chroma (feucht) von > 4 hat oder ein hue mit kräftigerem Rot als 7,5 YR
Acrisol, Alisol, Cambisol, Durisol, Kastanozem, Lixisol, Luvisol, Phaeozem, Planosol, Vertisol

cryic: mit einem cryic Horizont innerhalb 100 cm u. GOF
nur Histosol

cutanic: mit Toncutanen im Bt
nur Luvisol

densic: spodic Horizont als Ortstein
nur Podzol

duric: mit duric Horizont innerhalb 100 cm u. GOF
Andosol, Gypsisol, Solonchak, Solonetz, Vertisol

dystric: BS (1 M NH_4OAc) < 50 % in wenigstens einem Profilabschnitt zw. 20 und 100 cm u. GOF oder mind. in einer 5 cm dicken Lage oberhalb eines lithic Kontakts (*bei Leptosol*)
Andosol, Arenosol, Cambisol, Fluvisol, Gleysol, Histosol, Leptosol, Luvisol, Nitisol, Planosol, Regosol

entic: ohne albic Horizont, mit einem lockeren spodic Horizont
nur Podzol

eutric: BS (1 M NH_4OAc) ≥ 50 % mind. zw. 20 und 100 cm u. GOF oder mind. in einer 5 cm dicken Lage oberhalb eines lithic Kontakts (*bei Leptosol*)
Andosol, Arenosol, Cambisol, Fluvisol, Gleysol, Histosol, Leptosol, Nitisol, Planosol, Regosol, Vertisol

eutrisilic: mit einem sil-andic Horizont; Summe austauschbarer Basen: 25 cmol (+) kg^{-1} FE
Andosol

ferralic: mit ferralic Eigenschaften innerhalb 100 cm u. GOF
Anthrosol, Arenosol, Cambisol, Nitisol, Umbrisol

ferric: mit einem ferric Horizont innerhalb 100 cm u. GOF
Acrisol, Albeluvisol, Alisol, Ferralsol, Lixisol, Luvisol, Planosol, Plinthosol

fibric: OS enthält > $^2/_3$ Vol.-% an identifizierbaren Pflanzenresten
nur Histosol

folic: mit einem folic Horizont
nur Histosol

fluvic: mit fluvic Bodenmaterial innerhalb 100 cm u. GOF
nur Cambisol

fragic: mit einem fragic Horizont innerhalb 100 cm u. GOF
Albeluvisol, Arenosol, Podzol

fulvic: mit einem fulvic Horizont innerhalb 30 cm u. GOF
nur Andosol

garbic: enthält anthropogeomorphic Bodenmaterial mit > 35 Vol.-% organischem Abfall
nur anthropic Regosol

gelic: mit Permafrost innerhalb 200 cm u. GOF
Albeluvisol, Arenosol, Cambisol, Fluvisol, Gleysol, Histosol, Leptosol, Planosol, Podzol, Regosol, Solonchak, Umbrisol

gelistagnic: zeitweise wassergesättigt durch gefrorenen Unterboden
Cambisol, Regosol

geric: geric Eigenschaften in mind. einem Horizont innerhalb 100 cm u. GOF
Acrisol, Ferralsol, Lixisol, Planosol, Plinthosol

gibbsic: > 30 cm dicke Lage mit > 25 Masse-% Gibbsit in der FE innerhalb 100 cm u. GOF
nur Ferralsol

glacic: mit ≥ 30 cm mächtigem, ≥ 95 Vol.-% Eis enthaltenden Horizont innerhalb 100 cm u. GOF
Cryosol, Histosol

gleyic: mit gleyic Eigenschaften innerhalb 100 cm u. GOF
Acrisol, Albeluvisol, Alisol, Andosol, Anthrosol, Arenosol, Calcisol, Cambisol, Chernozem, Cryosol, Ferralsol, Fluvisol, Leptosol, Lixisol, Luviole, Planosol, Phaeozem, Podzol, Regosol, Solonchak, Solonetz, Umbrisol

glossic: zungenförmiges Hineingreifen (albeluvic tonguing) eines mollic oder umbric Horizonts in den darunter liegenden B-Horizont oder Saprolit
Chernozem, Phaeozem, Plinthosol

greyic: mollic Horizont mit gebleichten Schluff- und Sandkörnern auf Aggregatoberflächen
nur Phaeozem

grumic: ≥ 3 cm Oberbodenlage aus ausgeprägten, mittleren bis feinen Bodenaggregaten
nur Vertisol

gypsic: mit einem gypsic Horizont innerhalb 100 cm u. GOF
Cryosol, Durisol, Gleysol, Kastanozem, Planosol, Solonchak, Solonetz, Vertisol

gypsiric: mit gypsiric Bodenmaterial mind. zwischen 50 und 100 cm u. GOF
Arenosol, Cambisol, Fluvisol, Leptosol, Regosol, Vertisol

haplic: in typischer Merkmalausprägung
alle soil groups außer Histosol und Anthrosol

histic: mit einem histic Horizont innerhalb 40 cm u. GOF
Albeluvisol, Andosol, Cryosol, Ferralsol, Fluvisol, Gleysol, Planosol, Podzol, Solonchak

hortic: mit einem < 50 cm mächtigen hortic Horizont (Anthrosol: > 50 cm)
Anthrosol

humic: > 1 Vol.-% C_{org} in der FE, gemessen bis 50 cm u. GOF; *Ferralsol, Nitisol:* > 1,4 Vol.-%, gemittelt bis 100 cm u. GOF; *Leptosol:* > 2 Vol.-%, gemessen bis 25 cm u. GOF
Acrisol, Alisol, Anthrosol, Ferralsol, Fluvisol, Gleysol, Leptosol, Lixisol, Nitisol, Plinthosol, Regosol, Solonetz, Umbrisol

hydragric: mit einem anthraquic und einem assoziierten hydragric Horizont, Letzterer innerhalb 100 cm u. GOF
nur Anthrosol

hydric: innerhalb 100 cm u. GOF mit einer oder mehrerer Lagen von zusammen ≥ 35 cm Dicke und einer Wasserhaltekapazität von ≥ 100 % (bei 1500 kPa an getrockneten Proben)
Andosol, Anthrosol,

hyperskeletic: enthält > 90 Masse-% Kies oder anderes Skelettmaterial bis 75 cm u. GOF oder bis zum Festgestein *nur Leptosol*

irragric: mit einem irragric Horizont von < 50 cm Dicke; in Anthrosolen > 50 cm mächtig
Anthrosol,

lamellic: Tonilluviationslamellen innerhalb 100 cm u. GOF, zusammen 15 cm dick
Acrisol, Alisol, Arenosol, Lixisol, Luvisol, Podzol

leptic: Festgestein zwischen 25 und 100 cm u. GOF
Acrisol, Andosol, Calcisol, Cambisol, Cryosol, Durisol, Gypsisol, Lixisol, Luvisol, Phaeozem, Regosol, Umbrisol

lithic: Festgestein innerhalb 10 cm u. GOF
Cryosol, Leptosol,

lixic: mit einem ferralic Horizont mit den Tongehaltszunahmen eines argic Horizonts und einer BS (1 M NH_4OAc) ≥ 50 % bis 100 cm u. GOF
Ferralsol

luvic: mit einem argic Horizont mit einer KAK > 24 cmol(+) kg^{-1} Ton , eine BS (1 M NH_4OAc) ≥ 50 % bis 100 cm u. GOF
Andosol, Anthrosol, Calcisol, Chernozem, Durisol, Gypsisol, Kastanozem, Phaeozem, Planosol

magnesic: Ca/Mg-Verhältnis < 1 innerhalb 100 cm u. GOF
nur Solonetz

mazic: oberste 20 cm des Profils harte bis sehr harte Konsistenz sowie massive Struktur
nur Vertisol

melanic: mit einem melanic Horizont
nur Andosol

mesotrophic: mit einer BS (1 M NH_4OAc) < 75 % in 20 cm Profiltiefe
nur Vertisol

mollic: mit einem mollic Horizont
Andosol, Cambisol, Cryosol, Ferralsol, Fluvisol, Gleysol, Leptosol, Nitisol, Planosol, Solonchak, Solonetz

natric: mit einem natric Horizont innerhalb 100 cm u. GOF
Cryosol, Vertisol

nitic: mit einem nitic Horizont innerhalb 100 cm u. GOF
nur Alisol

ochric: mit einem ochric Horizont
Solonchak, Vertisol

ombric: mit einem vom Grundwasser dominierten Wasserregime
nur Histosol

oxyaquic: wassergesättigt während der Auftauperiode, hat keine redoximophen Merkmale innerhalb 100 cm u. GOF
nur Cryosol

pachic: entweder mit einem mollic oder einem umbric Horizont von > 50 cm Mächtigkeit
Andosol, Phaeozem, Plinthosol

paralithic: in Kontakt mit klüftigem Festgestein (Kluftabstand < 10 cm) innerhalb 10 cm u. GOF

pellic: hat in den obersten 30 cm des Profils ein value (feucht) von ≤ 3,5 und ein chroma von ≤ 1,5
nur Vertisol

petric: stark verfestigt oder verhärtet innerhalb 100 cm u. GOF
Calcisol, Durisol, Gypsisol, Plinthosol

petrocalcic: mit einem petrocalcic Horizont innerhalb 100 cm u. GOF
Calcisol

petroduric: mit einem petroduric Horizont innerhalb 100 cm u. GOF
Durisol

petrogypsic: mit einem petrogypsic Horizont innerhalb 100 cm u. GOF
Gypsisol

petroplinthic: mit einem petroplinthic Horizont innerhalb 100 cm u. GOF
Plinthosol

petrosalic: innerhalb 100 cm u. GOF mit einem durch Salze verfestigten Horizont; sie sind löslicher als Gips
Solonchak

placic: spodic Horizont innerhalb 100 cm u. GOF mit einem Subhorizont von ≥ 1 cm Dicke, der aus einem Gemenge aus OS, Al-Oxiden und ± Fe-Oxiden besteht
nur Podzol

plaggic: mit einem plaggic Horizont von < 50 cm Mächtigkeit; in Anthrosolen ≥ 50 mächtig
nur Anthrosol

planic: mit einem Eluvialhorizont, der innerhalb 100 cm u. GOF mit scharfer Grenze, d.h. ausgeprägtem Texturwechsel von Sand nach Ton, einem schwer durchlässigen UBH aufliegt

plinthic: mit einem plinthic Horizont innerhalb 100 cm u. GOF
Acrisol, Alisol, Arenosol, Cambisol, Ferralsol, Gleysol, Lixisol, Planosol

posic: weist in einer > 30 cm mächtigen Bodenlage innerhalb 100 cm u. GOF keine oder positive Ladung ($pH_{KCl} - pH_{Wasser}$) auf
nur Ferralsol

profondic: mit einem argic Horizont (Bt) mit einer Tonverteilung, die ihr Maximum nicht mehr als 20 % (rel.) innerhalb 150 cm u. GOF unterschreitet
Acrisol, Alisol, Lixisol, Luvisol

reductic: weist durch reduzierend wirkende Gaszuflüsse (z.B. Methan) anaerobe Bodengasverhältnisse auf
nur anthropic Regosole

regic: hat keine begrabenen Horizonte
nur Anthrosole

rendzic: mit einem mollic Horizont, der entweder kalkreiches Material enthält oder ihm unmittelbar aufliegt; dieses hat einen $CaCO_3$-Äquivalentgehalt > 40 %
nur Leptosol

rheic: mit einem von Oberflächenwasser dominierten Wasserregime
nur Histosole

rhodic: mit einem B-Horizont mit einem hue, der kräftiger rot gefärbt ist als 5YR sowie einem value (feucht) < 3,5 bzw. das trocken nicht mehr als eine Einheit größer ist als das im feuchten Zustand
Acrisol, Alisol, Cambisol, Ferralsol, Lixisol, Luvisol, Nitisol, Planosol

rubic: mit einem B-Horizont (oder einem Horizont unmittelbar unter dem A-Horizont) mit einem hue, der kräftiger rot gefärbt ist als 10YR und/oder einem chroma (feucht) von ≥ 5
nur Arenosol

ruptic: mit einer lithologischen Diskontinuität innerhalb 100 cm u. GOF

rustic: mit einem verfestigten spodic Horizont, dessen Fe_{ox}-Gehalt ausreicht, um die Rotfärbung bei Erhitzen des Horizontsubstrats zu verstärken, und der unter einem albic Horizont folgt; ihm fehlt ferner ein ≥ 2,5 cm mächtiger Subhorizont aus einem Gemenge aus OS, Al-Oxiden und ± Fe-Oxiden
nur Podzole

salic: mit einem salic Horizont innerhalb 100 cm u. GOF
Cryosol, Fluvisol, Histosol, Solonetz, Vertisol

sapric: OS enthält < $^1/_6$ Vol.-% an identifizierbaren Pflanzenresten
nur Histosol

silic: mit einem andic Horizont mit einem durch Oxalatsäure extrahierbaren Silicium-Gehalt (Si_{ox}) von ≥ 0,6 % oder einem Al_{py}/Al_{ox}-Verhältnis von < 0,5
nur Andosol

siltic: enthält ≥ 40 Masse-% Schluff in einem > 30 cm mächtigen Horizont innerhalb 100 cm u. GOF
Albeluvisol, Chernozem, Kastanozem, Phaeozem

skeletic: enthält zwischen 40 und 90 Masse-% Kies oder Gesteinsfragmente bis in 100 cm Tiefe des Profils
Acrisol, Alisol, Andosol, Calcisol, Cambisol, Fluvisol, Gypsisol, Phaeozem, Podzol, Regosol, Umbrisol

sodic: enthält > 15 % austauschbares Na oder > 50 % austauschbares Na + Mg am Sorptionskomplex innerhalb 50 cm u. GOF
Andosol, Calcisol, Cambisol, Fluvisol, Gleysol, Gypsisol, Phaeozem, Planosol, Solonchak

spodic: mit einem spodic Horizont
Anthrosol, Podzol

spolic: enthält anthropogeomorphic Bodenmaterial mit > 35 Vol.-% Industrieabfällen (Abraum, Bauschutt, Hafenschlick etc.)
nur anthropic Regosole

stagnic: mit stagnic Eigenschaften innerhalb 50 cm u. GOF
Acrisol, Albeluvisol, Alisol, Anthrosol, Cambisol, Cryosol, Fluvisol, Lixisol, Luvisol, Phaeozem, Plinthosol, Podzol, Regosol, Solonchak, Solonetz, Umbrisol

sulphatic: Bodenlösung (1:1 in H_2O) enthält $SO_4^{2-} >> HCO_3^- > Cl^-$
nur Solonchak

takyric: mit einem takyric Horizont
Calcisol, Cambisol, Durisol, Fluvisol, Gleysol, Gypsisol, Regosol, Solonchak, Solonetz

tephric: enthält tephric Bodenmaterial bis ≥ 30 cm u. GOF
Arenosol, Fluvisol, Gleysol, Phaeozem, Regosol

terric: mit einem terric Horizont < 50 cm mächtig; in Anthrosolen ≥ 50 cm mächtig
Anthrosol

thionic: entweder mit einem sulfuric Horizont oder sulfidic Bodenmaterial innerhalb 100 cm u. GOF
Cryosol, Fluvisol, Gleysol, Histosol, Planosol, Vertisol

toxic: enthält innerhalb 50 cm u. GOF Ionen (außer Al, Fe, Na, Ca, Mg) in einer für Pflanzen toxischen Konzentration
Gleysol, Histosol

turbic: mit cryoturbaten Merkmalen an der Bodenoberfläche und/oder innerhalb 100 cm u. GOF
nur Cryosol

umbric: mit einem umbric Horizont
Acrisol, Albeluvisol, Alisol, Andosol, Cryosol, Ferralsol, Fluvisol, Gleysol, Leptosol, Nitisol, Planosol, Plinthosol, Podzol

urbic: enthält anthropogeomorphic Bodenmaterial mit > 35 Vol.-% Baumaterial, vermischt mit Bauschutt und Artefakten
nur anthropic Regosole

vermic: enthält ≥ 50 Vol.-% Wurmröhren sowie verfüllte Tiergrabbauten in den oberen 100 cm des Profils oder bis hinab zum Festgestein oder bis zu einem petrocalcic, petroduric, petrogypsic oder petroplinthic Horizont
Chernozem, Phaeozem, Regosol

vertic: mit einem vertic Horizont innerhalb 100 cm u. GOF
Alisol, Calcisol, Cambisol, Chernozem, Durisol, Gypsisol, Kastanozem, Leptosol, Luvisol, Phaeozem, Planosol, Solonchak, Solonetz

vetic: mit < 6 cmol(+) kg^{-1} Ton austauschbare basisch wirkende Kationen einschließlich H^+ in wenigstens einem Subhorizont des B-Horizonts innerhalb 100 cm u. GOF
Acrisol, Andosol, Ferralsol, Lixisol, Nitisol, Plinthosol

vitric: mit einem vitric Horizont innerhalb 100 cm u. GOF, enthält keinen andic Horizont, der über einem vitric Horizont liegt
Acrisol, Andosol, Cambisol, Gleysol, Lixisol, Luvisol, Phaeozem

xanthic: mit einem ferralic Horizont von gelb bis blassgelber Farbe [hue 7,5YR oder kräftiger gelb, value (feucht) ≥ 4 chroma (feucht) ≥ 5]
Ferralsol

yermic: mit einem yermic Horizont einschließlich Wüstenpflaster
Arenosol, Calcisol, Cambisol, Cryosol, Durisol, Fluvisol, Gypsisol, Leptosol, Regosol, Solonchak, Solonetz

Diagnostische Horizonte** (Kurzfassung)

albic Horizont: Fahler Horizont mit schwach entwickelter Struktur, häufig sandig.

andic Horizont: Aus pyroklastischem Material entwickelter Horizont mit niedriger Lagerungsdichte; starke Phosphatfixierung (> 85 %). Enthält nennenswerte Mengen an austauschbarem Al und Fe.

anthraquic Horizont: → anthropedogenetic Horizonte

anthropedogenetic Horizonte: Horizonte, die grundlegende Bearbeitung aufweisen:
- **anthraquic H:** mit ‚puddled layer', Pflugsohle;
- **hortic Horizont:** mit zugeführten organischen Abfällen;
- **hydragric Horizont:** mit Rostfleckenzone unterhalb der ‚puddled layer';
- **irragric Horizont:** mit Ablagerungen aus Abwasserbewässerung;
- **plaggic Horizont:** mit zugefürtem Torf- und Sodenmaterial;
- **terric Horizont:** mit zugeführtem Humus bildendem Material (z.B. Stallmist).

argic Horizont: UBH mit Tonanreicherung von > 3 % in sandigen bis > 8 % in tonigen Böden, verglichen mit den darüber liegenden Horizonten.

calcic Horizont: Mit Anreicherungen sekundärer Carbonate, i.d.R. in den UBH.

cambic Horizont: Horizont, der sich vom darüber liegenden Horizont und vom darunter liegenden Ausgangsgestein durch Farb- oder Strukturänderung unterscheidet.

chernic Horizont: Tiefgründiger, mit hoher Strukturstabilität ausgezeichneter, humusreicher Horizont mit hoher Basensättigung; hohe biologische Aktivität durch Bodenwühler.

cryic Horizont: Organischer oder mineralischer Horizont mit Cryoturbationsmerkmalen.

duric Horizont: Durch SiO_2 zementierter Horizont mit Fe-Ausscheidungen.

ferralic Horizont: Horizont mit mittel- oder feinkörniger Textur, niedriger KAK und fehlenden verwitterbaren Mineralen.

ferric Horizont: Heller, gefleckter Horizont mit Fe-Ausscheidungen.

folic Horizont: Gut durchlüfteter organischer Horizont; wassergesättigt in weniger als einem Monat während eines Jahres.

fragic Horizont: Horizont von brüchigem, splittrigem Material hoher Lagerungsdichte, in Wasser aufschlämmbar.

fulvic Horizont: Schwarz gefärbter Horizont in Böden aus vulkanischen Aschen mit niedriger Lagerungsdichte.

gypsic Horizont: Horizont mit sekundären Gipsanreicherungen (Pseudomycelien, Kristallite, Nester, Krusten).

histic Horizont: Horizont mit > 20 % organischer Substanz; wassergesättigt in mehr als einem Monat während eines Jahres.

hydragric Horizont: → anthropedogenetic Horizonte

hortic Horizont: → anthropedogenetic Horizonte

irragric Horizont: → anthropedogenetic Horizonte

melanic Horizont: Schwarz gefärbter Horizont in Böden aus vulkanischen Aschen mit niedriger Lagerungsdichte unter Grasvegetation.

mollic Horizont: Dunkler, humusreicher Horizont mit einer Basensättigung > 50 %.

natric Horizont: Erhöhter Tongehalt mit > 15 % austauschbarem Na am Sorptionskomplex.

nitic Horizont: Horizont mit kräftig entwickelter, polyedrischer, nussartiger (‚nutty') Struktur; glänzende Aggregatoberflächen (Cutane).

ochric Horizont: Flachgründiger, bleicher Horizont mit < 0,6 % organischer Substanz.

petrocalcic Horizont: Horizont mit durchgehend zementierten, massiven oder plattig verhärteten Krusten aus sekundären Carbonaten.

petroduric Horizont: Horizont von massiver oder laminarer Struktur aus durchgehend zementiertem sekundärem SiO_2.

petrogypsic Horizont: Horizont mit durchgehend zementierten, kristallinen Krusten aus sekundärem Gips.

petroplinthic Horizont: UBH mit durchgehend zementiertem, massivem Fe-reichem Material von laminarer, knolliger und netzartiger Struktur.

plaggic Horizont: → anthropedogenetic Horizonte

plinthic Horizont: Eisenreiches, humusarmes, geflecktes UBH-Material, das in Kontakt mit der Atmosphäre verhärtet.

salic Horizont: UBH mit einer sporadisch auftretenden EC von > 15 dS m^{-1} und > 1 % Salz.

spondic Horizont: Schwarzer oder orangebrauner UBH infolge Anreicherung von amorphem Fe, Al und organischer Substanz.

sulfuric Horizont: Extrem saurer (pH < 3,5) UBH mit gelben Jarositflecken.

takyric Horizont: Oberflächenkruste periodisch überfluteter Böden in Wüstengebieten.

terric Horizont: → anthropedogenetic Horizonte

umbric Horizont: Tiefgründiger, schwarzer, humusreicher OBH mit einer Basensättigung < 50 %.

vertic Horizont: UBH mit Prismengefüge; die Prismen haben glatte Aggregatoberflächen mit typischen Merkmalen von Stresscutanen (‚slicken sides').

vitric Horizont: OBH oder UBH mit < 10 % Ton und > 10 % vulkanischen Gläsern.

yermic Horizont: OBH aus Gesteinsfragmenten, die in eine lehmige Schaumbodenkruste eingebettet und von Löss oder Flugsand bedeckt sind.

Diagnostische Eigenschaften** (Kurzfassung)

abrupter Texturwechsel: Plötzlicher Anstieg des Tongehalts im Profil.

albeluvic tonguing: Zungenförmiges Eindringen des albic Horizonts in den darunter liegenden argic Horizont.

alic Eigenschaften: Extrem saures Bodenmaterial mit einem hohen Anteil an austauschbarem Al.

aridic Eigenschaften: Niedriger OS-Gehalt, vom Wind induzierte Strukturen und mit matten Sandkörnern gefüllte Trockenrisse in Wüstenböden.

Festgestein (continuous hard rock): Kohärentes Festgesteinsmaterial.

ferralic Eigenschaften: Niedrige KAK (< 24 cmol(+) kg^{-1} Ton) in wenigstens einem Teil des B-Horizonts.

geric Eigenschaften: Sehr niedrige KAK (< 1,5 cmol(+) kg^{-1} Ton).

gleyic Eigenschaften: Grundwassergesättigt.

Permafrost: Lagen, in denen für mindestens zwei aufeinander folgende Jahre < 0 °C herrschen.

sekundäre Carbonat-(Kalk-)anreicherungen: Weiche Knollen oder Beläge aus $CaCO_3$.

stagnic Eigenschaften: Zeitweilige Wassersättigung durch Niederschlagswasser bei reduzierter Versickerung.

stark humic Eigenschaften: OS-Gehalt > 1,4 %.

Diagnostisches Material** (Kurzfassung)

anthropogeomorphic Bodenmaterial: Organisches oder mineralisches Lockermaterial aus Abraum, Bauschutt, Müll etc.

calcaric Bodenmaterial: Starke Reaktion mit 10 %-HCl.

fluvic Bodenmaterial: Fein geschichtetes Flusssediment mit unregelmäßigem C_{org}-Gehalt im Profil.

gypsiric Bodenmaterial: Mineralisches Bodenmaterial mit > 5 % Gips.

organic Bodenmaterial: Anreicherung von Pflanzenresten an der Bodenoberfläche.

sulfidic Bodenmaterial: Wasserdurchströmtes, sulfidhaltiges Bodenmaterial.

tephric Bodenmaterial: Lockeres, leicht angewittertes pyroklastisches Material aus vulkanischen Ausbrüchen.

Literatur

ADAMS, W.M., A.S. GOUDIE, A.R. ORME (1996): The Physical Geography of Africa. – Oxford University Press, Oxford, UK.

AG BODEN (1996): Bodenkundliche Kartieranleitung, Nachdruck der 4. Aufl. – In Kommission: E. Schweizerbart'sche Verlagsbuchhandlung, Stuttgart.

BRIDGES, E.M. (1979): World Soils. – Cambridge University Press, Cambridge, UK.

BRIDGES, E.M., N.H. BATJES & F.O. NACHTERGAELE, (1998): World Reference Base for Soil Resources. Atlas. – Acco, Leuven, Belgien.

DECKERS, J.A., F.O. NACHTERGAELE & O.C. SPAARGAREN (1998): World Reference Base for Soil Resources. Introduction. – Acco, Leuven, Belgien.

DIETER, H. & M. HERGT (1998): dtv-Atlas zur Ökologie, 4. Aufl. – Deutscher Taschenbuch Verlag, München.

DRIESSEN, P.A. & R. DUDAL (Ed., 1989): Lecture Notes on the Major Soils of the World. – Agric. Univ. Wageningen und Kathol. Univ. Leuven.

EITEL, B. (1999): Bodengeographie. – Westermann, Braunschweig.

HINTERMAIER-ERHARD, G. (1997): Systematik der Böden Deutschlands (Wandtafel). – Enke, Stuttgart.

HINTERMAIER-ERHARD, G. & W. ZECH (1997): Wörterbuch der Bodenkunde. – Enke, Stuttgart.

LANDON, J.R (Ed., 1991): Booker Tropical Soil Manual. – Longman Scientific & Technical, UK.

Leser, H. (1994): Westermann Lexikon: Ökologie und Umwelt. – Westermann, Braunschweig.

PANCEL, L. (Ed., 1993): Tropical Forestry Handbuch. – Springer Verlag, Berlin, Heidelberg, New York.

PIERI, Ch. (1989): Fertilité des Terres de Savanes. – CIRAD, Frankreich.

SCHACHTSCHABEL, P., H.-P. BLUME, G. BRÜMMER, K.H. HARTGE & U. SCHWERTMANN (2002): Scheffer/Schachtschabel: Lehrbuch der Bodenkunde, 15. Aufl. – Spektrum Akad. Verlag, Heidelberg.

SCHAEFER, M. (1992): Wörterbücher der Biologie: Ökologie, 3. Aufl. – G. Fischer, Jena.

SCHREINER, A. (1992): Einführung in die Quartärgeologie. – Schweizerbart, Stuttgart.

SCHROEDER, F.-G. (1998): Lehrbuch der Pflanzengeographie. – UTB (Quelle & Meyer), Wiesbaden.

SCHULTZ, J. (1995): Die Ökozonen der Erde, 2. Aufl. – UTB (Ulmer), Stuttgart.

SEMMEL, A. (1993): Grundzüge der Bodengeographie, 3. Aufl. – Teubner, Stuttgart.

STRAHLER, A.H. (1998): Introducing Physical Geography. – Wiley, Chichester, UK.

TRETER, U. (1993): Die borealen Waldländer. – Westermann, Braunschweig.

VAN WAMBEKE, A. (1992): Soils of the Tropics. – McGraw-Hill Inc.

WOODIN, S.J. & M. MARQUISS (ed., 1997): Ecology of Arctic Environments. – Blackwell Science, Oxford, UK.

World Reference Base for Soil Resources. FAO Report Nr. 84. – FAO, Rom.

Sachwortregister